中等职业教育校企合作课改教材

电冰箱、空调器原理与维修

DIANBINGXIANG KONGTIAOQI YUANLI YU WEIXIU

（第 2 版）

电子电器应用与维修专业

主　编　沈柏民
副主编　刘瑞新　沈骁茜

质检

高等教育出版社·北京

内容简介

本书是中等职业教育校企合作课改教材《电冰箱、空调器原理与维修》的第 2 版，依据相关专业教学标准，并参考相关的职业技能等级证书标准、国家职业技能标准和国家标准化管理委员会等发布的技术标准、行业企业技术标准等编写。

本书采用项目教学方法，以项目为核心，以职业岗位典型工作任务为主线，重构专业理论知识和技能训练，贯彻"做中学，做中教"的教学理念，培养学生电冰箱、空调器维修核心技能。本书主要内容包括电冰箱、空调器的选购与使用，认识蒸气压缩式制冷原理，认识电冰箱、空调器制冷系统的主要部件，认识电冰箱、空调器制冷系统，电冰箱、空调器电气控制系统主要部件的识别与检测，电冰箱、空调器安装与维修基本技能，电冰箱、空调器控制电路分析与检修技巧，电冰箱、空调器维修方法与技巧。

本书配有学习卡资源，请登录 Abook 网站 http://abook.hep.com.cn/sve 获取实训工单、演示文稿等资源。详细说明见本书"郑重声明"页。

本书适合作为中等职业学校电子电器应用与维修、电子技术应用、制冷和空调设备运行与维护等相关专业教学用书，也可作为制冷空调系统安装与维修职业技能等级考核与培训、制冷空调系统安装维修工职业资格证书培训与技能鉴定辅导用书，还可供家用电器维修人员自学参考。

图书在版编目（ＣＩＰ）数据

电冰箱、空调器原理与维修 / 沈柏民主编 . -- 2 版
. -- 北京 : 高等教育出版社，2022.7
　电子电器应用与维修专业
　ISBN 978-7-04-057789-1

　Ⅰ. ①电… Ⅱ. ①沈… Ⅲ. ①冰箱－理论－中等专业学校－教材 ②冰箱－维修－中等专业学校－教材 ③空气调节器－理论－中等专业学校－教材 ④空气调节器－维修－中等专业学校－教材 Ⅳ. ①TM925

中国版本图书馆CIP数据核字(2022)第019986号

策划编辑	唐笑慧	责任编辑	唐笑慧	封面设计	李树龙	版式设计	童 丹
插图绘制	于 博	责任校对	吕红颖	责任印制	朱 琦		

出版发行	高等教育出版社	网　址	http://www.hep.edu.cn
社　址	北京市西城区德外大街4号		http://www.hep.com.cn
邮政编码	100120	网上订购	http://www.hepmall.com.cn
印　刷	三河市骏杰印刷有限公司		http://www.hepmall.com
开　本	889 mm×1194 mm　1/16		http://www.hepmall.cn
印　张	19.75	版　次	2016 年 8 月第 1 版
字　数	410千字		2022 年 7 月第 2 版
购书热线	010-58581118	印　次	2022 年 7 月第 1 次印刷
咨询电话	400-810-0598	定　价	48.00 元

本书如有缺页、倒页、脱页等质量问题，请到所购图书销售部门联系调换
版权所有　侵权必究
物 料 号　57789-00

前　言

本书是中等职业教育校企合作课改教材《电冰箱、空调器原理与维修》的第2版。本书自第1版出版以来，得到了广大中等职业学校师生的一致好评。为贯彻落实《国家职业教育改革实施方案》等文件精神，适应"互联网＋职业教育"的发展需求，适应中等职业学校电子电器应用与维修专业升级和数字化改造，跟随信息技术、智能技术发展和产业升级，对接行业企业主流生产和维修技术，匹配中等职业学校电子电器应用与维修专业人才培养目标，与中等职业学校学生的认知水平及技术技能人才成长规律相洽，反映中等职业教育课程改革的最新成果，在继承第1版教材优点的基础上，广泛听取一线教师和行业企业技术人员、维修技师等的建议，对本书按"基于工作过程"的方法进行修订。

本次修订充分借鉴国内外优秀教材的特点，汲取校企合作的成果，在基本保持第1版教材教学内容不变的基础上，以项目引领、任务驱动模式重新编排教学内容，使教学内容面向实际工作过程，与职业岗位接轨，将电冰箱、空调器维修技术与实际工作岗位中的核心技能训练相结合，在培养学生分析问题、解决问题能力和实践操作技能的同时，注重学生综合素质和职业能力的培养。本书主要在以下方面进行了修订：

1. 适度调整教材内容

根据相关专业教学标准和中职教学实际，"电冰箱、空调器原理与维修"课程以安装与维修任务为主线，为学生职业发展与终身学习奠定基础。考虑到电子电器应用与维修专业面向多个职业类别的主要岗位或技术领域的素质、知识和能力要求，为增强学生发展后劲，对接先进职业教育理念，突出理论和实践相统一，促进书证融通。参照国家职业技能标准中的"制冷空调系统安装维修工"和1+X证书中的"制冷空调系统安装与维修"职业技能等级证书标准，对接主流生产技术和维修技术，吸收了电冰箱、空调器生产和维修行业发展的新知识、新技术、新工艺、新方法等，调整了一些文字表述，使教材内容科学严谨、深入浅出，更加注重以真实维修项目、典型岗位工作任务的案例等为载体来组织教学项目。

2. 注重理实一体

本书教学项目编排力求由浅入深，先易后难，先简单后复杂，先"单一"后"综合"，呈现理论知识和职业技能"双螺旋"上升，使教与学过程更加具有连贯性、针对性。每个教学项目分为若干个任务。理论知识以项目任务引领，每个任务以"任务目标""知识储备"为主线，重点突出解决问题的能力和技巧的培养，辅以知识拓展来丰富课堂内外教学内容。

同时，本书还配套了实训工单。实训工单对应每个教学任务，将职业技能目标和职业素质目标作为实训目标，并以接受工作任务、收集信息、制订计划、实施计划、质量检查、评价反馈 6 个环节为实训主线，结合理论知识内容进行实践操作，对理论知识和职业技能进行巩固和积累。实训工单可在 Abook 网站下载获取，具体样式请扫描二维码查看。

3. 增加课程思政内容

为落实全员、全过程、全方位育人，引导教师加强课程思政建设，将思政教育全面融入专业课程。修订后的教学内容更加注重发掘自然科学技术背后的人文素质和价值关怀，把理想信念、职业道德、工匠精神、奉献社会等思想政治教育元素融入课程教学内容，发挥课程育人功能，体现课程思政。

本书参考学时数为 108 学时，各项目学时分配建议如下：

序号	教学项目	参考学时
1	项目 1　电冰箱、空调器的选购与使用	14
2	项目 2　认识蒸气压缩式制冷原理	16
3	项目 3　认识电冰箱、空调器制冷系统的主要部件	10
4	项目 4　认识电冰箱、空调器制冷系统	4
5	项目 5　电冰箱、空调器电气控制系统主要部件的识别与检测	12
6	项目 6　电冰箱、空调器安装与维修基本技能	22
7	项目 7　电冰箱、空调器控制电路分析与检修技巧	10
8	项目 8　电冰箱、空调器维修方法与技巧	18
9	机动	2
	合计	108

本书配有学习卡资源，请登录 Abook 网站 http://abook.hep.com.cn/sve 获取相关资源。详细说明见本书"郑重声明"页。

本书由杭州市中策职业学校沈柏民担任主编，山东省日照市机电工程学校刘瑞新、浙江科技学院沈骁茜担任副主编。参与编写的人员有：杭州市中策职业学校陈美飞、柴芳政，海宁技师学院陆晓燕，海宁市职业高级中学姚忠杰，宁波市职业技术教育中心学校潘波，衢州数字工业学校蒋文峰，杭州舜天机械设备有限公司祝玉林，浙江天煌科技实业有限公司贾宝芝、杭州智存科技有限公司林初克等。本书编写过程中得到了杭州市中策职业学校、珠海格力电器股份有限公司、海信集团、美的集团股份有限公司、青岛海尔科技有限公司等企业售后服务部及相关专家、技术人员的指导和帮助，编者还参考了很多维修手册、安装使用说明书、操作图片等资料，在此一并表示衷心的感谢!

　　本书是编者多年来从事教学实践研究和教学科研经验的概括和总结，是一次创新性的实践成果，但由于水平有限，书中难免有疏漏和不当之处，敬请使用本书的师生和读者批评指正，以期能不断提高。读者意见反馈邮箱：zz_dzyj@pub.hep.cn。

编　者

2021 年 11 月

目　　录

电冰箱、空调器的选购与使用

【项目描述】

很早以前，人类就利用天然冷源（如冬季储藏的冰雪）来保存新鲜食品。但天然冷源远不能满足实际的需要。随着技术的进步，应用人工制冷方法的电冰箱、空调器应运而生，并不断发展，成为人们生产生活的必需品。

作为一名制冷系统安装维修工，小张第一次走进制冷维修车间。他将在技师的带领下，逐步熟悉制冷维修车间，并进行电冰箱、空调器等制冷设备的安装与维修，为今后从事制冷系统安装维修打下坚实的基础。在本项目中，他将在熟悉电冰箱、空调器的分类、型号、主要性能指标和结构特点等的基础上，学习电冰箱、空调器的选购与使用的基本知识、基本技能，使自己具备初步的电冰箱、空调器售后服务能力。

任务 1　电冰箱的选购与使用

◆ 任务目标

1. 掌握电冰箱的分类方法。
2. 理解电冰箱型号的含义。
3. 掌握电冰箱的基本结构。
4. 熟悉电冰箱的主要技术性能指标及参数含义。
5. 熟悉电冰箱的铭牌和能效标识。
6. 掌握电冰箱的选购原则。
7. 掌握电冰箱正常运行时的现象。

知识储备

一、电冰箱的分类

电冰箱的种类很多，一般按其使用功能、外形、制冷方式、冷却方式及制冷等级等进行分类。

1. 按电冰箱的使用功能分类

① 冷藏箱　冷藏箱是以冷藏、保鲜为主要功能的电冰箱。例如在酒店、宾馆中使用的

冷藏箱，其上部有一个由蒸发器围成的容积较小的冷冻室，温度在 –12～–6 ℃之间，用来储藏少量冷冻食品；其下部为冷藏室，温度在 0～10 ℃之间，用于冷藏不需要冻结的食品。

② 冷冻冷藏箱　冷冻冷藏箱一般设冷藏室和冷冻室，分别用于冷却储藏和冻结储藏食品。冷冻室和冷藏室之间彼此隔热，各设一扇门，开门时互不干扰。冷冻室温度保持在 –18 ℃或 –12 ℃以下的低温，容积较大，可以储藏较多的冷冻食品。冷藏室温度保持在 0～10 ℃，由搁架分隔成几个空间，以利于不同食品的冷藏。这类电冰箱的容积大多为 100～250 L，通常做成双门、三门及多门，以适合于一般家庭使用。

③ 冷冻箱　冷冻箱是指专门用于储藏冻结食品的电冰箱，箱内温度保持在 –18 ℃以下，多数为卧式，少数为立式。适用于需要储藏较多冷冻食品的超市和冷饮店、科研单位使用。

2. 按电冰箱的外形分类

电冰箱按外形分类，有单门电冰箱、双门电冰箱、多门电冰箱、对开门电冰箱等。目前后两种较为常见。

3. 按电冰箱的冷却方式分类

① 直冷式电冰箱　此类电冰箱的食品在蒸发器围成的冷冻室中直接冷却而冻结，通过空气自然对流使冷藏室降温，达到冷却的目的。单门、双门直冷式电冰箱冷气流动方式如图 1-1（a）、（b）所示。直冷式电冰箱的特点是结构简单、食品冷却速度快且省电，但箱内温度均匀性差，蒸发器表面易结霜，需要定期化霜。

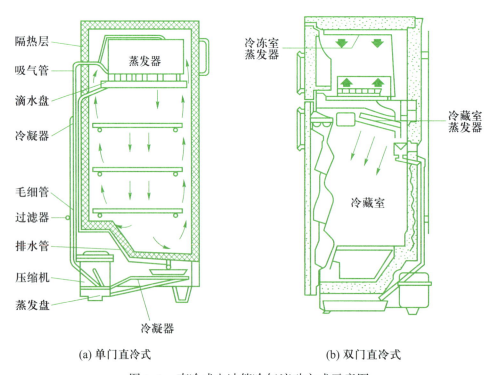

(a) 单门直冷式　　　　　　　　(b) 双门直冷式

图 1-1　直冷式电冰箱冷气流动方式示意图

② 间冷式电冰箱　此类电冰箱是依靠风扇强制箱内空气对流循环来实现食品的间接冷

却。其蒸发器一般装在冷冻室和冷藏室隔层中间（横卧式）或装在冷冻室后壁隔层中（竖立式），如图 1-2 所示。间冷式电冰箱的特点是冷冻室和冷藏室都不会结霜，故又称为无霜电冰箱；由于冷气强制循环，冷藏室降温快，温度比较均匀；能进行自动化霜，不必将食品从冷冻室内搬出，利于食品的长期储存。但其结构复杂，价格较高，且冻结速度比直冷式电冰箱慢。

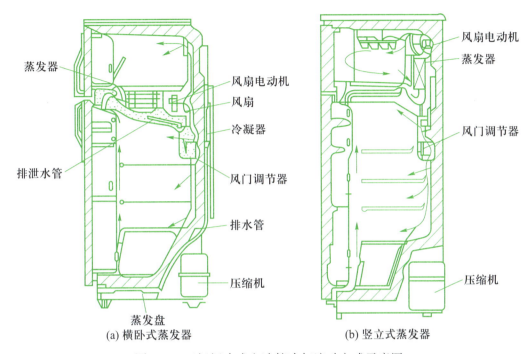

图 1-2　双门间冷式电冰箱冷气流动方式示意图

4. 按电冰箱的制冷等级分类

电冰箱根据冷冻室所能保持的冷冻储存温度级别的不同来划分制冷等级。温度级别用星号"*"表示，每一星号所代表的温度为 -6 ℃。

5. 按电冰箱的使用环境温度分类

根据国际标准，电冰箱按使用环境温度分类可分为亚温带型、温带型、亚热带型、热带型 4 种类型，我国使用的电冰箱多数属于亚热带型，代号为 ST。

电冰箱还可按放置方式分为立式、卧式、台柜式、移动式、嵌入式、壁挂式等，也可按温控方式分为机械温控式和微型计算机控制式等。

小贴士　智能电冰箱

2020 年 3 月 1 日，由我国制订的全球首个"智能电冰箱产品标准"——GB/T 37877—2019《智能家用电器的智能化技术　电冰箱的特殊要求》正式实施，该标准对智能电冰箱进行了明确的定义，并明确了智能化功能的效果。

智能电冰箱是指采用了智能化技术，具备感知、决策、执行和学习能力（包括学习结果的应用能力），并将这些能力综合利用以实现特定功能的电冰箱。

智能电冰箱的温度控制功能是通过智能化技术，自动进行优化调整，以减小箱内温度波动度与温度均匀度，使食品储藏室的温度均匀度平均值不大于4 K、温度波动度平均值不大于2.5 K；智能电冰箱具有自动化霜功能，在化霜及恢复期，电冰箱的储藏温度上升不会超过3 K；智能电冰箱的食材管理功能是指电冰箱具有管理识别食材种类、数量变化和记录食材储藏时间、保质到期时间的功能，并通过交互界面将结果推送给用户；智能电冰箱的故障报警功能是指电冰箱能自动采取报警措施，并将故障报警信息通过网络传给服务平台。

二、电冰箱的型号

按照我国标准，家用电冰箱的型号表示方法及含义如下：

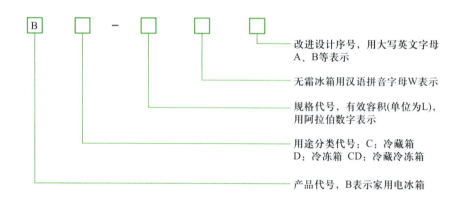

例如，某厂家生产的BCD-330WGE两门冰箱，是指有效容积为330 L的家用间冷式（无霜）冷藏冷冻箱，其设计序号为G，采用微型计算机温度控制方式；型号为BCD-649WDBB的电冰箱是指有效容积为649 L的家用间冷式（无霜）冷藏冷冻对开门电冰箱，其设计序号为D，采用变频压缩机制冷。

三、电冰箱的主要技术性能指标及参数

家用电冰箱属于CCC强制性认证产品，其主要技术性能指标及参数如下。

1. 电冰箱的安全性能

① 绝缘电阻　是指电冰箱带电部件和可触及金属部件间的绝缘电阻，要求不低于2 MΩ。可用500 V级兆欧表测量电源线与接地线之间的绝缘电阻。

② 耐压　是指在电冰箱的电源线与接地线之间施加50 Hz、1 500 V的正弦波交流电压，保持1 min，不应有击穿和闪络现象。

③ 接地电阻　电冰箱应有良好的接地装置。用接地电阻仪测量接地端与金属外露部分之间的接地电阻，应小于0.1 Ω。

④ 泄漏电流　是指电冰箱正常运转时，电源线的相线（L）和中性线（N）与电冰箱金

属外露部分间的泄漏电流应不大于 1.5 mA。

2．电冰箱的起动性能

电冰箱要求在电源电压为 187～242 V 的范围内，能正常起动与停止。

3．电冰箱的制冷性能

① 储藏温度　在 18～38 ℃ 的环境温度下，要求在温控器上能找到一挡使冷藏室几何中心平均温度在 0～10 ℃ 之间，冷冻室的最低温度在 −18℃ 以下，且达到规定后压缩机会自动开或停。

② 冷却速度　在环境温度为 32 ℃ 时，箱内不放物品，压缩机连续运转，使冷藏室几何中心平均温度在 0～10 ℃ 之间，冷冻室的最低温度在 −18 ℃，降温时间不超过 3 h。

③ 负载温度回升速度　在环境温度为 25 ℃ 左右时，箱内放满负载，运行到使冷藏室几何中心平均温度在 0～10 ℃ 之间，冷冻室的最低温度在 −18 ℃，然后切断电源使压缩机停转，箱内温度从 −18 ℃ 回升到 −9 ℃ 的时间不少于 300 min。

④ 制冰能力　在环境温度为 25 ℃ 时，温控器置 4 挡，电冰箱运行达到稳定状态后，将 30℃ 左右的水加入制冰盒中，在 2 h 内水应结成实冰。

⑤ 绝热性能　电冰箱应有良好的绝热性能，在工作时外表不允许积累过多的水汽。在正常气候下，电冰箱外表不应有凝露现象。

⑥ 制冷系统密封性能　电冰箱制冷系统任何部位制冷剂年泄漏量不大于 0.5 g。

4．电冰箱的日耗电量

目前我国电冰箱能耗以 kW·h/24 h 为计量标准，其含义是 24 h 内电冰箱的耗电量。要求电冰箱的日耗电量不能超过铭牌标定值的 10%。

5．电冰箱的控制性能

电冰箱的控制性能是指能在一定的温差范围内自动停机、自动起动，其停、起时间的比例达到一定要求。对于单门电冰箱，夏天应保证停、起时间在 2∶1～3∶1，开机时间越短越好（但不应少于 5～6 min），停机时间越长越好（但停机时不允许有化霜现象）；冬天应保证停、起时间为 3∶1～4∶1。对于双门、三门、四门直冷式和间冷式电冰箱，夏天应保证停、起时间应不小于 2∶1；冬天应保证停、起时间为 2∶1～3∶1。

6．电冰箱的其他性能

① 噪声　在消声室内，在距离电冰箱 1 m，与地面垂直距离为 1 m 处，用声级计"A"计权网络测量电冰箱运行时的噪声，应不高于 42 dB。

② 箱门开启力　电冰箱不运行后，关闭箱门 1 h，然后用弹簧秤测定施加在把手上离铰链最远点且垂直于门面的开启力，应不超过 70 N，一般为 14.7～19.6 N 较合适。

③ 门封密封性　当箱门正常关闭后，门封四周应严密。将一张厚 0.08 mm、宽 50 mm、长 200 mm 的纸片放在门封条上任意一点处，将箱门关闭垂直地压在纸上，纸片不应自由滑

动。门封四角的缝隙宽度应不大于 0.5 mm，缝隙长度应不超过 12 mm。

④振动　电冰箱运行时，不应产生明显的振动，其振动速度的有效值不大于 0.71 mm/s。

⑤外观要求　电冰箱外观不应有明显的缺陷，装饰性表面应平整、光亮。涂层表面也应平整、光亮，颜色一致，色泽均匀，且牢固，没有明显的划痕、麻坑、皱纹、起泡、漏涂和集合沙粒等。

四、电冰箱的主要结构

目前，家用电冰箱一般采用蒸气压缩式制冷方式，其结构大体由箱体、制冷系统、电气控制系统和附件 4 大部分组成。

1. 电冰箱的箱体

箱体是电冰箱的骨架，其他部分都装配在箱体上或放置在箱体内。同时，箱体还用来隔热保温，使箱内空气与外界空气隔绝，以保持箱内所需的低温环境。箱体主要包括外箱、内胆、隔热层等以及由箱门、门内衬、磁性门封条、手柄和门铰链等组成的箱门体。图 1-3（a）、（b）所示为某品牌双门电冰箱箱体外部、内部结构图。

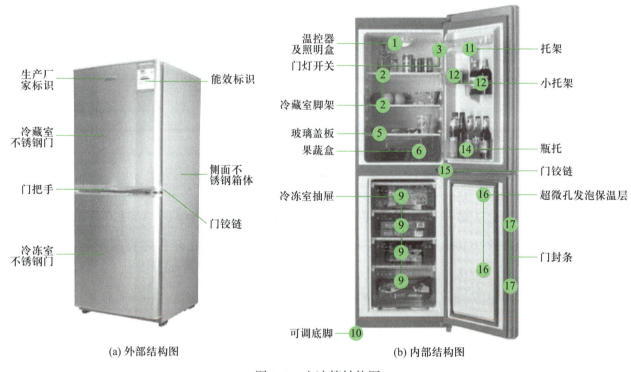

(a) 外部结构图　　　　(b) 内部结构图

图 1-3　电冰箱结构图

2. 电冰箱的制冷系统

电冰箱的制冷系统通过制冷剂的循环，吸收电冰箱内食品的热量，使箱内的热量转移到箱外空气中去，从而使箱内温度下降，达到制冷降温冷藏冷冻的目的。电冰箱的制冷系统主要包括压缩机、冷凝器、蒸发器、干燥过滤器、毛细管、回气管、排气管等，内装制冷剂。

图 1-4 所示为电冰箱背面制冷系统部件图，图 1-5 所示为直冷式电冰箱内部蒸发器示意图，图 1-6 所示为间冷式电冰箱蒸发器示意图，图 1-7 所示为电冰箱内部制冷系统部件示意图。

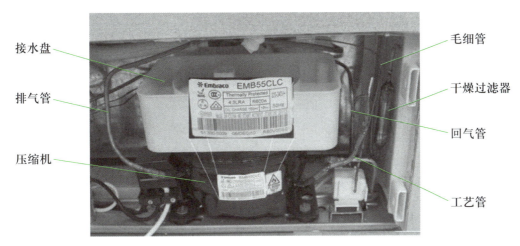

图 1-4　电冰箱背面制冷系统部件图

图 1-5　直冷式电冰箱内部蒸发器示意图

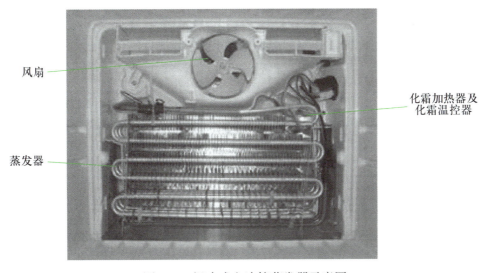

图 1-6　间冷式电冰箱蒸发器示意图

内埋式冷藏室蒸发器　　内埋式冷凝器　　储液器

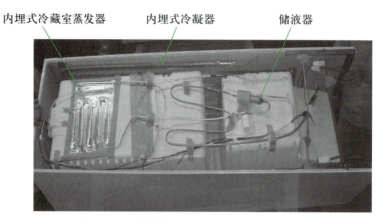

图 1-7 　 电冰箱内部制冷系统部件示意图

3. 电冰箱的电气控制系统

电气控制系统的作用是通过温度控制器、化霜控制器、起动器、过载保护继电器、化霜加热器、箱内照明灯（门灯）和开关等部件，控制电冰箱按使用的要求自动起停、安全运转，达到自动控温、化霜等目的。图 1-8 所示为电冰箱压缩机起动器、过载保护继电器，图 1-9 所示为直冷式电冰箱温度控制器、门灯和门开关等组件，图 1-10 所示为微型计算机控制电冰箱控制面板、门灯和门开关等组件，图 1-11 为微型计算机控制电冰箱控制电路板。

过载保护继电器　　　　　起动器、过载保护继电器外壳

PTC起动器

图 1-8 　 压缩机起动器、过载保护继电器

门灯　内装温控器　　　　　　　门开关

温控器感温管

温控器感温头

温控器旋钮

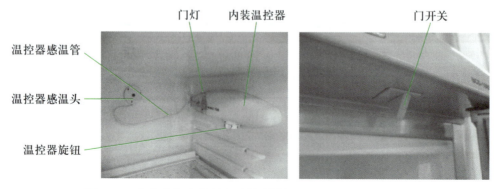

图 1-9 　 直冷式电冰箱的温度控制器、门灯和门开关等组件

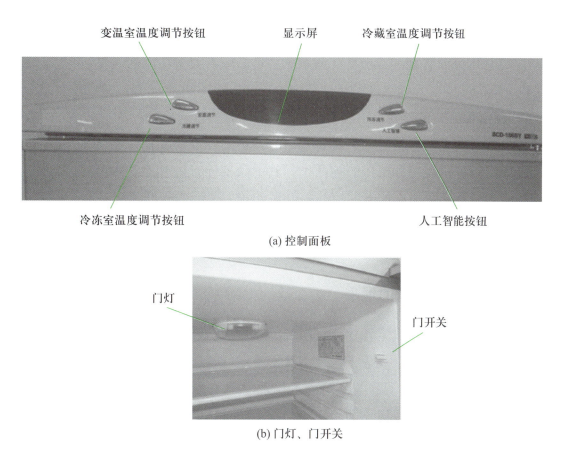

(a) 控制面板

(b) 门灯、门开关

图 1-10　微型计算机控制电冰箱控制面板、门灯和门开关等组件

4. 电冰箱的附件

为适应食品冷冻、冷藏的需要，电冰箱中还有制冰盒、搁架、果蔬盒、接水盘或蒸发皿、肉品盒和蛋品架等附件。

五、电冰箱的选购原则

1. 电冰箱 3C 认证标志和能效标识的确认

选购电冰箱首先应检查其是否具有 3C 认证标志，其次应检查其是否粘贴能效标识，从而确定该型号产品的能源效率等级和具体的日耗电量值。

图 1-11　微型计算机控制电冰箱控制电路板

2. 电冰箱结构类型的确定

对于使用功能要求单一的用户，可选择单门或双门电冰箱；对于使用功能要求一般的用户，可选择普通双门或三门电冰箱；对于使用功能要求较高、食品冷冻与冷藏量较大的用户，可以选择四门、对开门电冰箱，以满足食品分类存放、制冰、制冷饮用水等需求。

3. 电冰箱容积的确定

电冰箱的容积是以有效容积来表示的，由于存放食品时留有很大的空隙，实际食品的容积仅为有效容积的 30% 左右。选购时，一般以每人占有 40～50 L 来考虑，四口之家选用 170～200 L 的电冰箱较适宜。对于喜欢储藏较多食品或需要多功能的，可适当选择容积较大的电冰箱。

4．电冰箱温控方式的确定

保鲜是消费者购买电冰箱的第一需要，而电冰箱的控温精度是首要指标。目前电冰箱的温控方式有微型计算机温控和机械温控两类。其中微型计算机温控电冰箱的控温精度相对精准一些，但成本较高；机械温控电冰箱的控温误差较大，但成本低廉。

另外，选购电冰箱时还要根据当地气候确定环境温度类型，根据个人审美观确定造型和颜色；根据自己的需求，从性能价格比、售后服务水平等角度去选择电冰箱的品牌。

六、电冰箱正常运行时的现象

当电冰箱通电并按要求设定好功能、温度等参数后，就开始正常运行，可待电冰箱运行 15～20 min 后，通过看、听、摸等方法观测其正常运行现象。

① 看　就是通过观察，了解电冰箱的工作现象。主要现象有：打开电冰箱门，冷藏室内照明灯亮，间冷式电冰箱风扇立即停止；当按下门开关时，灯应熄灭，风扇立即起动，并有冷气吹出；直冷式电冰箱的冷藏室、冷冻室会有一层均匀而薄的霜，用湿手触摸，会有粘手的感觉；微型计算机控制式电冰箱的控制屏（显示屏）将会显示电冰箱的工作状态，冷冻室、冷藏室、变温室等的温度等；在空气湿度较大时，在电冰箱外部及门间中梁可能出现凝露水。

② 听　就是通过听，了解电冰箱运行时的声音。主要现象有：贴近电冰箱，能听到压缩机运行时轻快、均匀的运行声音；打开电冰箱门，可听到制冷剂流动时的"流水"声音；对于间冷式电冰箱，按下门开关，有风扇运行声音；对于微型计算机控制电冰箱，在电冰箱背后有时甚至能听到控制电路板上继电器吸合、释放时的"滴答"声；若观察时间较长，还可以听到压缩机起动、停止的声音等。

③ 摸　就是通过手摸，感觉电冰箱运行时各部分的温度。主要现象有：手摸电冰箱箱体的侧面（平背式电冰箱冷凝器装于箱体两侧壳体内）或背面（挂背式电冰箱冷凝器装于电冰箱背面），感觉箱体温度较高，且上部温度高、下部温度稍低，即从上到下有明显的温差；手摸压缩机，感觉较烫，且有轻微的振动感；手摸压缩机回气管，应感觉冰凉，有时会有凝露水；手摸压缩机排气管，应感觉较烫；手摸门框四周，应感觉发热；手摸各室蒸发器表面，应感觉到各室温度，特别是在压缩机工作时，用湿手去摸蒸发器表面会有粘手感觉。

任务 2　空调器的选购与使用

◆ 任务目标

1. 掌握空调器的分类方法。
2. 理解空调器型号的含义。
3. 掌握空调器的基本结构。
4. 熟悉空调器的主要技术性能指标及参数含义。
5. 熟悉空调器的功能。
6. 掌握空调器的选购原则。
7. 掌握空调器正常运行时的现象。

知识储备

一、空调器的分类

1. 按空调器的结构分类

空调器按结构不同可分为整体式和分体式两种。整体式空调器把全部器件组装在一个壳体内，安装时需穿墙而过，空调器的室内外换热器分别置于墙两侧；分体式空调器则把空调器分为室内机和室外机两部分，安装时使用管路和线路将室内外机连为一体。

整体式空调器有窗式和移动式，分体式空调器则根据室内机的形式又可分为吊顶式、嵌入式、壁挂式、柜式和落地式等，如图 1-12 所示。

图 1-12　各类不同结构的空调器

2. 按空调器的功能分类

空调器按其功能和用途不同可分为单冷型（冷风型）和热泵型两种。单冷型空调器只有制冷功能，兼有除湿功能；热泵型空调器有制冷（夏季降温）和制热（冬季升温）功能。根据供暖方式不同又可分为热泵型、电热型和热泵辅助电加热型。

热泵型空调器在冬季时，制冷系统按热泵方式运行，室外机从室外环境中吸取热量，室内机向空调房间放出热量；电热型空调器在冬季时，制冷系统停止运转，依靠电加热器将空气加热，使房间升温；热泵辅助电加热型空调器在冬季时，热泵系统和电辅助加热系统同时工作。此时，热泵系统起主要作用，电加热器只起辅助供热作用。

3. 按空调器的使用气候类型分类

根据国家标准 GB/T 7725—2004《房间空气调节器》的规定，空调器的使用气候类型分为 T1、T2、T3 三类。其中 T1 类为温带气候，最高环境温度为 43 ℃；T2 类为低温气候，最高环境温度为 35 ℃；T3 类为高温气候，最高环境温度为 52 ℃。

4. 按空调器的压缩机转速变化分类

空调器按压缩机转速变化可分为定频空调器、变频空调器两类，其中定频空调器的压缩机转速始终是固定的（压缩机电压、频率、转速、容量不变）；变频空调器的压缩机转速根据环境温度等因素不同而变化（压缩机电压、频率、转速、容量可变）。

5. 按空调器的供电方式分类

空调器按供电方式可分为单相电供电方式和三相电供电方式两种。小功率空调器的压缩机采用单相异步电动机，所以多采用单相电供电。部分大功率空调器的压缩机采用三相异步电动机，所以采用三相电供电。另外，变频空调器的压缩机不是由市电电压直接供电，而是通过功率模块将市电电压变换为脉动电压或直流电压后供电。

此外，空调器还可以根据一台室外机可拖动室内机的数量分为一拖二、一拖三等。

二、空调器的型号

根据国家标准 GB/T 7725—2004，空调器的型号命名原则如下：

例如，KFR-2688W/WBp 表示 T1 气候类型，分体热泵型壁挂式房间空调器室外机，额定制冷量为 2 600 W，88 表示设计序列号，W 表示此空调器具有网络通信接口功能，Bp 表示具有变频功能；KFR-46LW/27D 表示 T1 气候类型，分体热泵型落地式房间空调器（包括室内机和室外机），额定制冷量为 4 600 W，具有辅助电加热功能，27 表示设计序列号。

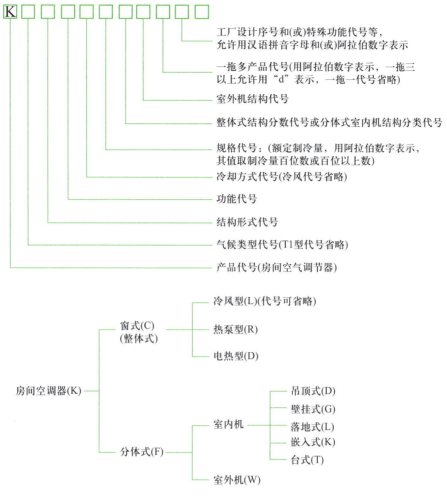

注：分体式空调器的功能分类代号与窗式空调器相同。

三、空调器的主要技术性能指标及参数

空调器属于 CCC 强制性认证产品，其主要技术性能指标及参数如下。

① **名义制冷量**　是指在国家有关标准规定的名义工况下，空调器制冷运行时，在单位时间内从密闭空间或房间或区域除去的热量，其单位为 W。

② **名义制热量**　是指在国家有关标准规定的名义工况下，空调器制热运行时，在单位时间内向密闭空间或房间或区域送入的热量，其单位为 W。

③ **循环风量**　空调器在新风门或排风门完全关闭的条件下，单位时间内向房间或区域送入的风量，单位有 m^3/h、m^3/s 等。

④ **消耗功率**　是指空调器在规定工况下进行性能测试时，所测得的消耗总功率，单位为 W。它是空调器的实际消耗功率。在产品的铭牌或说明书上，应标明空调器的输入功率。

⑤ **能效比（EER）**　在额定工况和规定条件下，空调器制冷运行时，制冷量与有效的输入功率之比，单位为 W/W。

⑥ **性能参数（COP）**　在额定工况（高温）和规定条件下，空调器进行热泵制热运行

时，其制热量和有效输入功率之比，单位为 W/W。

⑦ 额定电流　是指名义工况下的总电流，单位为 A。

⑧ 制冷剂种类及充注量　目前我国空调器大多采用环保型制冷剂，如 R410A 和 R600A 等。充注量是指产品规定注入空调器制冷系统的制冷剂量，单位为 kg。

⑨ 使用电源　单相 220 V，50 Hz；三相 380 V，50 Hz。

⑩ 外形尺寸　长（mm）× 宽（mm）× 高（mm）。

⑪ 噪声　在名义工况下的机组噪声，单位为 dB（A）。空调器的噪声分为室内机噪声和室外机噪声，是用分贝仪在规定位置处测量空调器运转噪声。

四、空调器的主要结构

1. 分体壁挂式空调器的主要结构

分体壁挂式空调器主要由室内机、室外机和室内外机连接管和连接线路等组成。

（1）室内机的主要结构

室内机挂在墙上，主要由室内换热器、空气循环系统、电气控制系统及外壳组件等组成。

① 室内机的外壳组件　壁挂式空调器室内机呈细长形，外表多为白色或棕色，紧贴墙面安装，成为室内装饰品。图 1-13 所示为某型号空调器室内机外部结构示意图，其实物结构图如图 1-14 所示。

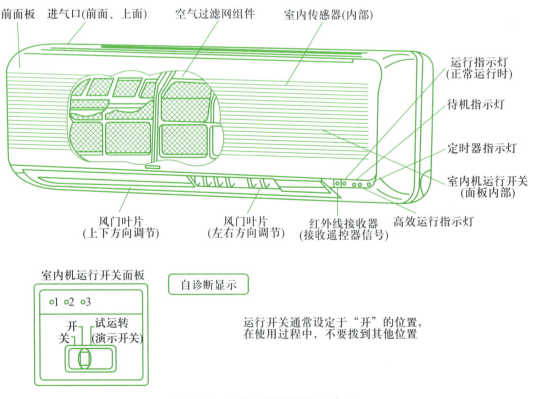

图 1-13　室内机外部结构示意图

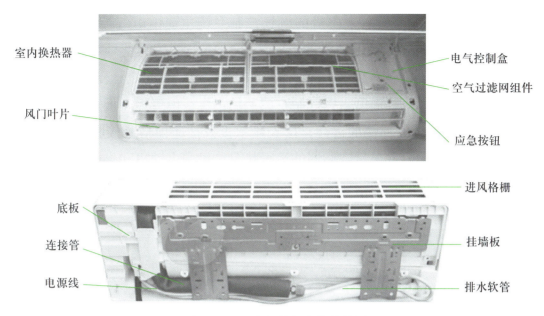

图 1-14 室内机外部实物结构图

② 室内机的空气循环系统 室内机的空气循环系统包括风扇电动机、贯流式风扇、空气过滤器组件和进气格栅、出风口、导风门叶片和外壳等，如图 1-15 所示。

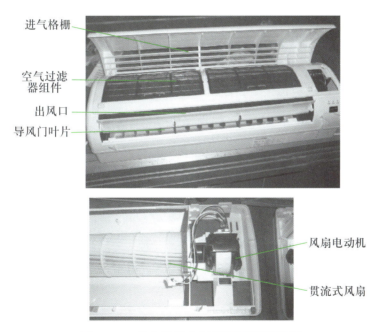

图 1-15 室内机的空气循环系统结构图

室内机前面板上部和顶部装有百叶窗作为空调器回风口，装有很多进气格栅，格栅后面依次装有过滤网、室内换热器、贯流式风扇，它能完成将室内空气进行温度、湿度和洁净度处理的任务。面板下部装有导风门叶片（水平和竖直导风叶片），为空调器的送风口，将处理后的空气送回房间，水平导风叶片与导向器在微型电动机的驱动下，可实现自动扫风功能。

③室内机的电气控制系统　室内机的电气控制系统主要由电气控制板、温度传感器、接收显示板、风扇电动机、导风电动机等组成，图1-16所示为某型号空调器室内机控制电路板组件。在室内换热器右侧表面装有室内温度传感器，右侧盘管上装有盘管温度传感器，分别用来检测室内温度和盘管温度，以控制空调器的运行；电气控制板安装在右侧的控制盒内，用以控制室内外机电气部件的运行；接收显示板包括遥控信号接收器、指示灯（显示屏）等，用于接收遥控信号并显示空调器的运行状况。风扇电动机和导风电动机均安装在室内机右侧。

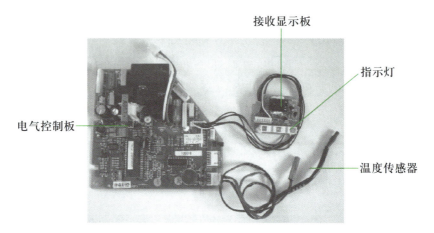

图1-16　空调器室内机控制电路板组件

④室内机的换热器　室内机换热器主要用于冷却（或加热）室内空气，其结构如图1-17所示。

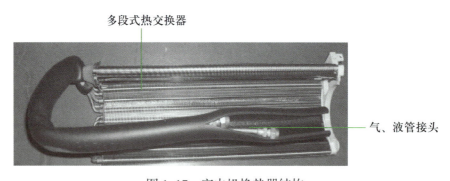

图1-17　室内机换热器结构

⑤室内机的其他部件　室内机除外壳外，还有接水盘等部件。接水盘装在面板最下部，空调器除湿后的冷凝水经接水盘、排水软管排到室外。

（2）室外机的主要结构

壁挂式空调器的室外机主要由制冷系统部件、空气循环系统、电气控制系统和外壳等组成，所有部件安装在一个箱壳内。制冷系统部件主要由压缩机、室外换热器、电磁四通换向阀、毛细管组件、截止阀等组成；空气循环系统主要由风扇电动机、轴流式风扇等组成；电气控制系统主要由控制电路板、传感器等组成，图 1-18 所示为某型号壁挂式空调器室外机外形图。图 1-19 所示为某型号室外机内部结构图。

图 1-18　室外机外形图

图 1-19　室外机内部结构图

2. 分体柜式空调器的主要结构

分体柜式空调器具有制冷量大、风力强等优点，通常适用于较大面积的居室。其室内机落地放置，室外机可安装在墙面或地面上。

（1）室内机的主要结构

室内机主要由室内换热器、空气循环系统、电气控制系统及外壳组件等组成，图 1-20 所示为室内机内部结构图。

①空气循环系统　室内机的空气循环系统包括风扇电动机、离心式风扇、空气过滤器组件、进风栅、出风栅和外壳等。室内机上部为出风口，导风叶片在微型电动机的驱动下可完成扫风和上下吹风动作，出风口下方为显示屏，下部为进风口，由百叶窗格栅构成，里面有过滤网、热交换器、风扇等。

②制冷系统　室内机将换热器、毛细管等制冷系统部件组合在一起，通过室内外机连接管路与室外机制冷系统连接在一起，相互配合，实现制冷或制热功能。

③电气控制系统　室内机电气控制系统主要由控制电路板、风扇电动机、传感器等组成，通过室内外机电气控制线路连接在一起，相互配合，相互作用，控制制冷系统的运行。

④室内机的其他部件　室内机除外壳外，还有接水盘等部件。接水盘装在室内换热器的最下部，空调除湿后的冷凝水经接水盘、排水软管排到室外。

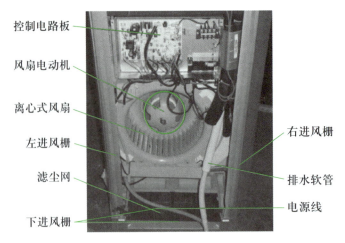

控制电路板

风扇电动机

离心式风扇

左进风栅

滤尘网

下进风栅

右进风栅

排水软管

电源线

图 1-20　室内机内部结构图

（2）室外机的主要结构

　　柜式空调器的室外机的主要结构与壁挂式空调器类似，也由制冷系统部件、电气控制系统、空气循环系统和外壳等组成，全部安装在一个箱壳内。图 1-21 所示为某型号分体柜式空调器室外机空气循环系统结构图。图 1-22 所示为某型号分体柜式空调器室外机电气控制系统结构图。

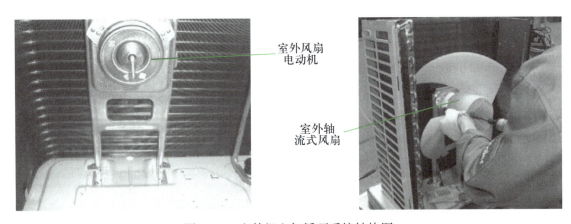

室外风扇
电动机

室外轴
流式风扇

图 1-21　室外机空气循环系统结构图

风扇电动机电容

四通阀线圈

压缩机电容

接线端子排

压力开关

压缩机及保护器

图 1-22　室外机电气控制系统结构图

3．嵌入式空调器的主要结构

嵌入式空调器就是把室内机镶嵌在天花板内的一种空调设备，它是在分体壁挂式空调器基础上的改进型产品，具有不占用室内面积、美观且送风角度较大、布风均匀等优点，适用于房间面积为 30～80 m² 的家庭、办公室、餐厅等场所。图 1-23 所示为嵌入式空调器室内机结构示意图。

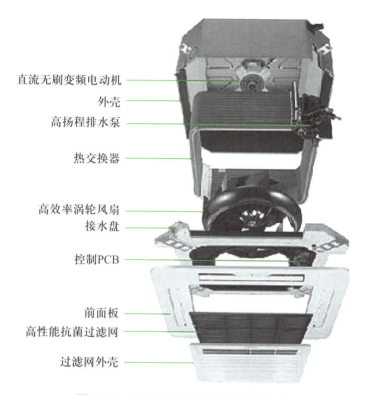

直流无刷变频电动机
外壳
高扬程排水泵
热交换器
高效率涡轮风扇
接水盘
控制PCB
前面板
高性能抗菌过滤网
过滤网外壳

图 1-23   嵌入式空调器室内机结构图

嵌入式空调器的室外机结构与分体壁挂式、柜式空调器类似。

五、空调器的控制、保护功能及工作模式

1．空调器的控制功能

空调器的控制功能视生产厂家而定，空调器一般具有以下功能：

（1）显示功能

空调器的显示功能是通过显示面板来指示空调器的运行状况，有指示灯显示和显示屏显示等多种方式。图 1-24 所示为某分体柜式空调器显示屏示意图，图 1-25 所示为某分体壁挂式空调器显示屏示意图。

（2）应急控制功能

大部分空调器上都有一个应急按钮（开关），当空调器遥控器损坏或丢失时，可以应急开启或停止空调器。图 1-26 所示为某空调器的应急按钮。其功能一般有：

自动模式
制冷模式
抽湿模式
制热模式
健康模式
锁定显示

测试信息显示

左右风功能
上下风功能
经济运行功能
强劲运行功能
定时开显示
定时关显示

风速显示

温度或定时时间显示

■ 适宜睡眠使用的运行状态：系统每隔1 h调整1次设定温度，风速强制为自动风，并自动关闭电辅热功能

图 1-24   分体柜式空调器显示屏示意图

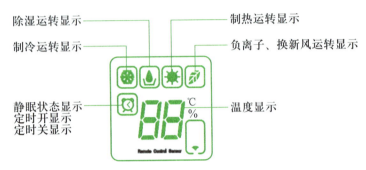

除湿运转显示

制热运转显示

制冷运转显示

负离子、换新风运转显示

静眠状态显示
定时开显示
定时关显示

温度显示

图 1-25   分体壁挂式空调器显示屏示意图

一次开关机功能：按动应急按钮一次为开机，再按一次为关机；开机后空调器按自动模式工作，室内控制温度设定为 24 ℃，室内风速设定为自动，风门扫掠（视生产厂家确定）。

应急按钮

图 1-26   空调器的应急按钮

试运行功能：空调器通电后（关机状态下），按住应急按钮停留 5 s 以上，蜂鸣器响 3 声，控制器进入试运行状态。试运行为强制制冷运行状态，室内风速设定为高速，风门为扫掠，空调器运行与室温无关。正因为按住应急按钮可使空调器进入强制制冷运行状态，所以在冬季给空调器制冷系统加制冷剂或移机时，就显得方便了。

在应急运行状态时，如果空调器接收到遥控信号，则按遥控信号命令运行。

（3）定时功能

空调器的定时功能就是定时开机、关机功能，当通过遥控器设定定时开机或关机功能后，空调器进入定时开机或关机状态，设定时间到达后，空调器收到遥控器的信号后按照设定状态开机运行或停机；如果达到设定时间后，空调器仍没有收到遥控器发送的信号，空调器自动按照设定状态开机运行或自动关机。开、关机操作不能取消定时功能。

（4）"并用节电"功能

有些变频空调器设置了"并用节电"功能键，当按动遥控器上的"并用节电"功能键，空调器进入节电运行状态；再按动一次该键，此功能解除。进入"并用节电"状态后，通过调节压缩机的运转频率，限制压缩机运转的最大电流，使电流不超过 5 A（此值随机型不同而调整）。开、关机操作不能取消"并用节电"功能。

（5）睡眠功能

空调器在制热、制冷或除湿模式下，按动遥控器上的"睡眠"功能键，可以依次起动或取消睡眠功能，同时在空调器显示屏上的睡眠图标相应点亮或熄灭。在制热模式下，起动睡眠功能后，设定温度在 1 h 后降低 3 ℃，再运行 2 h 后再降低 4 ℃。在制冷模式下，起动睡眠功能后，设定温度在 1 h 后升高 1 ℃。睡眠功能有效期为 8 h，8 h 后空调器自动关机并取消睡眠功能。空调器关机操作后将取消睡眠功能。

（6）高效运行功能

某些变频空调器在制热、制冷或除湿模式下可以设定高效运行功能，此时空调器室内风机转速为高速，压缩机以尽可能高的频率运行，显示屏中显示的频率最大。运行 15 min 后自动恢复原运行状态。

（7）防冷风功能

空调器在制热运行时，在室内换热器盘管温度上升的过程中，室内风扇电动机会根据室内换热器盘管温度来决定其运行状态，以防止吹出冷风而让人感觉不舒服。例如，某空调器的防冷风功能为：当 $t_{室内盘管}$ < 30 ℃时，室内风扇电动机不能运行；当 30 ℃ < $t_{室内盘管}$ < 35 ℃时，室风风扇电动机以低速运行；当 $t_{室内盘管}$ ≥ 35 ℃时，室内风扇电动机以设定风速运行；当压缩机运行 30 s 后，将忽视 $t_{室内盘管}$ 的值，室内风扇电动机以设定风速运行。

（8）故障显示功能

通过显示板显示故障模式。有的空调器用温度条闪烁方式代表相应的故障信息；有的空调器用指示灯亮灭和不同的频率闪烁代表相应的故障信息；也有的空调器直接在显示屏上显示故障的"代码"来显示故障信息。

（9）吹余热功能

在制热运行时，如果压缩机停止运行，室内风扇电动机应根据室内盘管温度来决定其运行状态，以充分利用盘管中的余热。

（10）曲轴加热功能

在冬季，空调器上电后，若 $t_{室外盘管}$ 低于一定值（如 0 ℃以下），则压缩机曲轴箱的加热带接通，此时压缩机还不能工作，当 $t_{室外盘管}$ 高于 4 ℃或连续加热 5 min 后，压缩机满足开机条件可起动，压缩机开机后，立即关闭曲轴加热功能。

2. 空调器的保护功能

空调器具有相应的保护功能，不同空调器的保护功能视生产厂家而定。

① 压缩机 3 min 延时保护功能　压缩机停机后，3 min 之后才能再次起动。上电后第一次开机不做此种保护。

② 过电流保护功能 过电流保护功能是指压缩机运行电流大于设定值时，自动停止压缩机的工作。例如，某空调器设定过电流保护值为 15 A，若压缩机运行过程中连续 5 s 检测到均为过电流，则压缩机自动停止运行，其他部分正常工作，3 min 后重新起动压缩机并延时 5 s 后重新检测，若仍为过电流，则室内机和室外机全部停止运行，并在室内机显示故障代码，而且遥控器操作不能开机，需重新上电才能开机。

③ 高压、低压、温度保护功能 高压、低压、温度保护功能是指当压缩机发生高压、低压或温度保护时，压缩机和室外风扇电动机停止运行。例如，某空调器发生高压、低压或温度保护后，若经过 3 min（即满足压缩机 3 min 延时保护）后，保护消失，压缩机和室外风扇电动机重新起动运转；如果保护没有消失，则室内机和室外机全部停止运行，室内机显示故障代码，而且遥控器操作不能开机，需重新上电后才能开机。如果 30 min 内连续出现 4 次保护，则室内机和室外机全部停止运行，室内机显示故障代码，而且遥控器操作不能开机，需重新上电后才能开机。

④ 室内机盘管防高温保护功能 空调器制热运行时，若室内机盘管温度过高，将引起危险。例如，某空调器在室内盘管温度上升过程中，如果 $t_{室内盘管}>55$ ℃，室外风扇电动机停止运行；如果 $t_{室内盘管}>73$ ℃，则压缩机停止运行；当室内盘管温度下降时，如果 $t_{室内盘管}\leq48$ ℃，室外风扇电动机恢复正常运行；2 s 后，压缩机重新起动。防高温保护运行时，环境温度满足停机条件后重新起动压缩机应满足 3 min 保护条件。

⑤ 室外机盘管防高温保护功能 空调器制冷运行时，若室外机盘管温度过高，将引起制冷系统压力异常升高，压缩机电流异常增大，甚至引起压缩机损坏。例如，某空调器在 $t_{室外盘管}>68$ ℃时，室内风扇电动机低速运行；如果 $t_{室内盘管}\geq73$ ℃，空调器关机；如果 $t_{室外盘管}<68$ ℃，恢复原工作状态，室内风扇电动机低速运行。当室外盘管温度下降到 58 ℃以下时，室内风扇电动机按设定方式运行。

⑥ 室内机盘管防冻结保护功能 空调器在制冷运行时，若室内换热器表面温度低于 0 ℃，则凝露水将结成冰（霜），影响换热效果。例如，某空调器在制冷运行时，当压缩机连续运行 10 min 及以上时，如果 $t_{室内盘管}<-1$ ℃，则压缩机、室外风扇电动机停止运行。当压缩机、室外风扇电动机已停机 6 min 或者 $t_{室内盘管}\geq8$ ℃时，压缩机和室外风扇电动机起动。

⑦ 传感器保护功能 当温度传感器出现短路或断路故障时，空调器继续运行，但相关温度保护功能无法实现，会引起空调器故障。例如，某空调器在出现温度传感器短路或断路故障时，空调器会自动停止运行，并显示故障代码（例如：室内环境温度传感器故障显示 E0；室内换热器盘管温度传感器故障显示 E1；室外换热器盘管温度传感器故障显示 E2）。

3. 空调器的运行模式

以某品牌分体变频壁挂式空调器为例，使用遥控器可将空调器设置为自动、制热、制冷、除湿和通风 5 种工作模式。

六、空调器的选购原则

1.　空调器 3C 认证标志和能效标识的确认

选购空调器首先应检查其是否具有 3C 认证标志和能效标识。其次是根据能效等级和消费能力来选择适合自己的产品。

2.　空调器结构类型的选择

空调器选购时最好根据房间内的空间大小、经济能力等情况选择合适结构的空调器。

一般来讲，窗式空调器适用于小面积房间，安装方便且价格便宜，但噪声大；分体壁挂式空调器不受安装位置限制，更易与室内装饰搭配，噪声小；分体柜式空调器功率大、风力强，适合大面积房间，但噪声大；吊顶式空调器占地面积小，送风距离远，制冷效果好，但受安装位置限制，不易清洁；嵌入式空调器占地面积小，美观大方，送风面积大，制冷（热）效果好，但价格高；中央空调不占用室内空间，没有裸露的管线，舒适度高，出风没有死角，装饰性好，但是价格较高，安装复杂。

另外，市场上还有定频空调器和变频空调器。一般来讲，变频空调器相对于定频空调器有控温方便、快速、节能等优点，但价格较高。

3.　空调器功能的选择

单冷型空调器只具有制冷功能，适宜在夏天使用；而热泵型空调器具有制冷、制热的两种功能，既可以夏天制冷降温，也可以冬天制热保暖。对于冬季环境温度较低，而用户对冬季室内温度要求较高的用户，可选择热泵带电辅助加热型空调器。对于具有特殊要求的用户，如计算机房、档案室等，则可选择除湿机。

4.　空调器制冷（热）量的选择

选择空调器制冷（热）量的大小时，除要考虑房间面积的大小、保温性能、楼层、房间高度、房间装修布置、玻璃窗大小、房间内设备散热情况、是否朝阳等因素外，还要考虑人员的多少等诸多因素。选择空调器制冷（热）量的大小，除通过估算房间所需的制冷（热）量以外，还应根据使用经验值来进行修正。

房间空调器单位面积所需冷、热负荷值可参考表 1–1。

表 1–1　单位面积所需冷、热负荷数值参考表

使用场所	单位面积所需冷负荷（单位：W）		单位面积所需热负荷（含电加热）（单位：W）	
	基准值	取值范围参考	基准值	取值范围参考
居室房间	180	151～196	200	171～221
计算机房	185	160～210	260	199～260
饭店客房	185	160～210	260	199～260

续表

使用场所	单位面积所需冷负荷 （单位：W）		单位面积所需热负荷 （含电加热）（单位：W）	
	基准值	取值范围参考	基准值	取值范围参考
餐厅	255	221～288	400	350～456
商场	230	199～260	350	300～392
办公室	185	160～210	230	199～260

说明：房间高度取标准高度 2.8 m。

注意：表 1–5 为参考数值，具体选型与空调器使用环境有很大关系。

另外，选购空调器时，还要考虑空调器的噪声、气候类型、使用电源要求和品牌及经销商的售后服务能力等。

七、空调器正常运行时的现象

当空调器安装完成后，插入电源，按要求设定好功能、温度等参数后，空调器就开始正常运行，可待空调器运行 15～20 min 后，通过看、听、摸等方法观察其正常运行现象。

① 看　就是通过观察，了解空调器的正常工作现象。主要现象有：运行指示灯（显示屏）能正常显示空调器的工作状况；导风叶片能根据控制要求在电动机的驱动下正常摆动，实现气流调节；制冷时，室内换热器表面结满露水，排水软管有冷凝水排出，室外机连接管和截止阀上有凝露水；制热时，室外换热器表面会结霜，并能自动化霜等。

② 听　就是通过听，了解空调器运行时的声音。主要现象有：当操作遥控器进行功能切换时，室内机蜂鸣器能发出提示声音；贴近室外机，能听到压缩机运行时轻快、均匀的运行声音；贴近室内机，可听到制冷剂流动时的"流水"声音，操作遥控器时，还能听到继电器吸合、释放时发出的"滴答"声音；若观察时间较长，还可以听到压缩机起动、停止的声音等；当进行制冷与制热模式切换时，能听到电磁四通换向阀的换向声音，特别是在制热运行停机时，会听到制冷剂压力平衡时的声音；对于变频空调器，当压缩机频率变化时，压缩机的声音将发生变化。

③ 摸　就是通过手摸，感觉空调器工作时的温度。主要现象有：用手放在室内机出风口，制冷时能吹出冷风且比室内环境温度低 8～10 ℃，制热时能吹出热风且比室内环境温度高 10～15 ℃；用手放在室外机出风口，制冷时能吹出热风且比室外环境温度高 10～15 ℃，制热时能吹出冷风且比室外环境温度低 10～15 ℃；打开室内机面板，手摸室内换热器表面，制冷时应冰凉，制热时应发烫；摸室外机外壳，会有明显的振动感；摸压缩机外壳应有烫手感；摸压缩机高压排气管，夏天应烫手，冬天应感觉很热；摸压缩机低压吸气管，应冰凉；摸室外机截止阀及连接管，制冷时应冰凉且有露水，制热时应感觉温热等。

项目2

认识蒸气压缩式制冷原理

【项目描述】

本项目要在熟悉热力学定律、蒸气压缩式制冷原理等知识的基础上，学会温度的测量方法，学会压力表的选择、使用和压力测量方法，学会制冷系统工作原理分析方法等，具备在制冷系统安装维修中正确测量温度、压力等基本能力，为分析制冷系统故障打下基础。

任务 1　认识热力学定律

◆ 任务目标

1. 掌握物质状态变化的基本参数及量度方法。
2. 掌握热力学定律应用常见术语。
3. 掌握传热方式及其在制冷设备中的应用。

知识储备

一、物质状态的基本参数

物质有固态、液态和气态三种物理状态，而这三态之间是通过吸热或放热来完成其状态转换的。热力学中常见的状态参数有温度 T、压力 P、密度 ρ 或比体积 v、比焓 h、比熵 s 等。其中温度、压力和密度可直接测出，称之为基本状态参数，其余为导出状态参数。

1. 温度

温度是表示物体冷、热程度的物理量，是物体内部分子运动平均动能的量度。物体的温度越高，分子运动越快；反之，温度越低，分子运动越慢。目前，在日常生活和制冷技术中常用摄氏温标、热力学温标和华氏温标来表示温度。

摄氏温标 t 的数值与热力学温标 T 的数值之间可按下式进行换算

$$t=T-273.15\approx T-273$$

摄氏温标 t 的数值与华氏温标 F 的数值之间可按下式进行换算

$$F=1.8t+32$$

式中：t——摄氏温标（℃）；T——热力学温标（K）；F——华氏温标（℉）。

指点迷津　温度的测量

制冷工程中常用的温度计有水银温度计、热电偶温度计、酒精温度计、数字式温度计和半导体温度计等。图 2-1 所示为常用的温度计。

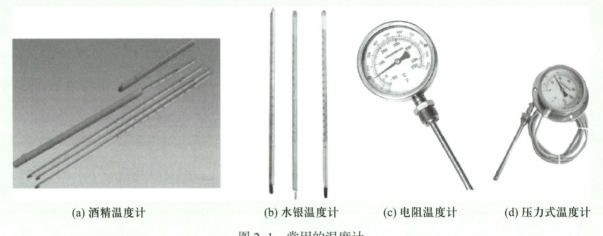

(a) 酒精温度计　　　　　(b) 水银温度计　　(c) 电阻温度计　　(d) 压力式温度计

图 2-1　常用的温度计

在制冷工程中，根据温度测量时是否与被测温物体接触可分为接触式测量法和非接触式测量法两种。接触式测量法的感温元件必须与被测物体接触，适用于温度波动小的物体，而非接触式测量法的感温元件必须能接收到被测物体的辐射能量，比较适用于动态温度的测量。

测量前，应先估计被测物体的温度，以免超出温度计的量程；同时应认清温度计的最小刻度值，以便测量时可以迅速读出温度值。在测量时，应使温度计与被测物体紧密接触，避免外界对温度计的干扰；要待温度计的示数稳定后再读数。

2. 压力

在制冷技术中，压力是指单位面积所承受的垂直作用力，也称为压强，用 p 表示。气体的压力是由于大量气体分子在无规则运动中对容器壁进行频繁撞击所产生的。压力的国际单位是帕［斯卡］（Pa），$1\ \mathrm{Pa}=1\ \mathrm{N/m^2}$。

在实际使用中，压力有表压力和绝对压力之分。表压力是通过压力表上的读数值表示的，是以 1 个大气压作为基准（0），即为被测气体的实际压力与当地大气压力的差值。如果压力比大气压力低时，就是负值，称为真空度（B）。表压力是制冷系统运行和操作时观察使用的。绝对压力表示气体实际的压力值，等于表压力和大气压力之和，即

$$p_a = p_0 + p_g$$

式中：p_a——绝对压力；p_0——大气压力；p_g——表压力。

绝对压力、表压力和真空度之间的关系如图 2-2 所示。

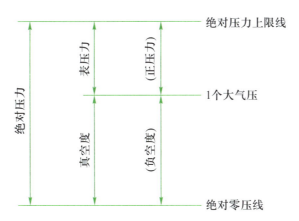

图 2-2　绝对压力、表压力和真空度之间的关系

指点迷津　压力表的选用

在制冷工程中使用的压力表按测量范围可分为真空表、压力真空表、低压表、中压表、高压表等；按显示方式可分为指针式压力表和数字式压力表。其中，真空表用于测量小于大气压力的压力值；压力真空表用于测量小于和大于大气压力的压力值；低压表用于测量 0~6 MPa 压力值；中压表用于测量 10~60 MPa 压力值。

1. 压力表量程的选择

在测量稳定压力时，最大工作压力不应超过测量上限值的 2/3；测量脉动压力时，最大工作压力不应超过测量上限值的 1/2；测量高压时，最大工作压力不应超过测量上限值的 3/5；为保证准确度，被测压力的最小值应不低于仪表测量上限值的 1/3。

2. 真空压力表的使用

图 2-3 所示为制冷设备维修时常用的真空压力表外形和结构图。真空压力表是通过表内的敏感元件——弹簧的弹性形变，经由表内机芯的转换机构将弹簧的弹性形变转换为旋转运动，引起指针偏转来显示压力。

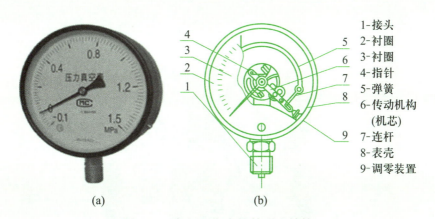

1-接头
2-衬圈
3-衬圈
4-指针
5-弹簧
6-传动机构
　（机芯）
7-连杆
8-表壳
9-调零装置

(a)　　　　　(b)

图 2-3　真空压力表的外形和结构

真空压力表常装在三通修理阀（又称为直角阀）上，如图 2-4（a）所示，三通修理阀的内部结构如图 2-4（b）所示。在维修制冷设备时，与修理阀垂直的带外螺纹的连接口（接口 B）用

于连接真空泵等检修设备，与修理阀调节手轮相对的连接口（接口 A）用于连接制冷设备的制冷系统，另一个连接口用于安装真空压力表。使用时，顺时针调节手轮到底，将接口 B 和接口 A 及压力表接口关闭；逆时针调节手轮，将接口 B 和接口 A 及压力表接口连通。

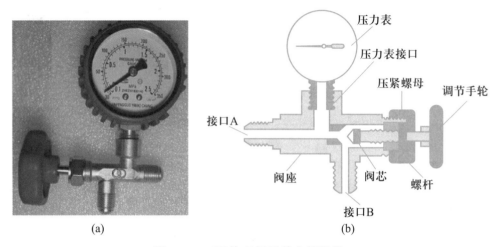

(a)　　　　　　　　　　　　　　　　(b)

图 2-4　三通修理阀及其内部结构

3. 双表修理阀的使用

制冷设备维修中的双表修理阀又称为歧管压力表或三通检修阀，是一种用于制冷系统气密性检查、抽真空和充注制冷剂的专用工具。主要由两个表阀、两个压力表、一个视液镜（视窗）和挂钩等组成，如图 2-5 所示。左侧的低压表带负压指示，一般用于抽真空和测量低压侧压力，其测量范围为 $-0.10\sim1.75$ MPa；右侧的高压表通常用于测量高压侧压力，其测量范围为 $0\sim3.5$ MPa。高压表和低压表可以单独使用。

双表修理阀常带有三色加液管（连接软管），组成双表修理阀总成，如图 2-6 所示。

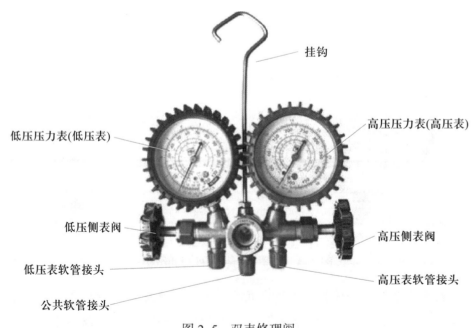

图 2-5　双表修理阀

加液管两端装有穿心螺母，按制式可分英制和公制两种，如图 2-7 所示。加液管接头分带顶针和不带顶针两种形式，其外形如图 2-8 所示。如果加液管螺母与制冷设备的接头制式不符时，可选用转换接头转换，如图 2-9 示，以便于制冷设备正常连接。

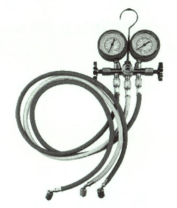

图 2-6　双表修理阀总成

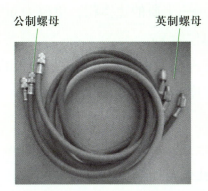

图 2-7　公 / 英制加液管

图 2-8　加液管接头形式

图 2-9　公 / 英制转换接头

4. 压力表使用注意事项

① 压力表必须垂直使用，周围环境温度宜在 –25～55 ℃，环境振动频率＜25 Hz，振幅不大于 1 mm。

② 压力表使用范围应在量程上限的 1/3～2/3 之间。

③ 压力表应经常进行检定（至少每三个月一次），如发现故障应及时修理。

④ 双表修理阀的连接软管与真空泵、制冷系统的连接是依靠橡胶圈密封，连接时不能用力过大，以免损坏橡胶密封圈从而影响系统的密封性能；连接时应仔细检查橡胶圈是否脱落或损坏，并采取增加或更换处理。

⑤ 双表修理阀总成中的三色加液管没有顶针的一端要与双表修理阀相连，有顶针的一端与制冷系统、真空泵、制冷剂钢瓶、氮气瓶等设备相连。

3. 比体积与密度

制冷系统中工质所占有的空间称为工质的体积，而单位质量的工质所占有的体积称为质量体积，又称为比体积，用 v 表示，单位为 m^3/kg。制冷剂蒸气的比体积是压缩机制冷量的重要参数。

比体积是表征物质分子间密集程度的物理量。对气体而言，比体积大，可压缩性就大，反之则相反。

$$v=V/m$$

式中：v——工质的比体积，单位为 m^3/kg；V——工质的总体积，单位为 m^3；m——工质的质量，单位为 kg。

在制冷技术中还常用到质量体积的倒数——密度，用 ρ 表示，单位为 kg/m^3。显然，比体积和密度互为倒数，即

$$\rho=m/V=1/v$$

式中：ρ——工质的密度，单位为 kg/m^3。

4. 比焓与比熵

比焓和比熵是制冷热力计算中经常用到的状态参数。

比焓（h）是制冷剂能量的表征，当加热制冷剂时，其比焓值增大，如压缩机活塞向制冷剂做功时，其比焓值就会增大；反之，制冷剂冷却时，其比焓值就会减小；制冷剂蒸气在膨胀向外做功时，其比焓值也会减小。因此，比焓是物质在某种状态下所具有能量的总和。

比熵（s）和比焓（h）一样，也是状态参数，是一个导出的状态参数。可以表征制冷剂状态变化时其热量传递的程度，或者说，外界加给物质的热量与加热时该物质对热力学温度的比值。

二、热力学基本定律

热力学定律是制冷工程的热力学基础。

1. 热力学第一定律

热力学第一定律是能量守恒定律在热力学中的具体体现，它建立了物质能量平衡和相互转换之间的数量关系，热和功可以相互转换，一定量的热消失时必然产生一定量的功；消耗一定量的功，亦必然出现与之相对应的一定量的热，如图 2-10 所示。

热力学第一定律告诉我们：热和功之间的转换用下式表示

$$Q=AL$$

式中：Q——消耗的热量（J 或 kJ）；A——得到的功（$kg·m$）；L——热功当量 $[kJ/(kg·m)]$。

2. 热力学第二定律

热力学第二定律的内容是：热量能自动地从高温物体向低温物体传递，不能自动地从低温物体向高温物体传递。要使热量从低温物体向高温物体传递，必须借助外界做功，即消耗一定的电能或机械能，如图 2-11 所示。

图 2-10　热力学第一定律

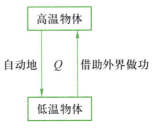

图 2-11　热力学第二定律

热力学第二定律告诉我们：如果两个温度不同的物体相接触时，热量总是自动地从高温物体传向低温物体，而不可能逆向进行，若要逆向进行，就必须消耗一定的外界功。因此，热力学第二定律说明了能量转化的方向和必备条件。

三、常用术语

1．热量

当温度不同的两个物体相互接触时，会有一部分能量由高温物体传给低温物体。这就是日常生活中经常遇到的传热现象。在热力学中，热量的定义是：由于某一系统与外界之间存在温差，热量通过温度高的热力系统的边界传递给另一个低温的系统（或外界），因此热量是系统与外界之间通过界面传递能量的一种度。热量的单位是 J（焦耳）。

2．显热与潜热

在物质吸热或放热过程中，仅使物质分子的动能增加或减少，即使物质的温度升高或降低，而其状态不变时，所吸收或放出的热量称为显热。显热可以用触摸而感觉出来，也可用温度计测得。

在物质吸热或放热过程中，仅使物质分子的位能增加或减少，即使物质状态改变，而其温度并不变化时，所吸收或放出的热能称为潜热。潜热不能通过触摸感觉到，也无法用温度计测出来。

物质三态之间的变化都伴随热量的转移，仅仅使物质温度变化而形态不变所转移的热为显热；使物质形态变化而温度不变所转换的热为潜热，潜热有气化热、液化热、熔解热和凝固热等。物质三态的变化如图 2-12 所示。根据能量守恒定律，在同样条件下，同一物质的气化热与液化热、熔解热与凝固热相等。

实验证明：同一物体在不同压力下气化时所需的气化热是不同的，而同一物体在不同温度下气化时所需的气化压力也不同，一般说来，压力增高或气化温度降低均使气化热增大。

3．气化和液化

物质由液体转变成蒸气的过程就是气化过程。当然这种转变有时是需要条件的。例如，水被加热到 100 ℃时，水面不断翻滚并从水中不断出现蒸汽泡，这种现象称为沸腾。沸腾过程是气化过程的一种形式，它需要在一定压下达到与此压力相对应的一定温度时才能发生；

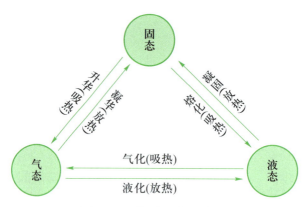

图 2-12 物质三态的变化

而在地面上的一片水，无论什么季节，经过一段时间后水就会被蒸发掉，蒸发过程也是一种气化过程，但它是无条件的，可以时时进行，但蒸发只局限在表面的液体转化为蒸气。

液化与气化过程恰恰相反，当蒸气在一定压力下冷却到一定温度时，就会由蒸气状态转变为液体状态，这种冷却过程称为液化过程或凝结过程。在日常生活中，液化（凝结）的实例很多，例如：把盛有热水的锅盖揭开，锅盖上就有许多水珠滴下来，这是气化了的水蒸气遇到较冷的锅盖重新凝结的表现；又如：冬天室外温度很低时，房间的玻璃上就有凝结的水珠，这是因为室内空气中的水蒸气遇到较冷的玻璃后凝结成水的缘故。

4. 饱和温度与饱和压力

液体沸腾时所维持的不变温度称为沸点，又称为在某一压力下的饱和温度。与饱和温度相对应的某一压力称为该温度下的饱和压力。例如：水在一个标准大气压下的饱和温度为 100 ℃，水在 100 ℃时的饱和压力为一个标准大气压。

饱和温度与饱和压力之间存在着一定的对应关系。例如：在海平面，水到 100 ℃时才沸腾，而在高原地带，不到 100 ℃就能沸腾。一般来讲，压力升高，对应的饱和温度也升高；温度升高，对应的饱和压力也增大。

制冷剂的主要特点是沸点要低，这样才能利用制冷剂在低温下气化吸热来得到低温。

5. 过热和过冷

在制冷技术中，过热是针对制冷剂蒸气而言的。过热是指在某一定压力下，制冷剂蒸气的实际温度高于该压力下相对应的饱和温度的现象，同样，当温度一定时，压力低于该温度下相对应的饱和压力的蒸气也是过热。过热蒸气的温度与饱和温度之差称为过热度。如一个大气压力下的过热水蒸气温度为 105 ℃，其过热度则为 105 ℃ -100 ℃ =5 ℃

在制冷技术中，过冷是针对制冷剂液体而言的。过冷是指在某一定压力下，制冷剂液体的温度低于该压力下相对应的饱和温度的现象。过冷液体比饱和液体温度低的值称为过冷度。

6. 临界温度与临界压力

气体的液化与温度和压力有关。增大压力和降低温度都可以使未饱和蒸气变为饱和蒸气，进而液化。气体的压力越小，其液化的温度越低；随着压力的增大，气体的液化温度也随之升高。温度升高超过某一数值时，即使再增大压力也不能使气体液化，这一温度称为临界温度。在这一温度下，使气体液化的最低压力称为临界压力。制冷剂蒸气只有将温度降到了临界温度点以下时，才具备液化的条件。

对临界温度和临界压力的研究，在制冷技术中有着特别重要的意义。例如，对于制冷剂的一般要求中，就有临界温度高、临界压力低、易于液化一项。

四、传热学基础

传热是热量从高温物体通过中间媒介向低温物体转移的过程。这是一个复杂的过程，它有 3 种形式，即热传导、热对流和热辐射。

在热传导和热对流的过程中，传热的物体必须相互接触，称为接触传热；传递辐射热时，物体间不必相互接触，称为非接触传热。

1．热传导

热量由物体的高温部分传递给低温部分，或由高温物体传递给与之接触的低温物体，在传热过程中物体各部分的质量（物体的物质）并没有变化或移动，这种传热方式称为热传导。

物体的传热能力与其材质有关，通常以热导率 λ 表示某种物质的导热能力。

根据材料导热性能，可分为热的良导体和不良导体两种。绝热材料或保温（隔热）材料就属于热的不良导体。家用电冰箱的箱体需要用热导率低的聚氨酯泡沫塑料作为隔热保温材料；而换热器的盘管与散热片常用热导率高的铜、铝材料等制造，以提高换热效果。

2．热对流

当液体或气体的温度发生变化后，其密度也随之变化。温度低的密度大，向下流动；温度高的密度小，向上升，从而形成对流。借助液体或气体分子的对流运动而进行的热传递，称为热对流。热对流如果是由于液体或气体的密度变化所引起的，即为自然对流；如果是由外加力（如风扇转动或水泵的抽吸）所引起的，则为强制对流。热对流的传热量，由传热时间、对流速度、传热面积及对流的物质来决定。

3．热辐射

物体的热能在不借助任何其他物质作传热介质（即物体不接触）的情况下，高温物体将热量直接向外发射给低温物体的传递方式称为热辐射。如太阳传给地球的热能，就是以辐射的方式进行的。

凡高温物体都有辐射热传递给低温物体。辐射热量的大小取决于两物体的温差及物质的性能，物体表面黑而粗糙，其发射与吸收辐射热的能力就较强；物体表面白而光滑，其发射与吸收辐射热的能力则较弱。因此，电冰箱和冷库的表面最好做得又白又光滑，以减少吸收辐射热。

任务 2 认识蒸气压缩式制冷原理与制冷剂、冷冻油

◆ 任务目标

1. 掌握蒸气压缩式制冷系统的组成。
2. 掌握制冷剂压 – 焓图的构成。
3. 掌握蒸气压缩式制冷原理。
4. 掌握制冷剂的种类和对制冷剂的要求。
5. 掌握常用冷冻油的性能与要求。

知识储备

制冷设备是利用制冷剂在制冷系统内流动并改变制冷剂的状态，通过与外界进行热交换来实现制冷的。制冷原理研究制冷剂在系统内循环的各种热力过程以及各状态参数之间的关系。

一、制冷系统的组成

蒸气压缩式制冷循环系统示意图如图 2-13 所示。该系统由压缩机、冷凝器、膨胀阀（节流阀）、蒸发器及连接管路等组成，这一封闭的循环系统简称为制冷系统。该系统中制冷工质（制冷剂）每完成一个循环只经过一次压缩，故称为单级压缩式制冷循环。制冷剂在制冷系统内相继经过压缩、冷凝、节流、蒸发 4 个过程而完成制冷循环，并不断地将低温物体的热量转移到环境介质（水或空气）而达到制冷的目的。系统中主要设备的功用及制冷剂状态的变化见表 2-1。

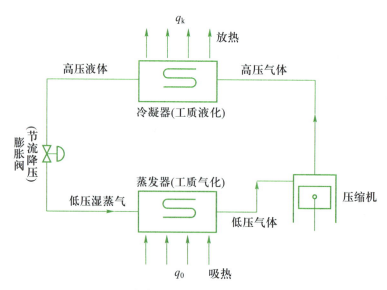

图 2-13 蒸气压缩式制冷循环系统示意图

表 2-1　蒸气压缩式制冷循环系统中主要设备的功用及制冷剂状态的变化

设备名称		压缩机	冷凝器	节流阀	蒸发器
功用		吸入制冷剂气体，提高压力造成向高温放热而液化的条件	将制冷剂蒸气液化	降低液态制冷剂的压力	由制冷剂蒸发潜热（气化热）而产生冷却作用
制冷剂	状态	气体（加入压缩功）	气体→液体（放出凝结热）	液体	液体→气体（吸收气化热）
	压力	增加	高压	降压	低压
	温度	低温→高温（过热→过热）	高温→常温（过热→30～50 ℃）	常温→低温	低温→过热温度

二、制冷循环

根据实际制冷的要求，制冷循环过程多种多样，但都以理论循环为依据。

1. 热功平衡分析

制冷变化的过程就是能量变化的过程，如图 2-14 所示。在循环过程中，制冷剂在蒸发器中吸收低温物体的热量 q_0（单位质量制冷剂所吸收的热量即单位质量制冷量，单位为 kJ/kg）；制冷剂在冷凝器中向高温介质放出热量 q_k（单位质量制冷所放出的热量即单位质量冷凝热负荷，单位为 kJ/kg）。显然，$q_0<q_k$，两者之间的差值是制冷剂在冷凝器中多放出的热量，这部分热量是压缩机电动机对制冷剂所做的功（w），它是通过消耗电能而转化过来的热量。制冷剂每完成一个循环必须要消耗功，只有这样才能实现制冷剂的连续循环。

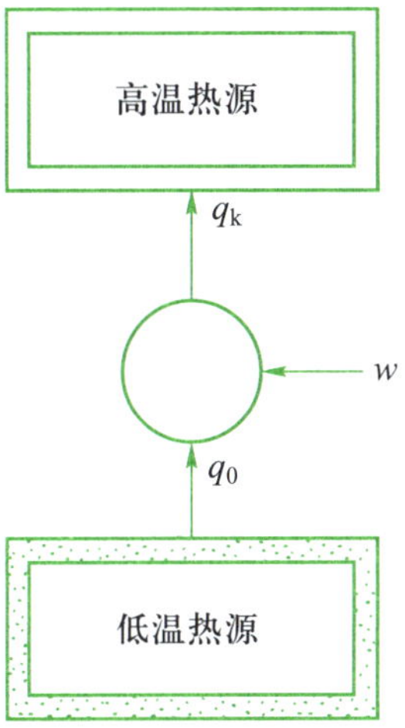

2. 压-焓图的构成

压-焓图是制冷技术中最常用的热力图，如图 2-15 所示。在图中的横坐标表示焓（h），纵坐标表示制冷剂的饱和压力，为使图形更

图 2-14　热量转移过程图

紧凑、实用，纵坐标采用对数标尺 $\lg p$，所以压-焓图又称为 $\lg p-h$ 图。

在压-焓图中，K 为临界点。在临界温度以上，不论压力多高，都处于气态而不可能是液态。图中 K-a 是饱和液体线，K-b 是干饱和蒸气线。K-a 和 K-b 线将图分为 3 个区域，K-a 线左侧为液态区（Ⅰ区），K-a 和 K-b 线之间为气液共存区（Ⅱ区，湿蒸气区），即制冷剂处于饱和液体与饱和蒸气混合物状态。K-b 线右侧为过热蒸气区（Ⅲ区）。

为方便查图，在图上绘制了许多等压线（p）、等比焓线（h）、饱和液体线（$x=0$）、干饱和蒸气线（$x=1$）、等温线（t）、等比容线（v）、等干度线（x）、等熵线（s），各线的说明见表 2-2。

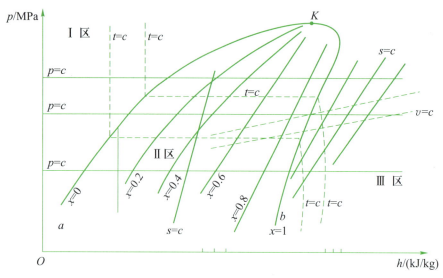

图 2-15　压 – 焓图及其主要曲线

表 2-2　压 – 焓图上主要曲线说明

曲线名称	特点	说明
等压线（p）	以垂直于纵坐标的水平线表示	水平线上各点压力值相同，所表示的压力为绝对压力，单位为 MPa
等焓线（h）	以垂直于横坐标的竖直线表示	竖直线上各点的焓值相同。焓值的基准是 0 ℃饱和液体的焓值，为 100 kcal/kg（1 kcal≈4.186 J）
饱和液体线（x=0）	是一条由临界点 K 向左下方引的曲线	曲线上各点表示各饱和液体的状态，各点标出的数值表示在此点压力的饱和温度。在曲线左侧区为液态区，制冷剂进入该线右侧就要沸腾蒸发。此曲线右侧湿蒸气区内有一簇与饱和液体线（x=0）近似平行的细线簇，是等干度线。在等干度线上各点的制冷剂含湿量相等。如等干度线 x=0.3，是指制冷剂含湿饱和蒸气量为 30%，含饱和液体量为 70%
干饱和蒸气线（x=1）	是一条由临界点 K 向右下方引的曲线	曲线上各点表示了干饱和蒸气的状态，各点标出的数值与饱和液体线上的意义相同。曲线左侧区域为湿蒸气区，当制冷蒸气继续加热后，温度上升，蒸气呈过热状态，进入右侧的过热蒸气区
等温线（t）	是一条折线	在 I 区是一条自上而下，几乎与等焓线平行的线，在 II 区是一条水平线（与等压线重合），在 III 区是一条向右下方弯曲的曲线，该曲线上各点的温度相同
等比容线（v）	是一条由左下方向右上方倾斜的曲线	该线上各点制冷剂量的比容值相同
等熵线（s）	是一条呈上下稍向一侧倾斜的曲线	该曲线上各点的熵值相等

注：干度是指在湿蒸气区域中干饱和蒸气所占的比例。

　　由于压 – 焓图能简单、直观地描述制冷剂在制冷循环中 4 个热力过程参数的变化，所以在制冷工程中得到广泛的应用。

三、制冷剂

制冷剂应具备的基本特性是易凝结，冷凝压力不要太高；标准大气压下，气化温度较低，单位体积制冷量大，气化潜热大，比容小；无毒、不燃烧、不爆炸、无腐蚀，且价格低廉等。

在电冰箱、空调器中常用的制冷剂有 R134a、R600a、R410A 等。

R134a 属于氢氟化碳化合物，化学名称为四氟乙烷。其一个大气压下的沸点为 –26.5 ℃，凝固点为 –101 ℃，其在安全性、来源可靠性和成本等指标上都有较强的竞争力，但也有一些固有的缺点，如渗透性较强、饱和压力较高、腐蚀性强等。

R600a 制冷剂在常温常压下为无色可燃性气体，分子式为 C_4H_{10}，在一个大气压下的沸点为 –11.73 ℃，凝固点为 –159.4 ℃，微溶于水，可溶于乙醇、乙醚等。R600a 取自天然成分，不损坏臭氧层，无温室效应，绿色环保。其特点是蒸发潜热大，冷却能力强；流动性能好，输送压力低，耗电量低，负载温度回升速度慢，与各种压缩机润滑油兼容。

R410A 是一种混合制冷剂，是由 R32（二氟甲烷）和 R125（五氟乙烷）组成的混合物。它在一个标准大气压下的沸点为 –51.6 ℃，凝固点为 –155 ℃。它主要应用于家用空调、中小型商用空调、除湿机等制冷设备。具有不破坏臭氧层、毒性极低、不可燃、化学和热稳定性高、不与矿物油或烷基苯油相溶等特点。

四、冷冻油

压缩机用的润滑油称为冷冻机油，简称冷冻油。冷冻油的主要作用是对压缩机所有运动部件的磨合面进行润滑，还能把磨合面的摩擦热能带走，从而限制压缩机的温升，改善压缩机的工作条件。压缩机活塞与汽缸壁、轴封磨合面间的油蜡，不仅有润滑作用，还可防止制冷剂的泄漏。

1. 冷冻油的性能与要求

冷冻油与制冷剂有很强的互溶性，并随着制冷剂进入冷凝器和蒸发器，因此，冷冻油对运动部件起润滑作用和冷却作用，又不能对制冷系统产生不良影响。因此，要求冷冻油的黏度要适当、浊点要低于蒸发温度、凝固点要足够低、闪点要足够高、化学稳定性要好、杂质含量要低、绝缘性能要好。

2. 冷冻油的选用

① 牌号的选择　冷冻油的牌号按运动黏度来标定，黏度越大，标号越高。不同牌号的冷冻油不能混用，但可以代用。其原则是：高标号的冷冻油可代替低标号的冷冻油，而低标号的冷冻油不能代替高标号的冷冻油。

② 质量判断　冷冻油可从外观初步判断其质量的优劣。优质的冷冻油应是无色透明的。

当冷冻油中含有杂质或水分时，其透明度降低；当冷冻油变质时，其颜色变深。因此，可在白色干净的吸墨纸上滴一滴冷冻油，若油迹颜色浅而均匀，则冷冻油的质量尚可；若油迹呈一组同心圆状分布时，则冷冻油内含有杂质；若油迹呈褐色斑点状分布，则冷冻油已变质，不能使用。

引起冷冻油变质的主要原因有混入水分、气体及几种不同牌号冷凝油混用。

项目3
认识电冰箱、空调器制冷系统的主要部件

【项目描述】

在本项目的学习中，要在熟悉压缩机、换热器、节流装置及电磁四通换向阀等部件的种类、结构特点和工作原理等知识的基础上，学会判断压缩机常见故障的方法，学会检查影响换热器换热效应的因素和检查空调器室内外机换热器进出风口温度的方法，学会分析与判断毛细管、热力膨胀阀、电子膨胀阀常见故障的方法，学会分析与判断电磁四通换向阀、截止阀、电磁旁通阀、二位三通阀、单向阀、干燥过滤器、分配器等制冷设备常用辅助部件的常见故障的方法，具备在制冷系统安装维修中能正确分析、判断压缩机故障的能力，具备分析、判断换热器效率的能力，具备分析、判断节流装置故障的能力，具备分析、判断制冷设备中常用辅助部件故障的能力，为分析、判断制冷系统故障打下基础。

任务 1　认识压缩机

◆ 任务目标

1. 了解压缩机的种类、型号、主要技术参数及结构。
2. 掌握往复活塞式压缩机、旋转式压缩机、变频式压缩机的结构特点和工作原理。
3. 掌握压缩机电动机的起动方式、起动原理与特点。
4. 掌握判断压缩机质量的方法。

知识储备

一、压缩机的分类

1. 压缩机的作用

压缩机是通过消耗机械能，一方面将蒸发器排出的低温低压制冷剂蒸气压缩成正常冷凝所需的高温高压制冷剂蒸气，另一方面也提供了制冷剂在系统中循环流动所需的动力。因此，压缩机是制冷系统中最重要的组成部分，被喻为制冷系统的"心脏"。

2. 压缩机的分类

制冷压缩机可按不同的方法分类，较为常见的分类方法有如下几种：

① 按制冷机的工作原理分　可分为容积型压缩机和速度型压缩机两大类，容积型压缩

机又分为往复式（活塞式）和回转式压缩机，速度型压缩机又分为离心式和轴流式压缩机。

②按制冷能力分　可分为轻型（6 kW以下）、小型（6～58 kW）、中型（58～464 kW）、大型（464 kW以上）。

③按采用的制冷剂分　可分为以氟利昂为制冷剂的压缩机（简称氟机），以氨为制冷剂的压缩机（简称氨机）。

④按压缩级数分　可以分为制冷剂从蒸发压力（低压）到冷凝压力（高压）只经过一级压缩，适应压缩比不大的制冷系统的单级压缩机；制冷剂从蒸发压力（低压）到冷凝压力（高压）经过两次或多次压缩，适应压缩比大、蒸发温度低的制冷系统的双级（多级）压缩机。

⑤按压缩机气缸数分　可分为只有1只活塞气缸的单缸压缩机；有2只活塞气缸的双缸压缩机；有3只活塞气缸以上的多缸压缩机，可以是3、4、6、8、16缸等。单缸和双缸压缩机常为立式或卧式，多缸压缩机大都采用角度式，如V型等。

⑥按气缸布置形式分　可分为各气缸轴线相互垂直的立式（Z型）压缩机；气缸轴线水平布置的卧式压缩机；气缸轴线不垂直也不水平，而呈一定的倾斜角度排列的角度式压缩机，多为V型（气缸中心线与铅垂线的夹角小于90°）、W型（气缸中心线与铅垂线的夹角为60°）和S型（S表示扇形，气缸中心线与铅垂线的夹角为45°）等。压缩机气缸布置形式如图3-1所示。

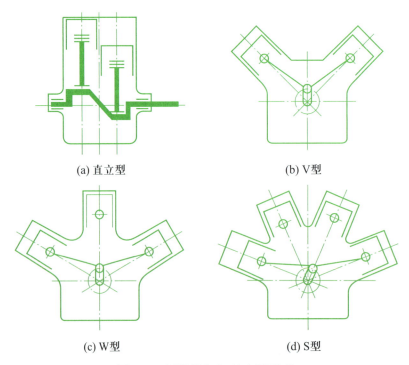

(a) 直立型　　　　　　　　　　　(b) V型

(c) W型　　　　　　　　　　　(d) S型

图3-1　压缩机气缸的布置形式

⑦按压缩机外壳的结构形式分　可分为电动机与压缩机分开放置，压缩机的运转依靠V型带或联轴器来转动的开启式压缩机；压缩机与电动机的机体外壳连成一体，电动机与压

缩机使用一根轴的半封闭式压缩机（轴端安装在端盖上，端盖的法兰圈与机体用螺栓连接，可以拆卸）；压缩机与电动机的机体外壳构成一体，封闭焊死，密封性能很好，不易拆卸的全封闭式压缩机。

氨制冷剂因会腐蚀铜质管路和电动机部件，因此，所有氨压缩机均是开启式的，而小型氟利昂压缩机则多采用封闭式。

3. 压缩机的常见术语

① 压缩机转速 n　压缩机曲轴在单位时间内的旋转圈数称为压缩机转速，通常以 1 min 的转数为计量单位（r/min）。

② 上止点和下止点　活塞在气缸内做往复运动时，向上移动的最高位置（离曲轴中心最远点），称为上止点位置；活塞向下移动的最低位置（离曲轴中心最近点），称为活塞的下止点位置。

③ 活塞行程 S　活塞在气缸内做往复运动时，上止点至下止点之间的距离称为活塞行程。它等于曲轴的曲柄半径 R 的 2 倍，即 $S=2R$。

④ 气缸直径 D　气缸直径即气缸内圆直径。

⑤ 工作容积 V_g　活塞行程与气缸截面积的乘积。

⑥ 余隙容积 V_c　活塞顶面和阀板底面之间要留有的空间（包括排气孔容积）。

⑦ 相对余隙容积 C　余隙容积 V_c 与工作容积 V_g 之比，即 $C=V_c/V_g$。

⑧ 制冷压缩机工况　制冷压缩机的工作温度、工作条件称为工况。

⑨ 制冷压缩机的标准工况　制冷压缩机在一种特定工作温度条件下的运转工况。

⑩ 制冷压缩机的空调工况　制冷压缩机用于空调时，在其特定工作温度条件下的运转工况。

⑪ 制冷压缩机的最大功率工况　压缩机在最大功率状态下运转的工况。

⑫ 制冷压缩机的最大压差工况　压缩机能产生最大压力差（冷凝压力与蒸发压力之差）时的工况。

二、全封闭式压缩机

全封闭式压缩机是将电动机转子直接接在压缩机曲轴的一端，连同电动机一起密封在一个耐压的金属壳内。罩壳由 3～4 mm 的铁板冲压成上下两部分，然后焊接在一起。壳表面引出一根粗径吸气管、一根细径排气管和电源的接线柱，具有这种结构的压缩机称为全封闭式压缩机。

此种压缩机的气缸多为卧式排列，电动机的轴垂直安装，这样可减小或消除由于转子的悬臂重量引起的曲轴形变，同时缩小了整机的尺寸。全封闭式压缩机结构紧凑、重量轻、密封性能好、运转平稳、噪声小，又因为全封闭式机组电动机浸入低温制冷剂蒸气中，改善了电动机的冷却条件，减少了电动机的耗电量，提高了效率。全封闭式压缩机一般分为往复式和旋转式，每种形式可分为若干种类型。

1. 往复活塞式压缩机

图 3-2 所示为电冰箱用往复活塞式压缩机外形。往复活塞式压缩机是通过一定的传动机构，将电动机的旋转运动转换成压缩机活塞的往复运动，靠活塞在气缸内做来回往复运动所构成的可变工作容积，来完成气体压缩和输送。往复活塞式压缩机的往复运动机构常见的有曲轴连杆式、曲柄连杆式和曲柄滑管式 3 种。往复活塞式压缩机每完成一次吸排气过程要经过压缩、排气、膨胀和吸气 4 个过程，如图 3-3 所示。

图 3-2 往复活塞式压缩机外形

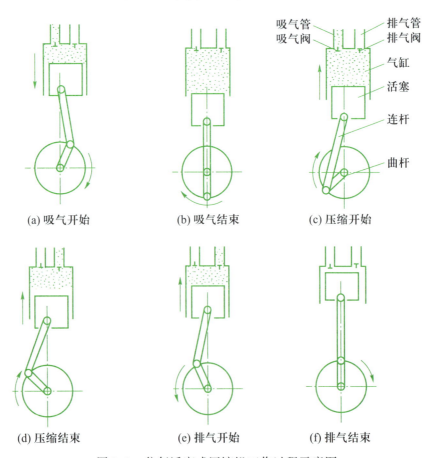

图 3-3 往复活塞式压缩机工作过程示意图

①膨胀　当活塞运行到上止点时，余隙容积 V_c 中残留一部分排不出的高压气态制冷剂，其压力高于压缩机的排气压力。当活塞从上止点开始向下止点方向运动时，该部分制冷剂蒸气就随之膨胀，压力和温度下降。此时因为气缸内的压力仍大于吸气压力，所以吸气阀片仍然关闭，压缩机并不吸气。当压力下降到与吸气压力相等时，膨胀过程结束。

②吸气　活塞在气缸中继续从上往下运动时，其顶部的气缸容积增大，由于吸、排气阀片处于关闭状态，气缸内的气体压力下降。当气体压力低于吸气压力时，在压力差的作用下，吸气阀片就被吸气管路内的气体顶开，吸气过程开始，直到活塞移到下止点时，气缸容积最大，气体停止流入，吸气过程结束。

③压缩　吸气过程结束后，活塞又从下止点向上止点方向运动，这时气缸内的容积减小，气缸内的制冷剂蒸气受到压缩，气体压力和温度也随之上升，于是将吸气阀片关闭。在吸气阀和排气阀均处于关闭的状态下，当缸内压力超过排气管路中的气体压力时，排气阀片被顶开，缸内气体压力就不再升高，压缩过程结束。

④排气　当活塞继续向上止点方向运动时，维持压缩过程，使气缸内的高温高压气体克服排气阀的重力和气阀弹簧的弹力而不断排入管路中，直到活塞移到上止点位置，排气阀关闭，排气结束。

从以上压缩机工作过程可知，活塞在气缸内每往复运动一次，即曲柄每转一圈，就会依次进行膨胀、吸气、压缩、排气过程，周而复始，将蒸发器内的低压制冷剂气体吸入，压缩后成为高压气体排入冷凝器中，在制冷系统中建立起压力差，迫使制冷剂在系统中循环流动，达到制冷的目的。

图 3-4 所示为曲柄滑管式压缩机结构图，该类压缩机广泛应用于 100 W 左右的家用电冰箱，主要由电动机机架、滑块、气缸体、阀座、阀片及一个与滑管制成一体的滑管活塞所组成。当曲柄旋转时，滑块一面绕曲柄中心旋转，一面在滑管内前后滑行，并带动整个滑管活塞在气缸内做往复直线运动。当活塞向外拉时，气缸内压力减小，排气阀关闭，吸气阀打开，低温制冷剂气体通过吸气阀进入气缸。当活塞向内压时，气缸内压力增大，温度升高，吸气阀关闭，排气阀打开，高温高压制冷剂气体通过排气阀压入排气管路，如图 3-5 所示。

2. 旋转式压缩机

旋转式压缩机又称为旋转活塞式压缩机，其电动机转子的旋转运动不需要转变为活塞的往复运动，而是直接带动活塞旋转完成压缩功能。

（1）滚动转子式压缩机

①滚动转子式压缩机的结构　滚动转子式压缩机又称为固定叶片式压缩机，其外形与结构如图 3-6 所示，其结构原理图如图 3-7 所示。

滚动转子式压缩机主要由壳体、转子滑板（分隔叶片）、圆形（或椭圆形）气缸、偏心

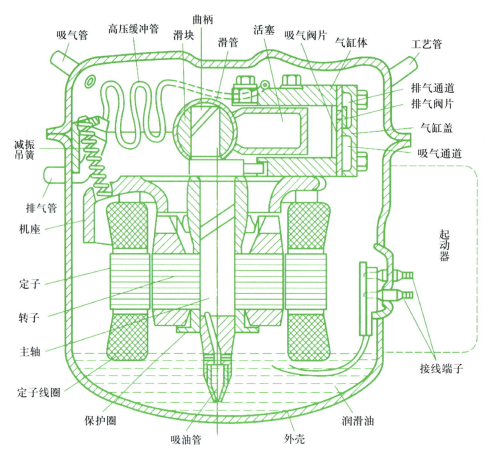

图 3-4 曲柄滑管式压缩机结构图

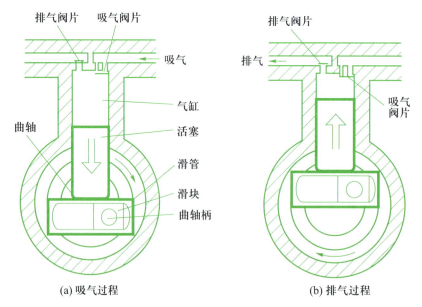

图 3-5 滑管式压缩机工作原理图

轮、排气阀、弹簧等组成。其气缸浸在润滑油中，气缸中装有一个偏心轮，偏心轮上套装一个可以转动的转子，转子与气缸两者相互接触，主轴旋转时使转子紧贴在气缸内壁滚动做偏心运动。在气缸体横向槽内装有能自由滑动的滑板，在弹簧力的作用下，使滑板端头始终紧

图 3-6　滚动转子式压缩机外形与结构图

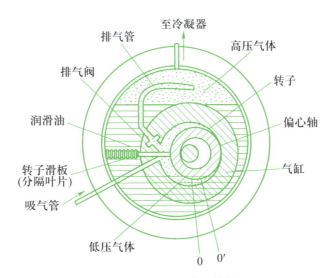

图 3-7　滚动转子式压缩机结构原理图

贴在转子表面，并随转子的运动可做往复运动。在滑板两边的气缸体上开有吸气口（无吸气阀）和排气口（有排气阀），在气缸与外壳之间的上部空间充满高压气体。由于转子的一侧总是与气缸壁接触，形成密封线，所以在转子与气缸之间相应就形成一个月牙形工作腔，滑板将其分隔成吸气腔和排气腔两部分，这两个密封腔体的容积大小随偏心轮旋转而改变。

②滚动转子式压缩机的工作过程　滚动转子式压缩机的工作过程示意图如图 3-8 所示。当电动机带动偏心轮旋转时，转子沿气缸内表面滚动，图中的 4 个分图分别表示转子处于不同位置时，转子、滑板与气缸之间形成的高、低压腔容积的变化过程。图 3-8（a）中所示的位置就是已结束上一周期的排气过程，并在吸气腔中充满低压气体，此时吸气腔容积达到最大值；在图 3-8（b）中，转子开始压缩充满了气缸的低压制冷剂气体，同时吸气口继续吸气；在图 3-8（c）中，吸气腔（低压腔）与排气腔（高压腔）的容积相等，同时吸气腔继续吸气，排气腔进一步压缩，直至排气阀开启，排出高压气体；在图 3-8（d）中，吸气腔继续吸气，排气腔排气已接近结束阶段。当偏心轮转子再次旋转至图 3-8（a）位置时，上述工作

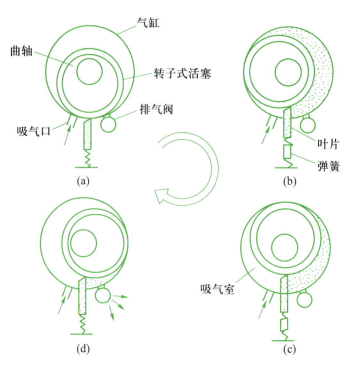

图3-8　滚动转子式压缩机工作过程示意图

过程就会重复。由此可见，滚动转子式压缩机吸气几乎是连续的，而排气是间歇性的，因而不需要设吸气阀，只设排气阀。

③ 滚动转子式压缩机的特点　滚动转子式压缩机在排气过程中排气均匀，排气压力损失小。在膨胀过程中，因余隙容积小，吸气效率明显提高。在吸气过程中，因没有吸气阀，吸气压力损失比往复式压缩机小很多，容积效率高，一般可高于往复式压缩机20%～30%，相应压缩机耗电少，由于没有往复运动，运转平稳，振动和噪声小。滚动转子式压缩机部件少，成本低，体积小，重量轻，一般要比往复式压缩机小40%～50%，重量轻40%～50%，零部件数少30个左右。但要求制造材料的耐磨性好，零部件加工精度和装配精度要求高。

指点迷津　气液分离器的作用

在制冷系统中，气液分离器的主要作用是制冷系统制冷剂在回压缩机吸入口时，储存系统内的部分制冷剂液体，防止压缩机液击或因制冷剂过多而稀释冷冻油，并将分离后的制冷剂气体、冷冻油充分地输送给压缩机吸入口，对压缩机进行冷却降温处理，保持系统的运行效率和曲轴箱内的油面。空调器在制热运行时，在"除霜"和"除霜"后环境温度降低时，气液分离器可以储存系统内的部分液体，防止液体直接进入压缩机，避免在液体状态下压缩。

气液分离器可以立式安装或水平安装，但因立式安装时整个工作容积比较大，所以立式更有效、更普遍。在滚动转子式压缩机中，气液分离器一般与压缩机安装在一起，组成一个整体，而在涡旋式压缩机中，气液分离器一般与压缩机分开安装。图3-9所示为空调器压缩机中气液分离器实物，图3-10所示为气液分离器结构示意图。

图 3-9　空调器压缩机中的气液分离器

图 3-10　气液分离器结构示意图

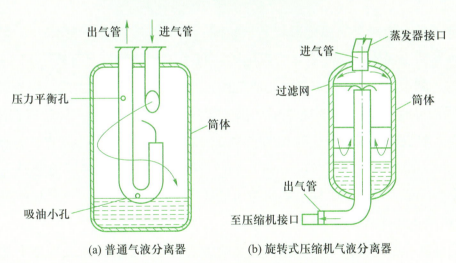

(a) 普通气液分离器　　　(b) 旋转式压缩机气液分离器

图 3-10　气液分离器结构示意图

（2）涡旋式压缩机

全封闭涡旋式压缩机是一种高效压缩机，其结构独特，运转宁静，与全封闭旋转式压缩机和全封闭往复式压缩机相比较，其零部件很少，振动极微，噪声很小，特别适合用做空调器压缩机。

① 涡旋式压缩机的结构　涡旋式压缩机的外形如图 3-11 所示，内部结构如图 3-12 所示。

图 3-11　涡旋式压缩机的外形

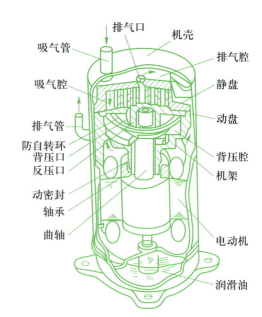

图 3-12　涡旋式压缩机内部结构示意图

② 涡旋式压缩机的工作过程　涡旋式压缩机的特点是有两个涡旋件：一个是固定的，另一个是可动的。利用这两个涡旋件的相对旋转（曲线是渐开线），使密闭空间产生移动及体积变化，从而实现气态制冷剂在涡旋式定子、涡旋转子以及支承端盖之间构成的空间内被压缩。

涡旋式定子和涡旋转子的涡旋形状基本相同，而涡旋线相位差为 180°，且轴线以偏心组合在一起。在两个涡旋件之间有 4 个压缩腔，每个压缩腔均呈月牙形。图 3-13 所示为工作过程示意图。其中图 3-13（a）所示为吸气终了压缩腔的状态，之后，涡旋转子每隔 90°角顺时针做圆周轨道运动，其情况分别如图 3-13（b）、（c）所示，最后达到图 3-13（d），完成一个周期。以涡旋转子的涡旋线和涡旋定子的涡旋线相切点 A 为基点，该点在子平移转动中是移动的，如图 3-13（a）、（b）、（c）、（d）所示。可见，这种压缩腔是一边向中心移动，一边缩小容积的一种压缩机构。被压缩后的高压气体从端盖中心排气口中排出。

3. 压缩机的主要性能参数

压缩机的性能参数是衡量一台压缩机好坏的重要指标和依据，主要有以下几项组成。

① 性能系数（能效比）　表示压缩机进行制冷运行时，制冷量与制冷所消耗的总功率之比，单位是 W/W。性能系数高就说明产生同等的制冷量所消耗的电能少。一般利用此定义计算出来的性能系数要比实测值大。

② 制冷量　表示压缩机进行制冷运行时，环境温度、蒸发温度、吸气温度、冷凝温度、过冷温度、冷凝压力、蒸发压力都达到规定的制冷工况下，单位时间内从密闭空间除去的热量，单位是 W。

③ 输入功率　表示压缩机产生一定制冷量时，在相应制冷工况条件下运转所必须输入的功率，单位是 W。

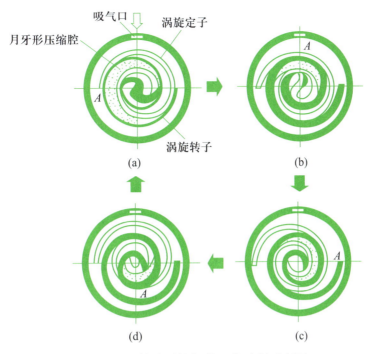

图 3-13　涡旋式压缩机的工作过程示意图

④ 气缸容积　在压缩机分类中定义的工作容积 V_g 表示一个气缸往复工作一次的几何容积（名义容积），而每个气缸的实际工作容积等于几何容积加余隙容积，单位是 cm^3。

⑤ 注油量　表示为了减少零件的磨损，用于保持活塞环和气缸之间、轴承和运动部件之间润滑所必须注入的润滑油（冷冻油）的数量，单位是 mL 或 cm^3。

⑥ 绝缘电阻　表示用兆欧表测量的压缩机接线柱与外壳体之间的电阻值，并分为热态和湿态绝缘电阻，单位是 $M\Omega$，一般应在 0.5 $M\Omega$ 以上。

⑦ 噪声　表示压缩机运转时所产生的异常声音的大小，根据压缩机的结构类型不同，其值有很大差异，单位是 dB（分贝）。当气缸容积小于 5.5 cm^3 时，其噪声最大值不应高于 42 dB。

除以上参数外，压缩机还有排气量、转速配用电动机功率、气缸数、制冷剂等性能参数。

三、全封闭式压缩机的电动机

全封闭式压缩机都是将电动机与压缩机组成一个整体，密封在金属壳体中。电动机将电能转换为机械能，带动压缩机活塞对制冷剂蒸气压缩做功，使制冷剂在制冷系统中得以循环，达到制冷目的。一般家用电冰箱中的全封闭式压缩机使用的是单相交流异步电动机；家用空调器中，一般壁挂式空调器使用的是单相交流异步电动机，而柜式空调器一般采用三相交流异步电动机；对于变频压缩机，有的采用三相交流异步电动机，有的采用直流无刷电动机。

无论是单相 / 三相交流异步电动机还是直流无刷电动机，都是采用电磁感应原理制成的，主要由定子和转子两部分组成。

1. 单相交流异步电动机

单相交流异步电动机的定子铁心上嵌放两套绕组：运行绕组（又称主绕组或工作绕组）C-R（M）和起动绕组（又称副绕组）C-S，两套绕组在空间的位置上互差90°电角度，如图3-14所示。运行绕组的导线线径粗，匝数少，阻抗小，而起动绕组的导线线径细，匝数多，阻抗大。

单相交流异步电动机不能自行起动，只有在旋转磁场的作用下，才可获得起动转矩而自行转动。而旋

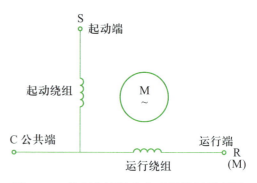

图3-14 单相交流异步电动机绕组示意图

转磁场产生的条件是必须在两个定子绕组中通入具有一定相位差的交流电。为了达到这个要求，可以采用不同的起动方法。

（1）阻抗分相起动式（RSIR）

该起动方式是在运行绕组中串联起动继电器的线圈，而起动继电器的触点串联在起动绕组中，如图3-15所示。在接通电源起动时，运行绕组有较大的电流通过，使起动继电器触点闭合，接通起动绕组。由于起动绕组与运行绕组中的电流存在相位差，从而产生旋转磁场，把起动转矩加到转子，使电动机起动。当转速达到额定转速的70%～80%时，起动继电器线圈中的电流减小，其触点断开，把起动绕组电路切断，电动机就进入正常运转。

采用这种起动方式时，电动机的起动转矩较小，起动电流大，一般适用于功率为10～150 W的小型电动机，如家用电冰箱压缩机的起动。

（2）电容起动式（CSIR）

与阻抗分相起动式相比，只是在起动绕组中增加了一个起动电容C，如图3-16所示。正是由于起动电容C，使起动绕组中的电流增大，电动机的起动转矩增大。这种起动方式一般适用于功率为40～300 W的电动机，如家用电冰箱、冷藏柜、商品陈列箱等压缩机的起动。

图3-15 阻抗分相起动式

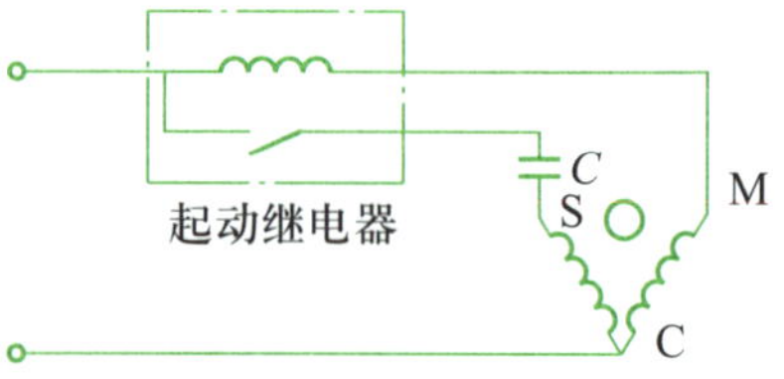

图3-16 电容起动式

（3）电容运行式（PSC）

这种起动方式是在起动绕组中串联了一个电容C，如图3-17所示。该起动方式虽然起动转矩较小，但效率高，不需要起动继电器。一般适用于功率为400～1100 W的电动机，如家用空调器压缩机的起动。

（4）电容起动电容运转式（CSR）

这种起动方式是在起动绕组中串联了两个电容器，其中 C_1 是运行电容，在起动和运行时均串联在起动绕组中，而 C_2 是起动电容，只在起动时串联在起动绕组中，运行时由起动继电器切断，如图 3-18 所示。该起动方式起动转矩较大，效率高，起动电流小，一般适用于功率为 100～1500 W 的电动机，如大型家用电冰箱、家用空调器压缩机的起动。

图 3-17　电容运行式

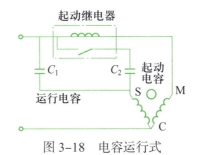

图 3-18　电容运行式

2．三相交流异步电动机

三相交流异步电动机有 3 个定子绕组，在空间互差 120°。当三相交流电通入三相定子绕组时，三相电流不断地随时间变化，所建立的合成磁场也不断地在空间旋转，称为旋转磁场。旋转磁场旋转切割转子绕组，转子绕组中产生感应电动势和感应电流，转子绕组感应电流在定子旋转磁场作用下，产生电磁力，使转子转动。它的方向与定子旋转磁场（即电流相序）一致，于是电动机在电磁转矩的驱动下，顺着旋转磁场的方向旋转，且一定有转速差。

三相交流异步电动机的定子绕组有星形（Y 形）和三角形（Δ 形）两种接法，如图 3-19 所示。星形接法时，三相定子绕组的末端（U2、V2、W2）并接，首端（U1、V1、W1）接电源；三角形接法时，三相定子绕组的首末端依次相连（U1–W2、V1–U2、W1–V2），首端（U1、V1、W1）接电源。

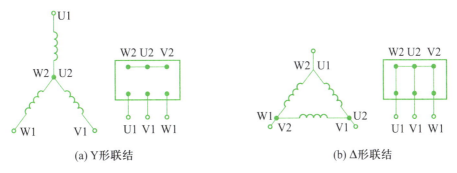

(a) Y形联结　　　　　　　　　　　　(b) Δ形联结

图 3-19　三相交流异步电动机定子绕组的接法示意图

由于三相交流异步电动机的旋转磁场旋转方向与三相交流电的相序一致，因此，任意调换两根电源进线，将使旋转磁场反转，从而使电动机的旋转方向相反。

3．变频压缩机电动机

变频压缩机是变频空调器的核心部件，按供电电源可分为交流供电变频压缩机和直流供电变频压缩机两种，分别由三相交流异步电动机和直流无刷电动机控制。交流供电变频压缩机中的三相交流异步电动机与普通的三相交流异步电动机结构基本相同，不同的是输入电压为脉冲电压。

　　直流变频压缩机中的无刷直流电动机采用三相四极直流无刷电动机，该电动机的定子结构与普通三相交流异步电动机相同，但转子部分结构则截然不同，采用的是四极永久磁铁。工作时，由变频模块向直流电动机定子侧提供直流电流形成磁场，该磁场和转子磁铁产生的磁场相互作用产生电磁转矩，使电动机转动。直流无刷电动机的通电顺序为 UV–VW–WU–UV 循环。当在直流无刷电动机定子绕组 U、V 二相中通入直流电流时，由于转子中永久磁铁之磁通的交链，而在剩余的 W 相线圈上产生感应信号，作为直流无刷电动机转子的位置检测信号，然后配合转子磁铁位置，逐次转换直流无刷电动机定子绕组的通电相序，使电动机继续运转。

四、压缩机常见故障的检修技巧

　　压缩机的故障可分为机械故障和电气故障，机械故障往往会使压缩机电动机超负荷运转甚至堵转，是产生电气故障的主要原因之一。

　　1. 压缩机的电气故障

　　（1）故障现象

　　压缩机的电气故障主要有绕组短路、断路和漏电等。

　　绕组短路可分为轻微匝间短路和严重短路，当发生轻微匝间短路时，绕组阻值变小，将使压缩机的运行电流增大，引起过载保护器动作，长时间运行会烧毁压缩机；严重短路时，绕组阻值很小，使电流异常增大，引起电源开关跳闸或压缩机烧毁。

　　绕组断路将使压缩机不能起动，电流异常增大，引起压缩机烧毁，可用万用表检测其电阻来判断。

　　压缩机漏电的主要原因是绕组内部绝缘层损坏与压缩机外壳相碰，形成短路。产生这种故障，可使熔断器熔体熔断，压缩机电动机不会运转。检查漏电时，应采用兆欧表测量接线柱与外壳之间的绝缘电阻，若绝缘电阻过小，则为漏电。

　　（2）故障原因

　　引起单相交流异步电动机故障的原因有：

　　① 当电网电压不稳定（时高时低）时，压缩机出现频繁的起动/停止，时间一久将导致压缩机绕组烧毁。

　　② 当流过压缩机绕组的电流过大或压缩机散热不良将导致压缩机烧组烧毁。

　　③ 压缩机抱轴、卡缸等故障出现时，将导致起动绕组电流增大而使压缩机绕组烧毁。

　　④ 若制冷剂不足或制冷系统中有水分将腐蚀压缩机绕组的漆包线，破坏绝缘而形成匝

间短路，烧毁压缩机绕组。

⑤压缩机长时间处于工作状态，容易使运转绕组烧毁。

引起三相交流异步电动机故障的原因有：

①电源供电回路、定子绕组有开路现象或电源电压太低引起电动机不起动。

②三相电源严重不平衡、电源缺相或一相定子绕组开路，将引起电动机在运转过程中发出"吭、吭"异常响声。

③电动机绕组与外壳相碰，造成漏电，引起压缩机运转时电流过大，外壳发烫。

④三相电源引线端接线错误将造成电动机反转。

2. 压缩机的机械故障

压缩机的常见机械故障有压缩效率下降，压缩机卡缸、抱轴，压缩机有异常振动和噪声等。

（1）压缩机效率下降

在压缩机的工作过程中，吸、排气阀片的工作频率很高，容易造成金属阀片疲劳，引起阀片关闭不严，造成压缩机排气量减小，排气压力下降，制冷效果下降。

对于吸、排气阀片关闭不严引起的故障一般只能采取更换阀片的方法，并在试机维修过程中，应注意避免制冷剂充注过多，造成液击而打穿阀片。如果是阀片表面腐蚀或碳化，可将其研磨抛光后再用。

（2）压缩机卡缸、抱轴

压缩机卡缸、抱轴是指压缩机中运动部件配合面互相抱合而不能运转。造成压缩机卡缸、抱轴的主要原因有：

①压缩机中缺少冷冻油，使运动部件磨损加剧，摩擦所产生的高热量不能很快散开，温度急剧上升，最后导致压缩机卡缸、抱轴。

②压缩机在安装或运行过程中严重缺少制冷剂，使系统产生负压而吸入空气中的水分或维修中将水分带入系统或制冷剂中含有水分，使压缩机运动部件锈蚀而引起卡缸。

③压缩机运动部件配合间隙过小而导致运转受阻引起卡缸。

④在搬运过程中，因跌落或受到很大外力的冲击，造成曲轴转子端弯曲从而与定子相碰卡住。

⑤制冷系统中进入杂质，将压缩机定子与转子的间隙卡住，从而使曲轴无法转动。

压缩机卡缸、抱轴现象是压缩机的常见故障，严重时会引起压缩机堵转，导致电流急剧增大而使电动机烧毁。对于轻微的卡缸、抱轴现象，维修时可在接通电源后，用木锤或橡胶锤轻轻敲击压缩机外壳，并不断更换敲击位置。对于定频空调器压缩机，也可利用调压器将电源电压适当升高并加大电容器容量来尝试。对于严重卡缸、抱轴现象只能打开压缩机进行修理。

（3）压缩机有异常振动和噪声

振动与噪声是评价压缩机性能的重要指标，其来源主要有以下几个方面：

① 压缩机内部的运动部件质量不好引起的噪声。

② 吸气和排气时的气流冲击及振动声。

③ 电动机的磁场振动和旋转振动。

④ 高频率旋转时冷冻油的搅动声。

⑤ 主轴承的响声、轴与滑动部位的响声。

⑥ 排气管路及压缩机机壳内空间气柱的共振。

⑦ 压缩机与壳体的撞击声、壳体自身的响声、支持弹簧的撞击声等。

对于以上各种原因交错产生的压缩机噪声，一是要选择合理的进、排气管路，特别是进气管的位置、长度、管径对压缩机的性能和噪声影响很大，气流容易产生共振；二是在安装和维修时，要避免将连接管半径弯曲得太小、弯扁；三是要防止制冷系统堵塞，连接管路使用不符合要求（管径太细）造成的噪声；四是压缩机冷冻油要避免过量，以免增大机内零件搅动油的声音；五是在压缩机的外壳与管路之间增加保温减振垫。对于压缩机本身质量问题只能更换压缩机。

3. 压缩机气液分离器的故障

压缩机气液分离器故障主要表现为脏堵，其原因是制冷系统内机械磨损产生的粉末、杂物、空气进入制冷系统内产生氧化使油色变暗、油质变稠变劣，将气液分离器铜丝网堵塞，造成压缩机回油、回气变差，系统制冷效果差，使压缩机工作温度升高，易产生过热、过负荷保护。

维修时可先排出系统内的制冷剂，用气焊将气液分离器取下，用四氯化碳、三氯乙烯、RF113清洗剂对气液分离器和整个制冷系统做必要的清洗。

4. 更换压缩机的操作流程

（1）排放制冷剂

对于电冰箱，可割开工艺管排出制冷剂；对于分体式空调器，可用内六角扳手将室外机上的二通截止阀、三通截止阀打开，排出制冷剂。在排放制冷剂时，应注意作业环境通风，以免人员窒息；排放制冷剂速度不能太快，以免操作人员被排出的制冷剂冻伤，同时也可避免压缩机内的冷冻机油随制冷剂被放出，避免冷冻油排放过量而影响压缩机正常使用。在排放制冷剂的同时，应观察其颜色，如为白色或无色，则系统内部清洁度较高，则压缩机可能没有损坏。若发黑或带有较多杂质，则说明压缩机损坏或制冷系统有故障。

（2）焊开吸、排气管

在确认制冷剂已排放干净后，向制冷系统内充注氮气进行保护，用气焊中性焰预热焊口，待焊口焊料熔化后，抽出吸、排气管。

（3）空载运行

压缩机若非电气故障，可敞开吸、排气管管口，使压缩机通电运行，用手指接近排气口感受，以判断压缩机是否堵转、有无吸排气。注意压缩机运行时间不能超过 5 s，对绝缘电阻不良、运行电流大的旧压缩机不能以此种方法测试。

（4）取下和处理旧压缩机

松开压缩机底脚螺栓，取下旧压缩机，将工艺管焊接在压缩机吸、排气管上，再将工艺管夹扁封焊。

（5）清洗系统

将清洗液喷射入冷凝器、蒸发器，然后吹入高压氮气，重复以上过程 2~3 次，直至空气吹出液体是清洁的；再从相反方向吹入氮气，持续 10 s 以上，直到制冷系统清洗干净为止。注意：清洗液要求采用高溶油、容易挥发的清洗剂，并保证焊接处管口的清洁。当冷冻油发黑或带有较多杂质时，不仅要清洗制冷系统，而且要更换过滤器。

（6）换上新压缩机

将压缩机脚垫摆放到底盘螺栓上，并在底脚上部涂少许清洁剂润滑（不能涂油），再放入压缩机，拧紧底脚螺栓，最后拔开压缩机排气管、吸气管胶塞。

（7）焊接新压缩机

确保焊接管口干净无油污，接好压缩机吸、排气管，向铜管内部充入氮气进行保护，用气焊中性焰将吸、排气管焊接好。焊接前应取下接线端子盖，火焰方向不能对着接线端子位置，也不能烧到吸、排气管根部。

（8）检漏

在制冷系统中冲入干燥氮气，对焊接部位用肥皂水等进行检漏，确保焊接部位达到质量要求。

（9）接线

在压缩机上安装保护器、起动器等电气元件，并接上压缩机电源线。对于空调器，因电气线路容易与压缩机吸、排气管相碰，因此必须套绝缘黄蜡管，并在管路上包保温管后进行扎线，如图 3-20 所示。

包保温管后扎线

图 3-20 压缩机电源线的扎线

5. 压缩机冷冻油检查及处理

压缩机冷冻油的油质是整机系统能否良好运行的基本保障，冷冻油检查应观察油中有无异物和混浊物，以确定油与制冷剂的污染程度。一般新机或油质良好的油色清澈透明无异味（无焦煳味）。

① 油色变黄处理方法　压缩机冷冻油油色变黄，观察油无杂质、无焦煳味，应检查制冷系统是否进入空气后被氧化。只要压缩机内不进入水分，可不必更换冷冻油。如果油色变得较深，可拆下压缩机将变质冷冻油倒出，用 RF113

清洗剂或四氯化碳试剂将制冷系统部件分解后脱油清洗，用氮气吹污干燥处理，更换新压缩机冷冻油即可。

② 油色变褐色处理方法 压缩机冷冻油油色变为褐色，油质已混浊，除判断是否有焦味外，还应对压缩机电动机绕组电阻值和绝缘电阻进行检测。如果绕组电阻值和绝缘电阻良好，则必须更换冷冻油和清洗制冷系统。

③ 油色变绿色处理方法 制冷系统在正常运转时，消耗的冷冻油极少。当制冷系统有水分、空气杂质时，它们和冷冻油及制冷剂将产生化学反应。摩擦产生的金属粉末、检修焊接产生的氧化膜以及腐蚀产生的残渣，都会污染冷冻油，甚至造成制冷系统内发生氧化反应后形成氧化铜，并加有水分，使冷冻油的油色变绿色。

当油色变绿，油液中有水分、焦味很大。这类故障原因多为系统有漏点，长期使用会使压缩机产生高温磨损，绕组绝缘不同程度受到破坏。如果压缩机不良，应更换压缩机。

6. 压缩机冷冻油的充注方法

压缩机在使用一定的时间后，由于冷冻油在运行中会自然损耗及排放制冷剂时带出冷冻油等原因需要补充，尤其在压缩机电动机绕组烧毁之后，冷冻油会变质，变质的冷冻油必须更换。

（1）冷冻油的排出方法

将压缩机从电冰箱、空调器等制冷设备中拆下来，使其排气管、回气管和工艺管的管口均敞开，将压缩机倒置，让冷冻油从回气管和工艺管流出，并用秤或量杯称量出所流出的油量，以便为充注冷冻油提供参考依据。为加快冷冻油的流出，可从工艺管或回气管充入氮气。

（2）充注冷冻油的方法

往复式压缩机与旋转式压缩机的冷冻油加注方法有所不同，向压缩机加冷冻油的方法有以下几种。

① 往复式压缩机的加油方法 可先在压缩机的工艺管处连接三通修理阀，再通过软管与真空泵相连接，等系统抽成真空后关闭修理阀。在修理阀接充注制冷剂软管或软铜管，另一端插入冷冻油液面以下，然后打开修理阀，利用大气压力将油压入压缩机内，由修理阀控制加油量。在加油过程中应注意软管吸口不能露出油面，以免吸入空气。

② 旋转式压缩机的加油方法 应先将压缩机的低压管封死，把冷冻油倒入油杯中。将双表修理阀的中间软管接在压缩机的高压排气管上，高压软管接真空泵，而低压软管插入油杯中。先起动真空泵，将压缩机内部抽成真空后，再关闭双表修理阀的高压阀。然后开启双表修理阀的低压阀，使油杯中的冷冻油被吸入压缩机中，当吸油至规定量时，关闭低压阀，停止加油。

任务 2 认识换热器

◆ 任务目标

1. 掌握电冰箱、空调器中换热器的种类、结构及特点。
2. 熟悉换热器的工作原理。

▨ 知识储备

在蒸气压缩式制冷系统中，换热器可分为冷凝器和蒸发器两种。

一、冷凝器

冷凝器是一种将制冷剂的热量传递给外界的热交换器。在电冰箱中，冷凝器一般安装在电冰箱箱体的背部、底部或左右两侧箱体内，通过冷凝器的散热作用把压缩机排出的高温高压过热制冷剂蒸气冷却成液态制冷剂；在空调器中，对于单冷型空调器，一般安装在室外机中，其作用与电冰箱中冷凝器相同，对于热泵型空调器，在制冷时，室外换热器做冷凝器使用，其作用与电冰箱中冷凝器相同。但在制热时，室内换热器做冷凝器使用，除将压缩机排出的高温高压过热制冷剂蒸气冷却成液态制冷剂外，主要目的是提高室内的温度，达到制热的效果。

1. 冷凝器的冷却方式

冷凝器按冷却方式分为水冷式和空气冷却式两种。电冰箱、空调器一般采用空气冷却式，而空气冷却式又可分为自然对流冷却和风扇强制对流冷却两种方式。部分制冷量较大的空调器和大型制冷设备采用水冷却方式。

① 自然对流冷却式 这种冷凝器具有结构简单、无风机噪声、不易发生故障等特点，但传热效率较低。300 L 以下的电冰箱和小型冷冻箱大多采用此种冷却方式。

② 强制对流冷却式 这种冷凝器具有传热效率高、结构紧凑，不需要水源，使用方便等优点，但风机噪声较大。300 L 以上的电冰箱、空调器多采用此种冷却方式。

③ 水冷却式 这种冷凝器是以水作为冷却介质，靠水的温升带走冷凝热量。其特点是传热效率高，结构比较紧凑，适用于大型制冷设备，但采用这种冷凝器需要有水冷却系统，且管壁上结水垢后传热效果会降低，需要定期清洗。

2. 冷凝器的结构与特点

① 百叶窗式冷凝器 一般用直径 5 mm 左右、壁厚 0.75 mm 的铜管或复合管弯曲成蛇形管，紧卡或点焊在厚度为 0.5 mm、冲有 700～1 200 个孔的百叶窗形状的散热片上，靠空气的自然对流散热来形成冷凝条件，其结构形式如图 3-21 所示，安装在电冰箱的背部。

② 钢丝式冷凝器　是在蛇形复合管的两侧点焊直径为 1.6 mm 的碳素钢丝而构成的，如图 3-22 所示。其特点是单位尺寸散热面积大、热效率高、工艺简单、成本低等，常安装在电冰箱的背部。

图 3-21　百叶窗式冷凝器

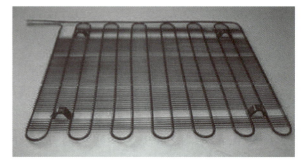

图 3-22　钢丝式冷凝器

③ 内埋式冷凝器　它的冷凝器盘管安装在箱体外壳内侧与绝热材料之间，利用箱体外壳散热来达到管内制冷剂冷凝的目的，如图 3-23 所示。适用于平背式电冰箱，其优点是可保证冷凝器有合理的尺寸；可对外壳加热，防止结露；工艺简单，成本较低；外观严密整洁美观；其缺点是散热性能不如百叶窗式和钢丝式；结构特殊而维修不便。

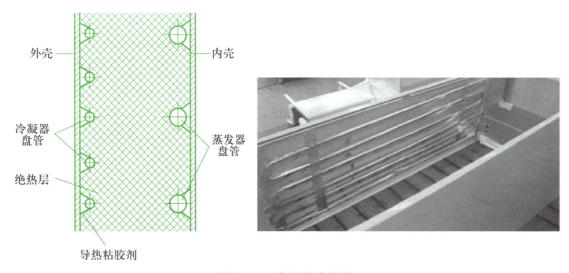

图 3-23　内埋式冷凝器

④ 翅片盘管式冷凝器　这是空调器上经常采用的一种空气强迫对流式冷凝器。它的结构为翅片盘管式，如图 3-24 所示。即在 U 形管上，按一定片距套装上一定数量的片厚为 0.2 mm 的铝质或钢质翅片，经机械胀管和用 U 形弯头焊接上相邻的 U 形管口后，就构成一排带肋片的管内为制冷剂通道、管外为空气通道的冷凝器。翅片的形状有平面形翅片、波纹形翅片、平面条孔翅片、波纹条孔翅片等，其中波纹条孔翅片散热效果最好。其优点是结构紧凑，散热效率高，冷却能力大；缺点是翅片密集，空气自然流动时阻力大，通过加装的轴流风机或离心风机来强迫空气的对流。

图 3-24　翅片盘管式冷凝器

二、蒸发器

蒸发器是一种将被冷却物的热量传递给制冷剂的热交换器。在电冰箱中，蒸发器安装在冷藏室、冷冻室、变温室中，吸收储藏食物的热量使制冷剂液体蒸发；在空调器中，对于单冷型空调器，安装在室内机中，吸收房间内的热量使制冷剂液体蒸发，对于热泵型空调器，在制冷时，室内换热器作蒸发器使用，与单冷型空调器相同。但在制热时，室外换热器做蒸发器使用，以达到制冷的效果。

1. 蒸发器的冷却方式

蒸发器的冷却方式分为液体冷却式、空气冷却式和固体冷却式 3 种。

① 液体冷却式　冷却液体或液体载冷剂的蒸发器统称为液体冷却器，其中既有制冷剂在管内蒸发的，也有在管外蒸发的，液体载冷剂可在泵的作用下进行开式或闭式循环。液体冷却器根据结构不同，又分为壳管式、立管式、螺旋板式、板式等。

② 空气冷却式　这是冷却空气的蒸发器，制冷剂在管内流动并蒸发，空气在管外自然循环对流或空气强迫循环流动并被冷却。如果空气以自然对流方式冷却，习惯上称为排管式蒸发器。如果空气以强迫通风方式冷却，习惯上称为空气冷却器或冷风机。

③ 固体冷却式　这是冷却固体的接触式蒸发器，它是随着冷却工艺的发展而出现的一种新类型。制冷剂在间壁的一侧蒸发，在另一侧与被冷却或冻结的固体直接接触，省去了载冷物质，提高了传热效果。

2. 蒸发器的结构与特点

因电冰箱、冷藏箱和空调器等制冷设备中使用较多的蒸发器通常是空气冷却式，所以重点介绍空气冷却式蒸发器的结构与特点。

① 铝平板式蒸发器　铝平板式蒸发器有复合板吹胀型和印刷管路型两种结构，它利用自然对流方式使空气进行循环。其特点是传热效率高、降温快、结构紧凑、成本低，主要用在直冷式单门或双门电冰箱中。复合板吹胀型蒸发器是利用铝锌铝三层复合金属冷轧板吹胀加工而成，如图 3-25 所示。

图 3-25　复合板吹胀型蒸发器

②管板式蒸发器　管板式蒸发器是用紫铜管或铝管盘绕在黄铜板或铝板围成的矩形框或平板上焊制或粘接而成的，如图 3-26 所示。其特点是结构牢固可靠，设备简单，规格变化容易，使用寿命长，不需要高压吹胀设备等，但传热性能较差，多用在直冷式双门电冰箱的冷冻室上。

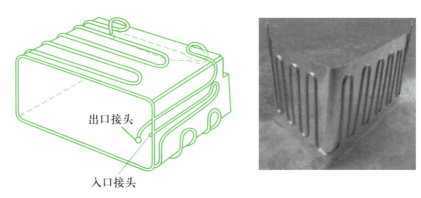

出口接头

入口接头

图 3-26　管板式蒸发器

③蛇形翼片式蒸发器　蛇形翼片式蒸发器由蛇形管和高 15～20 mm 的经弯曲成形的翼片组成，如图 3-27 所示。其特点是结构简单，除霜方便，一般不用修理。缺点是自然对流时空气流速很慢，因而传热性能较差。多用在小型冷库和直冷式双门电冰箱的冷藏室中。

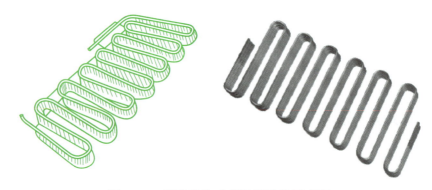

图 3-27　蛇形翼片式蒸发器结构示意图

④翅片盘管式蒸发器　翅片盘管式蒸发器由蒸发管和翅片组成，具有结构坚固、可靠性高、体积小、寿命长、散热率高的特点。图 3-28（a）所示为应用于间冷式双门电冰箱的蒸发器，其表面盘管之间还设有电加热器管，用以快速自动除霜。这种蒸发器依靠专用的

小风扇以强制对流的冷却方式吹送空气经过其表面。风扇电动机的输入功率有 3 W、6 W、9 W 等 3 种。图 3-28（b）、（c）所示为空调器室内机的蒸发器。

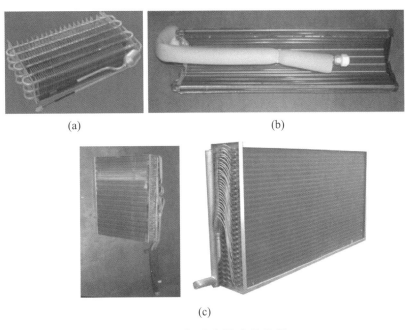

(a)　　　　　　　　　　　(b)

(c)

图 3-28　翅片盘管式蒸发器

⑤ 层架式蒸发器　层架式蒸发器常用于冷冻室下置内抽屉式直冷电冰箱，如图 3-29 所示。盘管外表面紧压铝薄板或钢丝，所以既是蒸发器，又是抽屉搁架。具有制造工艺简单、便于检修、成本低的特点，而且有利于箱内温度均匀，冷却速度快。

图 3-29　层架式蒸发器实物图

知识拓展 热交换器的工作原理

1. 冷凝器的工作原理

压缩机排出的过热蒸气在冷凝器中放热冷却成高压液态制冷剂的过程分为 3 个阶段，如图 3-30 所示。

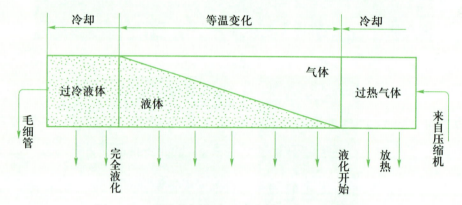

图 3-30 过热蒸气变成过冷液体变化过程示意图

第一阶段是过热蒸气冷却为饱和蒸气；第二阶段是由饱和蒸气冷凝为饱和温度下的液体；第三阶段如果制冷剂的流量较大和温度较低，则进一步冷却为过冷液体。

影响冷凝器散热的因素有：

① 空气的流速和环境温度 空气流速越快，则传热效率越高，但流速也不能太大，否则将增大流阻和噪声，而传热效率无明显提高。环境温度越低，则传热效率越高，所以冷凝器所处位置应是通风良好的地方，上部不能遮盖，周围应避开热源，更应避免阳光直晒，以提高传热效率。

② 管内残留空气 当制冷系统中的残留空气过多时，由于空气不易液化，在制冷系统运行过程中，会集中于冷凝器内，同时由于空气热传导率低，将使冷凝器的传热效率大大降低。因此，在充注制冷剂前，应将制冷系统中的空气排干净，这样才能保证冷凝效果。

③ 污垢 如果冷凝器外露，无论是自然对流冷却方式，还是强迫对流冷却方式，使用一段时间后，其表面会积落灰尘和油污。由于灰尘和油污传热不良，必然会降低传热效率，甚至腐蚀管道，造成泄漏，因此必须定期清洁冷凝器，以确保不降低传热效率。

2. 蒸发器的工作原理

蒸发器按照内部制冷剂状态可分为干式蒸发、半满液式蒸发和满液式蒸发，它们的主要区别在于蒸发器的蒸发管内制冷剂液体在到达蒸发器出口将要流出时，是否全部能蒸发气化。如干式蒸发的过程是：制冷剂在蒸发器内的大部分区域都处于湿蒸气状态。湿蒸气进入蒸发器时，其蒸发的含量仅占 10% 左右，其余全部都是液体。随着湿蒸气在蒸发器内的流动与吸热，液体逐步蒸发为蒸气，蒸气含量越来越多，当流至接近蒸发器出口处时，一般已成为干蒸气，到蒸发器末端继续吸热，成为过热蒸气。蒸发器中制冷剂的吸热过程如图 3-31 所示。

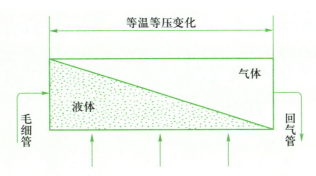

图 3-31　蒸发器中制冷剂的吸热过程示意图

影响蒸发器传热的因素有：

① 空气的流速　空气流速越快，则传热效率越高。直冷式电冰箱是靠空气自然对流冷却，如果食品之间或食品与箱座之间的间隙太小，甚至无间隙，空气就不能正常对流，从而大大降低蒸发器的传热效率。空调器采用强迫对流冷却的蒸发器，风速过低或风道不畅都会使蒸发器传热效率明显降低。

② 制冷剂的特性　制冷剂气化时的吸热强度、制冷剂的热导率大小及流速都会直接影响蒸发器的传热性能。制冷剂气化时吸热强度随着受热表面温度与饱和温度之差的增大而增高。制冷剂流速大则传热效率高。

③ 霜层和污垢　蒸发器通过金属表面与空气进行热交换，金属铝、铜的热导率很高，但冰和霜的热导率比铝、铜低很多，所以当蒸发器表面结冰或霜很厚时，传热效率便大为降低。特别是强迫对流的翅片盘管式蒸发器，霜层的积聚将导致翅片间隙缩小甚至堵塞风道，使冷风循环不良，导致蒸发器不能正常工作。

蒸发器传热表面如附有污垢，也会造成很大的热阻力，影响制冷剂液体润滑表面的能力，使传热效率下降。另外，如制冷剂中带有润滑油，也会影响传热。

④ 传热平均温差　蒸发器与周围空气温差越大，蒸发器的传热效率就越高，但如加大传热温差，蒸发温度必须相应降低，制冷量也随之下降，制冷系统运行时间加长，所以耗电量将上升。

指点迷津　蒸发器、冷凝器的故障维修方法

在电冰箱和空调器中，蒸发器、冷凝器常见故障为制冷系统中有杂质从而造成堵塞或泄漏，另外还有铝合金翅片间积存了大量的灰尘或油垢，造成换热效果变差。

对于泄漏故障，其漏点周围一般会出现油污，可通过补焊方法修复。

堵塞故障一般发生在有"U"形弯的蒸发器、冷凝器中，主要原因是"U"形弯焊接处焊接时焊料流入管道内，当制冷剂流动时还会听到啸叫声，堵塞部位会出现结霜现象。可通过拆开焊接点重新焊接的方法来消除。

蒸发器、冷凝器上的灰尘或油垢会使空气不能大流量通过蒸发器、冷凝器，造成热阻增大，影响传热效果，高压侧压力升高，制冷效果降低的同时功耗增加。可根据使用环境和脏堵情况，

定期进行清洗。对于空调器的室外换热器，可用水枪或压缩空气，由内向外冲洗，清除附在上面的杂物和灰尘，保证良好的散热效果。

任务3 认识节流装置

◆ 任务目标

1. 掌握毛细管的结构、工作过程及特点。
2. 掌握膨胀阀的结构和工作原理。

知识储备

流体（气体或液体）在流道中流经阀门、孔板时，由于局部阻力而使压力降低的现象称为节流，如图 3-32 所示。

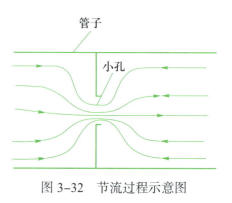

图 3-32　节流过程示意图

常见的节流装置有毛细管和膨胀阀，它们的作用是将高温、高压的液体制冷剂变为低温、低压的液体制冷剂，为制冷剂在蒸发器中的沸腾提供条件；根据热负荷的变化调节制冷剂的流量；控制蒸发器出口处制冷剂蒸气的过热度，发挥蒸发器的换热效率，并防止压缩机吸入液体而产生液击。

一、毛细管

1. 毛细管的结构形式

从外观看，毛细管是一根细长的铜管，其内径为 0.5～2 mm，长度为 1～4 m。一般用做电冰箱、空调器和小型冷库的节流元件。毛细管的内径和长度要与制冷设备的容量、使用条件、制冷剂的充注量相匹配。毛细管一般安装在冷凝器与蒸发器之间。图 3-33 所示为电冰箱、空调器中毛细管的实物图。

2. 毛细管的工作过程

毛细管作为节流装置，其工作过程是依靠毛细管的流动阻力和沿长度方向的压力降，来控制制冷剂的流量和维持冷凝器与蒸发器之间的压力差。当高压过冷的制冷剂液体进入毛细管后，会沿着流动方向发生压力和状态变化，先是过冷液体随压力的逐步降低，变为相应压力下的饱和液体，这一段称为液相段，其压力降不大，且呈线性变化；第二段是从毛细管中出现第一个气泡开始到毛细管的末端，称为气液共存段，也称为两相流动段。该段内饱和蒸气的含量沿流动方向逐步增加，因此压力降呈非线性变化，越接近毛细管的末端，其单位长

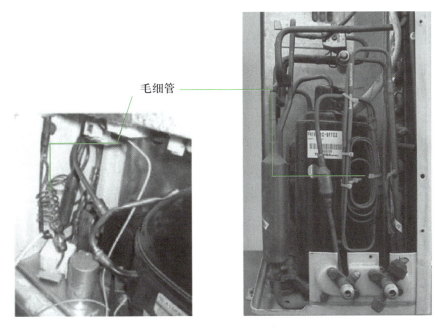

图 3-33 毛细管的实物图

度上的压力降就越大。当压力降低到相应温度下
的饱和压力时，制冷剂液体自身就会蒸发降温，
也就是随着压力的降低，制冷剂的温度也相应降
低，即降低到相应压力下的饱和温度。图 3-34
所示反映了制冷剂液体在毛细管中的压力及状态
的变化情况。

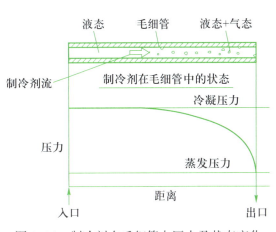

图 3-34 制冷剂在毛细管中压力及状态变化

毛细管的减压作用与其管径、长度、弯曲程
度等有关，管径越小，管子越长，阻力就越大，
压力降就更大，流量就更小。

3. 毛细管的节流特点

① 具有自动补偿功能 制冷剂液体在冷凝压力和蒸发压力差值一定时，流经毛细管的流
量是稳定的。但当制冷负荷发生变化时，通过毛细管的流量将随着入口压力的增加而增加，
同时也随着出口外部压力的降低而增加，这一特点称为毛细管的自动补偿功能。这样就可以
使毛细管适应制冷负荷变化对制冷剂流量的要求。但这种补偿能力很小，在达到极限值以
后，制冷剂的流量就不再随着压力的变化而变化了。因此，采用毛细管作为节流元件的制冷
装置，要求制冷系统有比较稳定的冷凝压力和蒸发压力。

② 具有压力平衡功能 毛细管本身是常通结构，在冷凝器与蒸发器之间形成一个常通
的通道，所以制冷压缩机停止运转后，能使冷凝器中的制冷剂液体通过毛细管进入蒸发器，
最终使制冷系统内的高压侧压力和低压侧压力迅速得到平衡，压缩机再次起动时，压缩机的
起动负荷较小，运转较省力，所以不必使用起动转矩大的电动机作为制冷压缩机的动力。

指点迷津　毛细管的常见故障

电冰箱、空调器中毛细管的常见故障主要有堵塞、有漏点等。

1. 毛细管堵塞故障的维修方法

毛细管的堵塞分为脏堵、油堵和冰堵 3 种。

（1）毛细管的脏堵故障

① 故障部位　毛细管的脏堵一般发生在冷凝器出液管的毛细管插入部位。

② 故障现象　毛细管发生脏堵时，两端有明显温差，堵塞部位有结霜现象。

当发生轻微脏堵时，通常表现为制冷（制热）效果下降，制冷系统高压压力偏高，低压压力偏低，压缩机电流增大。此时一旦压缩机停机，再次开机时压缩机进、排气管压差过大，压缩机将不能正常起动，稍后过载保护器工作（由于高压制冷剂无法通过毛细管向低压侧流动，造成制冷系统压力无法平衡）。对于电冰箱，还会出现蒸发器结不满霜甚至结露水和冷凝器温度升高等现象。对于空调器，在制冷运行时，室内换热器表面、连接管和截止阀结不满露水或不结露水，出风温度偏高，温差减小；在制热运行时，室内换热器表面、连接管和截止阀上温度偏低，出风口温度偏低，温差减小。

当发生严重脏堵时，通常表现为不制冷（制热）、毛细管结霜（与制冷剂不足的表现极为相似）、高压压力偏高、电流过大、压缩机工作声音发闷并带有传气声、冷凝器不热等。对于电冰箱，还会出现蒸发器不结霜现象。对于空调器，由于高压压力偏高，工作一段时间后会引起高压保护，压力平衡以后重新开机，反复不停等现象。

③ 故障原因　脏堵主要是制冷系统中的大量杂质、脏物将毛细管入口处堵住引起的。

④ 故障判断　对于电冰箱，可根据蒸发器结霜情况、冷凝器温度、压缩机电流及运行声音等故障现象综合判断。对于空调器，可在室外机三通截止阀修理口接上双表修理阀进行测试。当压缩机运行 10 min 后，若表压力维持在 0 MPa 左右，说明是毛细管微堵；若表压力为负压，而且停机数十分钟后，压力不回升或压力平衡缓慢，则说明毛细管严重脏堵。

⑤ 故障维修　发生毛细管脏堵时，可将毛细管焊开，冲入高压氮气，在加热的同时用螺丝刀轻轻敲击毛细管，将脏物吹出。同时，还需对整个制冷系统进行吹污处理。

（2）毛细管的油堵故障

① 故障部位　油堵部位一般在毛细管转弯处，特别是折弯的部位。

② 故障现象　毛细管发生油堵故障的现象与毛细管脏堵故障相似。

③ 故障原因　引起油堵的原因是冷冻油大量进入制冷系统，积聚在毛细管中造成堵塞。

④ 故障判断　出现油堵时，可在干燥过滤器处割开毛细管，观察喷出的制冷剂中是否带有冷冻油，若有则说明制冷系统中油过多而出现油堵。

⑤ 故障维修　如果制冷系统油色正常，可一边用高压氮气吹毛细管，同时对毛细管加热（其目的是将稠密的冷冻油变得稀薄），使冷冻油易于流动，以便排除油堵。对于热泵型空调器，还可通过使空调器制热运行使系统压力、温度升高，油温变高，消除油堵。

如果制冷系统冷冻油变质氧化，杂质、污物沉积或变稠，使毛细管处油污聚集形成脏堵，这时就要更换新的冷冻油，清洗制冷系统，并用高压氮气吹污，否则必须更换新的毛细管。

（3）毛细管的冰堵故障

① 故障部位　冰堵大部分发生在毛细管的出口。

② 故障现象　电冰箱刚开始工作时，蒸发器结霜，当发生冰堵后，蒸发器时而结霜、时而化霜，压缩机连续运转不停机等。

空调器发生冰堵故障时，将出现开始时工作正常，过一段时间就不制冷的现象。用手摸冷凝器从热到凉，用压力表接到三通截止阀上检测时，会发现刚开始压力正常（一般在 0.4～0.6 MPa 之间），发生冰堵故障时，压力下降到 0 MPa 以下。

③ 故障原因　当液体制冷剂从毛细管流到蒸发器蒸发时，需要吸收大量的热量，体积大大膨胀，这时毛细管出口处温度可达到 –24 ℃（空调器为 –5 ℃）左右，制冷系统内水分随制冷剂循环到毛细管出口端就会冻结成冰粒，导致堵塞。其原因主要是制冷系统含有过量水分，如抽真空处理不良、制冷剂或冷冻油中含水量超过允许含量等。

④ 故障判断　对于电冰箱，可在发生冰堵时用热毛巾捂在毛细管出口处，若过一段时间后能听到制冷剂流动的声音，又恢复制冷，则表明发生了冰堵；对于空调器，可通过检测制冷系统的低压压力，根据低压压力的变化情况来判断。

⑤ 故障维修　无论是电冰箱还是空调器，当发生冰堵故障时，均应更换干燥过滤器，对制冷系统重新抽真空。为排出制冷系统中的水分，还可以对蒸发器、冷凝器加热，或起动压缩机，使制冷系统温度升高，便于排出水分。

2. 毛细管泄漏、折堵故障的维修方法

毛细管有漏点或砂眼现象，主要是毛细管加工焊接不良造成的，有时也会因毛细管过度弯折后出现折断或折堵。其现象同制冷系统其他部件泄漏的故障现象相同。维修时，既不能进行补焊，又不能对折堵部位强制伸直修复（这是因为毛细管的内径太小，补焊、伸直都会造成二次堵塞）。最好的办法是彻底将漏点或砂眼点或折断、折堵部位断开，找一根内径和毛细管外径相同的长 40 mm 的紫铜管，先将断口校直后，将断开的毛细管两端插入套管中各1/2，顶紧后焊接。

3. 毛细管的更换方法

在更换毛细管时，不得变更原毛细管的各项规格，焊接时宜用低温银焊条。

二、膨胀阀

膨胀阀大多使用在大、中型空调器中。其作用与毛细管相同，但膨胀阀可以自动调节制冷剂的循环量，控制蒸发器出口制冷剂蒸气的过热度，以适应系统制冷负荷的变化。因此，膨胀阀在空调器等大型制冷设备中使用比较广泛，可分为热力膨胀阀和电子膨胀阀两种。

1. 热力膨胀阀

热力膨胀阀按平衡方式不同，可以分为外平衡式和内平衡式热力膨胀阀。内平衡式热力膨胀阀只适用在蒸发压力不太低、容量不大和制冷剂流动阻力不大（压降比较小）的蛇管式蒸发器中。而外平衡式热力膨胀阀适用于制冷剂流动阻力大（压降比较大）、蒸发温度低、通路较长、蒸发温度上下波动大或者采用液体分配器多路供液的场合。

热力膨胀阀的主要作用：一是节流降压，将冷凝器冷凝后的高温高压液态制冷剂节流降压，成为容易蒸发的低温低压的气液混合物，进入蒸发器蒸发，吸收外界热量；二是调节流量，根据感温包感应到的压缩机吸气温度信号，能自动调节进入蒸发器的制冷剂流量，以适应制冷负荷不断变化的需要；三是保持一定过热度，防止液击和异常过热，即通过流量的调节使蒸发器具有一定的过热度，保证蒸发器总容积的有效利用，避免液态制冷剂进入压缩机引起液击；同时又能把过热度控制在一定范围，防止异常过热现象的发生。

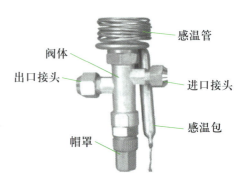

图 3-35　内平衡式热力膨胀阀的外形图

（1）内平衡式热力膨胀阀的结构与工作过程

内平衡式热力膨胀阀的外形和结构如图 3-35、图 3-36 所示。

内平衡式热力膨胀阀的调节部分包括调节杆、弹簧、阀针、阀帽（帽罩）等。调节杆是调整膨胀阀开口大小的。如调节杆顺时针旋转，弹簧将被压紧，开口缩小，反之开口将增大。通过调节部分调整膨胀阀的阀门开启度，从而调节制冷系统中进入蒸发器的制冷剂量。调节杆与调节座之间有密封填料（橡胶圈、四氟乙烯），填料用螺母压紧。

内平衡式热力膨胀阀的工作原理如图 3-37 所示。图中开阀压力 p 是薄膜上部感温包内气体的压力，关阀作用力是薄膜下部膨胀阀节流后的制冷剂压力 p_0 及弹簧作用力 p_D 所形成的合力 p_0+p_D。热力膨胀阀的动作取决于开、关阀作用力，在开阀作用力和关阀作用力的共同作用下，热力膨胀阀节流降压、降温过程如下：

① 在平衡状态下，因 $p=p_0+p_D$，此时阀的开度一定，所以供液量一定。

② 当负荷增加时，蒸发器出口的制冷剂温度上升（即过热度增加），感温包吸热后压力上升。此时膨胀阀的开阀压力大于关阀压力，即 $p>p_0+p_D$，薄膜

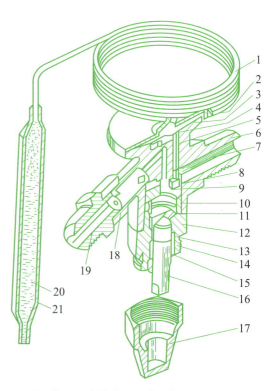

1- 毛细管；2- 密封盖；3- 波纹薄膜；4- 转动盘；
5- 传动杆；6- 阀体；7- 阀孔座；8- 阀针座；
9- 阀针；10- 弹簧；11- 弹簧座；12- 调节座；
13- 垫圈；14- 填料；15- 压紧螺母；16- 调节杆；
17- 帽罩；18- 过滤网；19- 进口接头；
20- 制冷剂；21- 感温包

图 3-36　内平衡式热力膨胀阀的结构

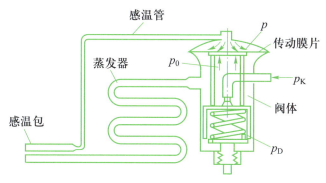

图 3-37 内平衡式热力膨胀阀的工作原理图

被压缩，向下弯曲，阀杆移动，阀头开启，制冷剂流量增加，节流后制冷剂压力 p_0 增加。因此蒸发温度上升，而压缩机的排气量也因压差减小而增加，此时，膨胀阀进入新的平衡状态。

③ 当负荷减小时，蒸发器出口的制冷剂温度下降（即过热度减小），感温包内的压力也下降，薄膜上部压力减小。此时膨胀阀的关阀压力大于开阀压力，即 $p<p_0+p_D$，薄膜向上弯曲，阀头向关闭方向移动，制冷剂流量减小，节流后制冷剂压力 p_0 减小。因此蒸发温度下降，膨胀阀在较小过热度的条件下保持平衡。

从以上过程得出，膨胀阀就是利用开阀作用力 p 的变化来改变阀针的开启度，从而改变制冷剂的流量，使蒸发器出口带有 3～8 ℃的过热度，实现对阀的自动调节。

（2）外平衡式热力膨胀阀的结构与工作过程

在专用空调器中，由于蒸发器有分路并采用莲蓬头分液器，压降比较大，会造成蒸发器进出口温度各不相同，所以专用空调器需采用外平衡式热力膨胀阀，保证有压降的蒸发器也能得到正常的供液。图 3-38 所示为外平衡式热力膨胀阀的外形图。

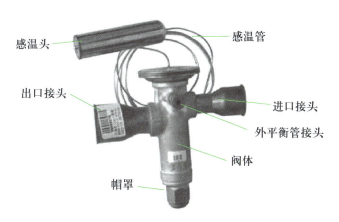

图 3-38 外平衡式热力膨胀阀的外形图

① 外平衡式热力膨胀阀的结构 外平衡式热力膨胀阀的结构与内平衡式热力膨胀阀相似，如图 3-39 所示，也由感温机构、执行机构和调节机构三大部分组成，只是阀体上增加了接外平衡管的接头。

②外平衡式热力膨胀阀的工作过程　图 3-40
所示为外平衡式热力膨胀阀工作原理图，其工作
原理也与内平衡式热力膨胀阀相似，只是膜片下
方的压力通过外平衡管取自蒸发器出口，可以避
免蒸发器压力降对阀开度的影响，克服了内平衡
式热力膨胀阀的缺点。由于阀出口与膜片下方的
平衡腔间需密封处理，增加了制造难度。

2. 电子膨胀阀

电子膨胀阀是由电子电路进行控制的膨胀阀，
适用于变频空调器以及一台室外机带动多台室内
机的空调器。电子膨胀阀有其他膨胀阀无法比拟
的优点，如流量控制范围大、动作迅速、调节精
细，可以使制冷剂在往、返两个方向流动。电子
膨胀阀的结构形式主要有：电子直线式、脉冲电
动机式和指令电动机式等。

（1）电子膨胀阀的结构

电子膨胀阀的实物及其在变频空调器中的应
用如图 3-41 所示。从控制实现的角度来看，电
子膨胀阀由控制器、执行器和传感器 3 部分构成，
通常所说的电子膨胀阀大多仅指执行器，即可控
驱动装置和阀体，实际上仅有这一部分是无法完成控制功能的，还需要有控制器控制电子膨
胀阀的动作。电子膨胀阀必须垂直安装。

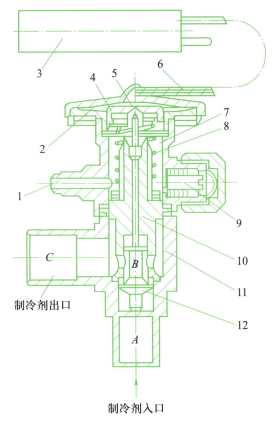

1- 平衡管接头；2- 薄膜外室；3- 感温包；
4- 薄膜内室；5- 膜片；6- 感温管；
7- 上阀体；8- 弹簧；9- 调节杆；10- 阀杆；
11- 下阀体；12- 阀芯

图 3-39　外平衡式热力膨胀阀的结构图

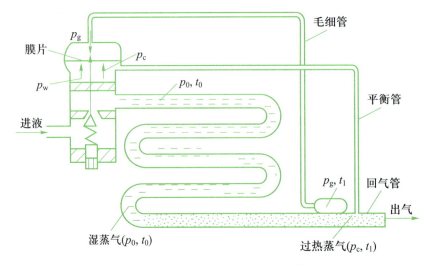

图 3-40　外平衡式热力膨胀阀的工作原理图

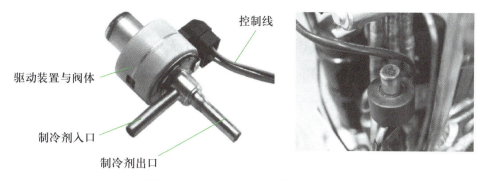

图 3-41 电子膨胀阀实物及其应用

图 3-42（a）所示为脉冲电动机驱动的电子膨胀阀的总体结构示意图。由定子绕组和永

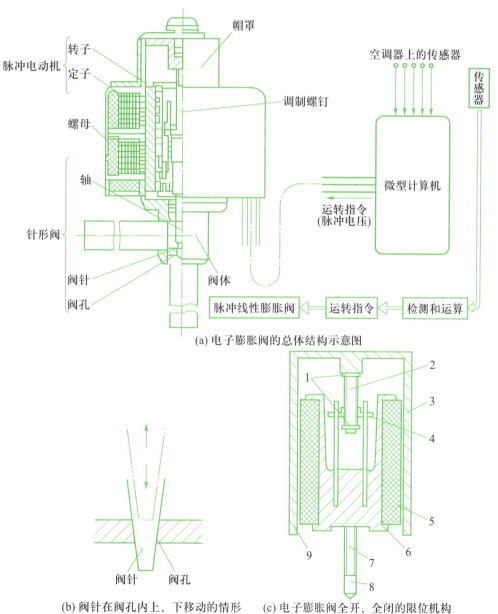

(a) 电子膨胀阀的总体结构示意图

(b) 阀针在阀孔内上、下移动的情形   (c) 电子膨胀阀全开、全闭的限位机构

1- 薄片；2- 调整螺栓；3- 套管；4- 调整螺母；5- 转子；6- 连接套筒；7- 轴；8- 阀针；9- 定子

图 3-42 电子膨胀阀

久磁铁构成的转子组成阀的驱动部分，当它接收微型计算机发出的脉冲电压后，就可以按脉冲次数成比例地旋转。转子上的转动轴往下伸出部分有螺旋槽，与阀体上的螺母相互配合。轴的最下端是膨胀阀的阀针，它和阀体上的阀孔相互配合。当电动机接收到脉冲电压控制信号后，轴的螺旋部分在螺母中旋转，产生上下直线移动，使阀针相对于阀座孔上、下移动，使阀的流通截面改变，流过的制冷剂流量也随之变化。

（2）电子膨胀阀的工作过程

图3-42（b）所示为阀针在阀孔内上、下移动的情形。实线表示阀针在最低位置，使膨胀阀全部封闭，通道面积为0；双点画线表示阀针向上运动到某一位置，阀处于开启状态，阀孔与阀针之间形成环状的通道，使制冷剂能流过。

图3-42（c）所示为电子膨胀阀全开、全闭时的限位机构。在定子9与转子5之间的中部有一个调整螺栓2，外面套有与连接套筒6固定在一起的调整螺母4。随着转子5的旋转，调整螺母4相对于调整螺栓2上、下移动。当调整螺母接触到调整螺栓下端的薄片1时，就不能再向下移动，转子就停止旋转，阀就呈全闭状态，即全闭限位位置。当转子反向旋转，调整螺母4接触到调整螺栓上端的薄片时，调整螺母就不能继续上移，转子停止转动，这时阀处于全开位置，即全开限位位置。

指点迷津　电子膨胀阀的常见故障及判断方法

电子膨胀阀的常见故障主要表现为阀体堵塞与控制精度出现偏差。其主要原因有：一是由于电子膨胀阀线圈短路、断路，造成无法正常工作；二是阀针卡住，开度无变化，造成室外机盘管温控传感器感知异常温度而影响空调器的正常运转；三是像一拖二空调器的A、B室内机电子膨胀阀线圈固定错位或室外机A、B机端子控制线接反，无法正常运转。电子膨胀阀故障检测步骤及方法如下：

1. 检测控制电路板的输出

可将空调器上的电子膨胀阀组件拆下，用一个好的电子膨胀阀组件插在控制电路板上，观察电子膨胀阀组件是否动作。如果有动作再进行下一步检测；如果没有动作，则是控制电路板损坏，应检查控制电路板后再进行下一步检测。

2. 检测电子膨胀阀线圈

电子膨胀阀的原理图如图3-43所示，电子膨胀阀采用12 V直流电压供电，有6根引出线（也有5根引出线，只是把公共端连接在一起），一般电子膨胀阀线圈的公共端为红、棕色线，可用万用表电阻挡测量公共端与其他端之间的直流电阻值来判断好坏（每相线圈的直流电阻值为46 Ω±5 Ω）。若阻值符合则说明线圈正常，再进行下一步操作；否则说明线圈损坏，应更换线圈后再进行下一步检测。

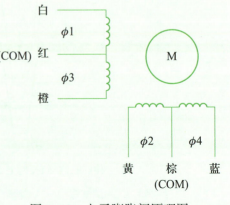

图3-43　电子膨胀阀原理图

3. 检查电子膨胀阀阀体是否有堵、漏及杂物

大部分电子膨胀阀故障都是由于制冷系统内有氧化物、焊渣等杂质造成动作不正常，可对其反复通电、断电，并用硬物敲击阀体，利用制冷剂的冲击力冲开杂质；若此法无效则应更换阀体并清洗制冷系统。

任务 4　认识常用辅助部件

◆ 任务目标

1. 掌握电磁四通换向阀的结构和工作原理。
2. 掌握截止阀的结构与操作方法。
3. 熟悉电磁旁通阀的结构和主要作用。
4. 掌握二位三通电磁阀的结构和工作状态。
5. 熟悉单向阀结构、工作原理和应用。
6. 熟悉过滤器、分配器的结构和作用。

知识储备

在电冰箱、空调器制冷系统中，除压缩机、冷凝器、蒸发器、节流装置等部件外，还有电磁四通换向阀、截止阀、单向阀、电磁旁通阀、二位三通电磁阀和过滤器、分配器等辅助部件。

一、电磁四通换向阀

1. 电磁四通换向阀的结构

电磁四通换向阀是热泵型空调器的一个重要部件，简称四通阀，如图 3-44 所示。它可以根据空调器制冷或制热的不同运行方式，改变制冷剂在制冷系统中的流向。

2. 电磁四通换向阀的工作原理

电磁四通换向阀的结构原理图如图 3-45 所示。在制冷循环时，四通阀的电磁线圈不通电，四通阀在弹簧 1 的作用下向左移动，阀芯 A 把 D 管关闭，而 C 和 E 管相通，E 管和 2 管相通，2 管接压缩机吸气管。因此，活塞 2 的左腔室是低压，而活塞 1 的右腔室由于活塞上有个孔与左腔室相通，因此与 4 管的压力相同，处于高压，结果活塞 1、活塞 2 带动滑块向左移动，形成 1、2 相通，4、3 相通。此时制冷剂的流向是：压缩机（排气管）→4→3→室外换热器→毛细管→室内换热器→1→2→压缩机（吸气管）。其制冷循环图如图 3-46 所示。

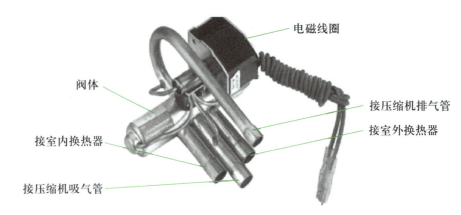

电磁线圈

阀体

接压缩机排气管

接室外换热器

接室内换热器

接压缩机吸气管

(a) 实物图

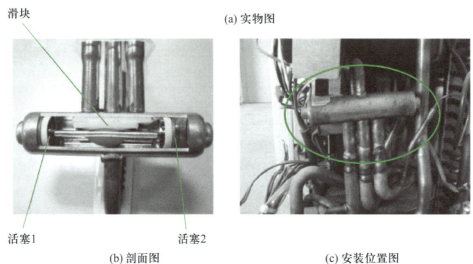

滑块

活塞1

活塞2

(b) 剖面图

(c) 安装位置图

图 3-44   电磁四通换向阀的实物图

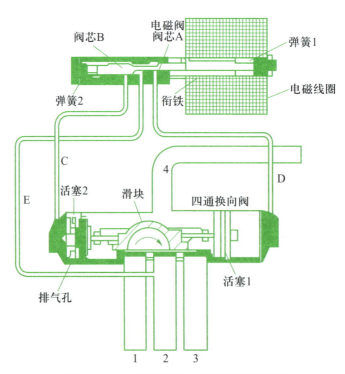

阀芯B

电磁阀
阀芯A

弹簧1

电磁线圈

弹簧2

衔铁

C

4

D

E

活塞2

滑块

四通换向阀

排气孔

活塞1

1   2   3

图 3-45   电磁四通换向阀的结构原理图

在制热循环时，四通阀的电磁线圈通电，产生的电磁力将衔铁向右吸，阀芯 A 开、阀芯 B 闭，结果使 C 管关闭，D、E 管相通，活塞 1 右腔室与吸气管相通，处于低压，而活塞 2 左腔室压力较高，于是活塞 1、活塞 2 带动阀芯向右移，形成 4、1 相通，3、2 相通。此时制冷剂的流向是：压缩机（排气管）→4→1→室内换热器→毛细管→室外换热器→3→2→压缩机（吸气管）。制热循环图如图 3-47 所示。

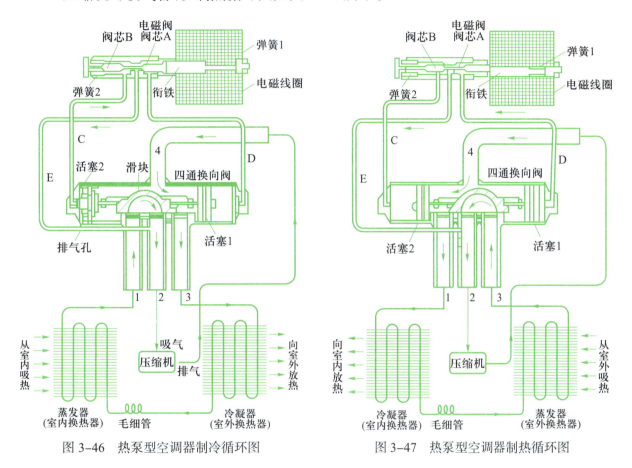

图 3-46 热泵型空调器制冷循环图　　　图 3-47 热泵型空调器制热循环图

指点迷津　电磁四通换向阀的常见故障及维修方法

在空调器制冷系统故障中，电磁四通换向阀的故障率比较高，常表现为线圈断路、短路、漏电等电气故障和换向不良、串气、阀体泄漏等机械故障，而且判别起来比较困难。

1. 电磁四通换向阀的常见故障及原因

（1）造成流量不足可能的原因

①空调器制冷系统发生泄漏，造成制冷系统制冷剂循环量不足。

②室外环境温度较低时，制冷剂蒸发量不够。

③电磁四通换向阀与制冷系统匹配不佳，即所选用的电磁四通换向阀中间流量大而系统能力小。

④一般系统设计为压缩机停机一定时间后电磁四通换向阀才能换向，此时高、低压趋于平衡，换向到中间位置便停止。如果电磁四通换向阀换向不到位，主滑块停在中间位置，下次起动

时，由于中间流量作用造成流量不足。

⑤ 压缩机起动时流量不足，变频空调器表现比定速空调器更明显。

（2）造成电磁四通换向阀换向不良可能的原因

空调器不能正确和正常地从制冷转换成制热运行或从制热转换成制冷运行的现象称为电磁四通换向阀换向不良，主要原因有以下几点：

① 线圈断线或电压不符合线圈性能规定，造成电磁阀的阀芯不能动作。

② 由于外部原因使电磁阀变形，造成阀芯不能动作，可从外观上判断。

③ 由于外部原因使毛细管变形，流量不足，形成不了换向所需的压力差而不能动作。

④ 电磁四通换向阀内部间隙过大，阀座焊接时轻微烧坏使泄漏量超标，造成串气，使滑块两端压力平衡，无法推动滑块换向。

⑤ 制冷系统内的杂物进入电磁四通换向阀内，卡死活塞或滑块而不能动作，有时可用木棒或胶棒轻击四通阀阀体解决。

⑥ 钎焊配管时，主阀体的温度超过了 120 ℃，内部零件发生热变形而不能动作。

⑦ 空调制冷系统制冷剂发生泄漏，制冷剂量不足，换向所需的压力差不能建立而不能动作。

⑧ 压缩机的效率降低，不能满足电磁四通换向阀换向所必需的流量。

⑨ 变频压缩机转速降低时，换向所需的必要流量得不到保证。

2. 电磁四通换向阀常见故障的判断方法

电磁四通换向阀常见故障可以通过摸、听、测等方法来判断。

① 摸 就是指用手摸电磁四通换向阀 4 根管子的温度，与正常状态下管子温度比较。如果温度相差过大，则说明电磁四通换向阀有故障。正常状态下电磁四通换向阀 4 根管子的温度见表 3-1。

表 3-1 电磁四通换向阀 4 根管子正常温度对照表

电磁四通换向阀工作情况	接压缩机排气管	接压缩机吸气管	接室内换热器管	接室外换热器管
正常制冷状态	热	冷	冷	热
正常制热状态	热	冷	热	冷

② 听 就是指听电磁四通换向阀电磁线圈断电时，是否有一声很大的气流声。如果有此气流声，则说明电磁四通换向阀正常；如无此气流声，则说明电磁四通换向阀有机械故障。

例如，对于电磁四通换向阀串气故障的判断，可用下述方法进行判断：

一是在回收制冷剂时，当制冷剂快回收完时回气管应为常温，这时用手摸两根低压管，没有明显的温差则说明正常（两根高压管均应很热），当电磁四通换向阀串气时，其低压吸气管是常温，排气管（接压缩机）则明显变热，这是因为电磁四通换向阀串气会导致制冷剂回收不尽，低压压力会在 0.1 MPa 以上；二是电磁四通换向阀串气时能听到较大的气流声。

③ 测 对于电磁四通换向阀线路断路、短路故障，可用万用表 $R \times 100$ 挡测量线圈两插头的阻值，正常情况下阻值为 1 300～1 800 Ω；对于电磁四通换向阀线圈漏电故障，可用兆欧表测量

绝缘电阻；还可通过压力表检测制冷系统的压力来判断串气等故障。

3. 电磁四通换向阀的更换方法

① 在确认电磁四通换向阀损坏后，需要更换。可先将制冷系统内的制冷剂排出，对制冷系统用氮气进行保护，用气焊加热后拆焊下整个电磁四通换向阀组件，如图 3-48（a）、（b）所示。注意拆焊时必须用湿毛巾包住阀体进行降温处理，防止拆焊时阀体温度升高使滑块产生变形。

② 取下新电磁四通换向阀的电磁线圈，将阀体放入水槽中，把焊接管口留在水面上，对管路用氮气进行保护，再用气焊焊接管路，如图 3-48（c）所示。注意阀体应浸入水中或将用水浸湿的棉纱放在阀体上进行降温处理，以防止因烧焊时阀体温度升高使滑块产生变形，还应注意避免烧焊时间过长。

(a) 用湿毛巾包住电磁四通换向阀阀体降温

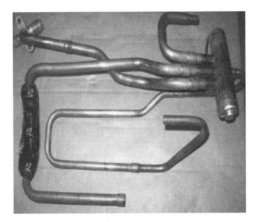

(b) 拆焊后的电磁四通换向阀组件

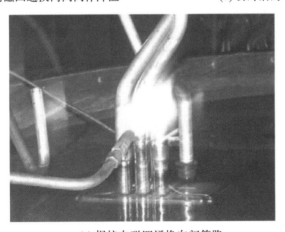

(c) 焊接电磁四通换向阀管路

图 3-48　电磁四通换向阀的更换操作流程

4. 电磁四通换向阀维修注意事项

① 新电磁四通换向阀使用前，4 根管口应用塑料塞塞紧，防止杂质进入。

② 焊接前注意观看电磁四通换向阀滑块位置，应在电磁四通换向阀主阀体内部构造图的左边，如果在中间或在右边，轻敲阀体，将阀块敲到左边。

③ 焊接前必须取下线圈，以免焊接过程不当而烧坏线圈。

④在焊下电磁四通换向阀前，必须用湿布将其包住，并将电磁四通换向阀组件整个焊下，同时注意焊接时火焰的方向，不允许火焰对阀体进行加热。

⑤焊接时应将电磁四通换向阀组件中的四通换向阀浸没在水中进行更换，但应避免水进入阀体内。为了控制电磁四通换向阀组件管路之间的相对角度，可以采取拆下一根管路并重新焊接好后再拆换其他管路的方法。

⑥焊接时应充氮气保护，减少氧化物的产生，焊接完成后用氮气吹净电磁四通换向阀内部氧化物。

二、截止阀

截止阀是分体空调器室内外机之间的连接部件，室内机的2根连接管分别与室外机的2个截止阀相连接，从而构成制冷剂循环通路。截止阀主要用于切断或开通室内外机连接管，可为安装与维修提供方便，可分为二通截止阀和三通截止阀，分别与液管和气管相连接，其中三通截止阀带有维修口，供安装、维修时使用，如抽真空、充注制冷剂等。图3-49所示为分体空调器室外机上的截止阀。

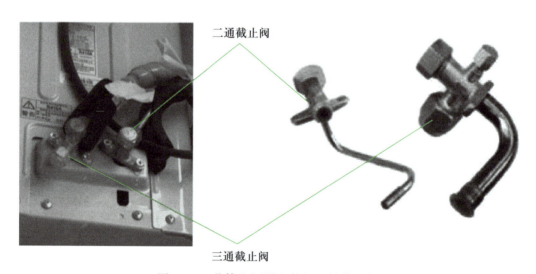

图3-49　分体空调器室外机上的截止阀

1.　二通截止阀的结构与操作方法

二通截止阀又称为液阀，它通常安装在室外机配管中的液管侧，由定位调整口和两条相互垂直的管路组成，其结构示意图如图3-50（a）所示。其中一条管路与室外机的液管侧相连，另一管路通过扩口螺母与室内机的配管相连。定位调整口中有阀杆和阀孔座，阀杆中部有石墨石棉绳（或耐油橡胶）密封圈，依靠压紧螺钉压紧密封，使气体不会从阀杆处外泄。

在检修和安装时，先拧开带有铜垫圈的阀杆封帽（阀帽），再用六角扳手拧动阀杆上的压紧螺钉。若顺时针拧动，则阀杆下移，可使阀关闭，切断制冷剂的流通；反之，则阀孔开启，两个垂直管路连通。检修完毕，若确认阀杆处不泄漏，再将阀杆封帽拧紧。

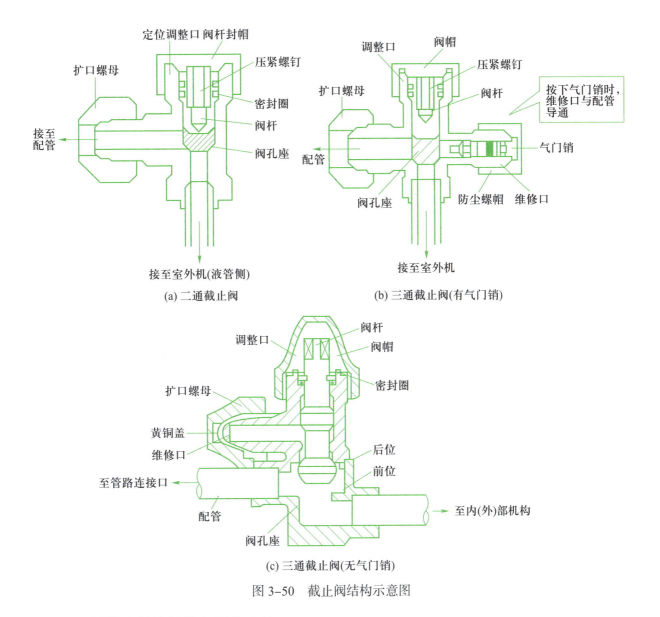

(a) 二通截止阀　　　　　　　(b) 三通截止阀(有气门销)

(c) 三通截止阀(无气门销)

图 3-50　截止阀结构示意图

2. 三通截止阀的结构与操作方法

三通截止阀又称为气阀，它除具备二通截止阀的功能外，还多了一个维修口，为检修空调器提供了方便。三通截止阀安装在室外机的气管连接口上。有的空调器在连接口的气管侧和液管侧均采用三通截止阀。三通截止阀的外形呈直角状，它有两个管路连接口、一个阀杆定位调整口和一个维修口。

三通截止阀有两种，其中一种是维修口内有气门销（又称气门芯）的三通截止阀，如图 3-50（b）所示。它由两个管路连接口、一个调整口和一个维修口组成，4 个口相互垂直。维修口内的气门销在正常工作时将维修口封堵，并用防尘螺帽封盖。当阀杆下移至关闭位置时，配管与室外机的管路断开；而阀杆向上旋出至打开位置时，两条连接管路导通，室外机与室内机连通。需要维修后充注制冷剂时，按下气门销，维修口始终与配管导通，与阀门的开关位置无关。

另一种三通截止阀的维修口内没有气门销，其结构如图3-50（c）所示。它有两条呈"之"字形的水平连接管路、一个调整口和一个维修口，其阀杆下部的形状与前一种截止阀的锥形周边不同，而是呈扁球状。此种阀的维修口内无气门销，靠内置黄铜盖的扩口螺母旋紧密封。此种三通截止阀有3种工作状态，如图3-51所示。三通截止阀处于前位（关闭位）时，配管与维修口导通，与室外机断开，这是机组出厂时的位置；处于中位（气洗位）时，为三通状态，配管与维修口及室外机均导通，这是抽真空、充注制冷剂的位置；处于后位（安装位）时，配管与室外机导通，与维修口断开，这是制冷剂循环时的工作位置。在安装和修理空调器时，要注意两种三通截止阀的区别及其在实际操作中的不同状态。

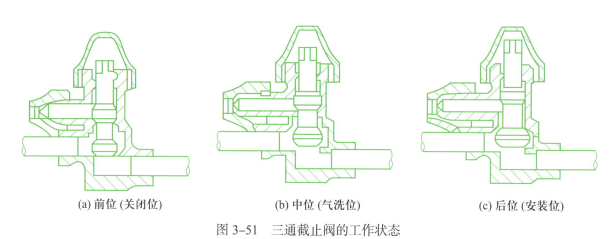

(a) 前位 (关闭位)　　　　　(b) 中位 (气洗位)　　　　　(c) 后位 (安装位)

图 3-51　三通截止阀的工作状态

指点迷津　截止阀的常见故障与产生原因

1. 截止阀的常见故障

空调器用截止阀的常见故障有泄漏、不能正常联机等，造成此类故障的主要原因有以下几个方面：

① 阀芯泄漏　有两种情况，一种是阀芯关闭时漏，另一种是阀芯开启时漏。一般为焊接时没有降温保护、系统杂质多、密封胶圈本身损坏或密封胶圈本身压缩比不够等原因造成。

② 接头螺纹滑丝　是指截止阀与室内外连接管螺母连接头的螺纹滑丝，如图3-52所示，主要是安装时操作用力过大造成的。

2. 截止阀安装与维修注意事项

① 连接配管时，连接管的喇叭口必须与截止阀接头螺纹对正，用手将螺母拧紧，接头螺纹一般要用手拧进去3扣以上才允许使用扳手紧固螺母（可以在螺纹部位擦一些冷冻油，以利于手工拧螺母），如图3-53所示。若只拧进1~2扣，必须检查接头螺纹是否有划伤、滑丝。

接头螺纹滑丝

图 3-52　接头螺纹滑丝

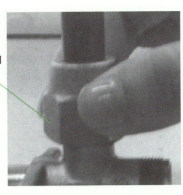

图 3-53　管种的连接方法

②空调器安装完成后，阀芯及气门芯阀帽必须用一定力矩装在阀体上，如图 3-54 所示。

③螺母与接头螺纹手工拧紧后，再采用扳手进行锁紧，当螺母拧满所有牙扣时，再回扭半扣牙再上紧螺母。

④更换截止阀时，在焊下截止阀前，先排出制冷系统中的制冷剂，再用湿布将截止阀包住，注意焊接时火焰的方向，不允许火焰对阀体进行加热，以免密封圈受损造成泄漏。

⑤在焊接新截止阀时，原则上要求使截止阀放入水中才能焊接，但应注意避免水进入阀体内，如图 3-55 所示。在特殊情况下可使用包湿布的方法，但不允许在不降温的情况进行焊接操作。

图 3-54　阀帽的安装

图 3-55　焊接新的截止阀

⑥英制螺纹截止阀在阀体上有 7/16"、5/8"、3/4"、7/8"、17/16" 等标记，配套连接管铜螺母时要注意公英制对应使用，家用空调器外表面带锥形面的连接管铜螺母全部为英制螺母。

⑦焊接时在可能的情况下应充氮气保护，减少氧化皮的产生，焊接完成后可能的情况下，可用制冷剂少量冲洗截止阀焊接处氧化皮。

三、电磁旁通阀

电磁旁通阀主要用于柜式空调器制冷系统中。安装于输液管与吸气管之间或压缩机的排气管与吸气管之间，以手动开关或温度开关或其他开关来控制电磁阀，起到旁通阀的作用。图 3-56 所示为其外形，其流动方向是上部水平管为进液管，下部垂直管为出液管。阀门为

常闭状态。上端为电磁线圈，其结构与通用电
磁阀的线圈一样。当接通电源时，阀芯被电磁
力向上吸动而打开阀门；断电后，由阀芯自重
及压簧往下压而关闭。

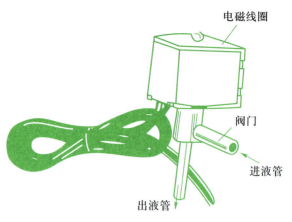

图 3-56　电磁旁通阀的外形

　　电磁旁通阀主要作用如下：

　　① 当空调器制冷负荷太低时，吸气压力也
会降低，甚至造成蒸发器出现结霜现象。这时
液体制冷剂不能在蒸发器内有效地蒸发，空调
器不能正常制冷。电磁旁通阀能起到自动调节
作用，将吸气压力控制在设定值（一般为 0.4 MPa）。当制冷负荷过低，吸气压力下降到设定
值以下时，电磁旁通阀内通道的开启度自动变大；当吸气压力高于设定值时，阀孔会自动缩
小或关闭，从而将吸气压力控制在一定范围内，保证压缩机能吸入过热的气态制冷剂。

　　② 电磁旁通阀在空调器中常用来分压和减少负荷，因此有时也称卸荷阀。空调器减负
荷运行的目的是降低空调器的运行负载。当空调器在超高温环境下运行时，其运行工况极为
恶劣。例如环境温度高于 40 ℃时，空调器的负荷已超过空调器的额定负载，空调器已不能
工作了。若空调器上装了减负荷旁通阀，就可打开旁通阀，使一部分制冷剂液体（应经过节
流）去冷却压缩机，降低其吸气和排气温度，这就改善了压缩机的运行条件。同时系统制冷
量减少了，减轻了压缩机的负载，空调器可以继续运行。

　　③ 电磁旁通阀在空调器除霜、除湿运行中也能起到控制阀、电磁单通阀的作用。电磁
旁通阀作为去湿阀时，其去湿原理是将系统的一部分制冷剂经去湿阀旁通而直接进入压缩
机，以减少蒸发器的制冷剂流量，从而降低蒸发器的制冷量，使绝大部分制冷量用来除湿。
此时，空调器以除湿为主降温为辅运行。

　　电磁旁通阀用于除霜时，进液口接压缩机排气管，出液口接室外换热器吸气口。电磁旁
通阀打开后，可把压缩机排出的高温高压蒸气直接送入室外换热器帮助除霜，提高了空调器
的除霜效率，弥补了除霜不净的缺点。

　　电磁旁通阀线圈通电时，手摸进出液管会有温差，若无温差则说明其不导通；若线圈
不通时，手摸进出液管有温差，则说明其内漏。用万用表检测线圈电阻值应为 450～600 Ω，
如果测得的阻值为无穷大，则其线圈断路，如果阻值过小，则说明线圈短路。

四、二位三通电磁阀

　　二位三通电磁阀用于双温双控电冰箱中，是双循环制冷系统电冰箱进行制冷剂分配的关
键部件。它在冷冻室和冷藏室温度控制装置的双重控制下，通过不断改变制冷系统中制冷剂
的流动方向，实现电冰箱的双温双控目的，从而解决了双温单控电冰箱冷冻室与冷藏室蒸发

器难以匹配的问题,并可省去温度补偿加热器。

二位三通电磁阀的实物如图 3-57 所示,二位三通电磁阀由阀芯、线圈、外壳以及 3 根直径为 4 mm 的连接管组成,自带桥式整流电路,并带有过电压、过电流安全保护的直动式结构。3 根连接管中的 1 根是进口端,接进液管,另 2 根均为出口端,其中与进口端同侧的出口端接冷冻室毛细管,另一侧的出口端接冷藏室毛细管。

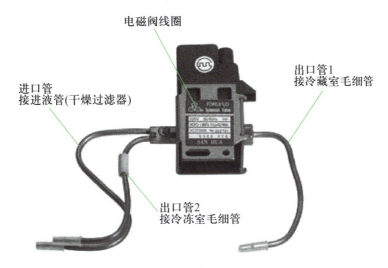

图 3-57　二位三通电磁阀

二位三通电磁阀的内部结构如图 3-58 所示。它有两种工作状态。

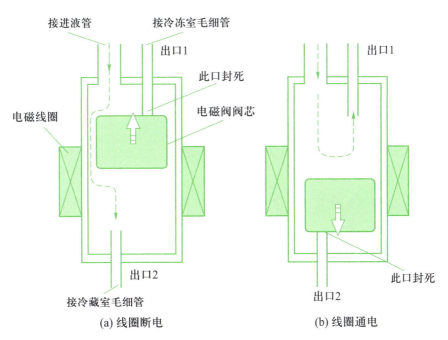

(a) 线圈断电　　　　(b) 线圈通电

图 3-58　二位三通电磁阀内部结构图

工作状态一:当二位三通电磁阀线圈不通电时,其铁心在回复弹簧的作用下靠近双管端,关闭双管端出口 1,单管端出口 2 处于开启状态。制冷剂从二位三通电磁阀单管端出口 2 流向冷藏室蒸发器、冷冻室蒸发器，最后流回压缩机，实现冷藏室和冷冻室同时制冷循环。

工作状态二：当二位三通电磁阀线圈通电时，其铁心在电磁力的作用下克服回复弹簧的作用力移到单管端，关闭单管端出口2，双管端出口1处于开启状态。制冷剂从电磁阀双管端出口1流出，只流向冷冻室蒸发器，最后流回压缩机，实现冷冻室单独制冷循环。

为了提高电冰箱的性能，部分厂家对三循环系统电冰箱的制冷系统进行了优化设计，采用了双阀体结构的电磁阀，如图3-59所示。它有两个电磁阀组成，可单独使用，可以实现三循环制冷方式，既可保证冷藏室、冷冻室同时制冷，又可以确保电冰箱各间室在高温等情况下正常工作。

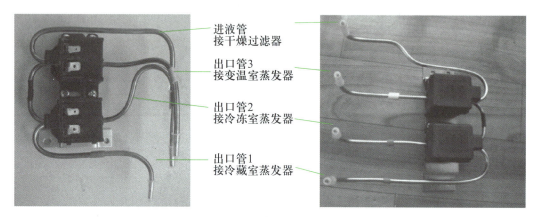

进液管
接干燥过滤器

出口管3
接变温室蒸发器

出口管2
接冷冻室蒸发器

出口管1
接冷藏室蒸发器

图3-59　双阀体结构的电磁阀

双阀体结构的电磁阀连接各室的连接管都套有不同颜色的塑料套管，一般红色表示接冷冻室毛细管，黄色表示接变温室毛细管，蓝色表示接冷藏室毛细管，不标的连接管为进液管，接干燥过滤器。

指点迷津　二位三通电磁阀的检修方法

二位三通电磁阀的常见故障有线圈损坏、阀体故障等，下面以双阀体结构二位三通电磁阀线圈故障检修为例说明其修理方法。

①用万用表电阻挡测量电磁阀线圈的阻值是否超过规定正常范围值、阻值是否稳定，如图3-60（a）所示。电磁阀线圈正常阻值范围：（2.2±0.2）kΩ。

②将电磁阀与连接板分开，如图3-60（b）所示。

③将线圈与外壳分离，如图3-60（c）所示。

④将阀芯部件与线圈分离，如图3-60（d）所示。两个阀体连接处涂有油漆的地方为焊接部位，分离线圈和阀芯时不能折弯。线圈分离后，原有线圈可挂在出口管上，也可用大力钳将线圈剪碎、取下。

⑤将两个外壳固定在连接板上，如图3-60（e）所示。

⑥将外壳与阀芯体固定，装配到位，如图3-60（f）所示。

⑦ 将新线圈装扣在阀芯和外壳之上，并使其装扣到位，如图 3-60（g）所示。

⑧ 将两个新线圈都装好之后测试是否可以正常工作。如可以正常工作，装配好导线、罩壳，整个更换过程完成，如图 3-60（h）所示。

为了验证正确更换线圈后的电磁阀是否工作正常，同样可以采取输入 220 V 的交流电进行测试。

对于阀芯损坏的电磁阀，必须更换整个电磁阀，但应注意以下事项：

① 核对维修使用的制冷剂与产品铭牌标定的制冷剂是否相同。因为不同制冷剂的电磁阀混用，可能导致电磁阀无法正常工作。

② 在维修的过程中还应注意保持好整个管路系统的洁净。不洁净的制冷系统，除了会导致电冰箱出现"脏堵"的故障之外，也将导致电磁阀无法正常工作。

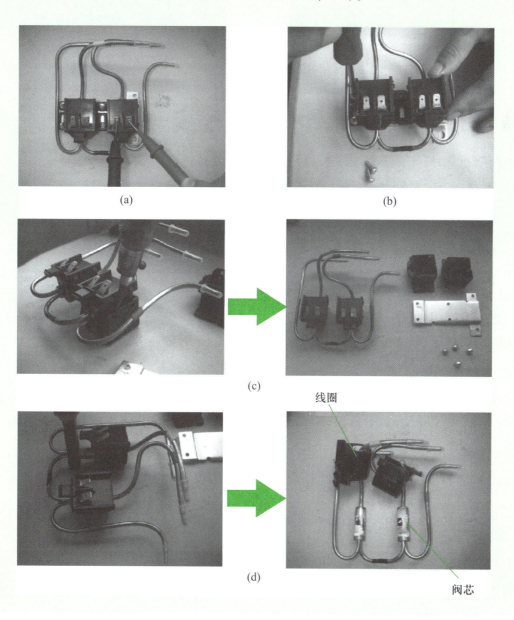

(a)

(b)

(c)

线圈

(d)

阀芯

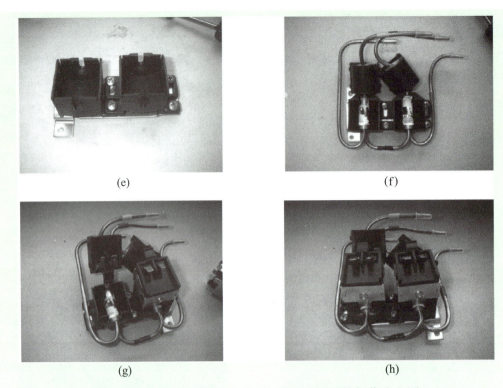

(e)　　　　　　　　　　　　　　　　(f)
(g)　　　　　　　　　　　　　　　　(h)

图 3-60　双阀体结构二位三通电磁阀线圈更换操作流程图

③ 在装配电磁阀时，注意识别管路的标记，避免连接错误。

④ 由于电磁阀内部密封采用橡胶材料，在焊接电磁阀时注意时间不能过长（不要超过 5 s）。长时间的焊接，将导致高温热量传递到电磁阀内部的橡胶中，引起橡胶的变化，并可能导致电磁阀工作异常。因此，焊接时可在管路上缠绕湿布淋水降温。

五、单向阀

单向阀又称为止回阀，其实物如图 3-61（a）所示。它只允许制冷剂向某一方向流动，而不允许返流，因此在其外壳上有一个箭头表示制冷剂的流动方向。

1. 单向阀的工作原理

单向阀内部结构如图 3-61（b）所示，单向阀主要由尼龙阀针、阀座、限位环及外壳组成。单向阀表面标有制冷剂正向流动方向，使用时应竖直安装。当制冷剂下进上出正向流动时，尼龙阀针受制冷剂本身流动压力的作用，被打开推至限位环，单向阀导通。当制冷剂上进下出反向流动时，尼龙阀针受自重和单向阀两端压力差的作用，被紧紧压在阀座上，单向阀截止。

2. 单向阀的应用

单向阀在分体热泵型空调器中用得比较普遍，它与主毛细管、辅助毛细管（也称旁通毛细管、副毛细管）和过滤器连接在一起，构成毛细管组件，主要用来控制在制冷、制热状态下制冷剂的流向和调节制冷剂的流量，如图 3-62 所示。热泵型空调器在制冷运行时，制冷剂正向流过单向阀，辅助毛细管不起节流作用；当制热运行时，制冷剂反向流动，单向阀截止，制冷剂经辅助毛细管流过，这样可使热泵型空调器在制冷和制热工况下，通过毛细管长度的变化获得不同的制冷剂流量，使空调器处于合理的运行状态。

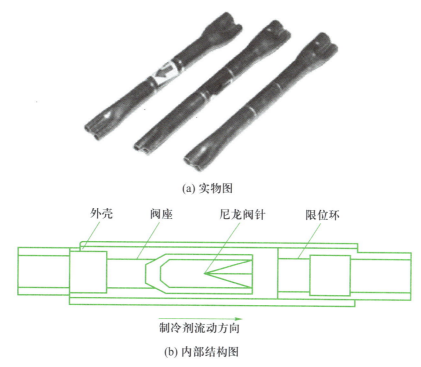

(a) 实物图

(b) 内部结构图

图 3-61　单向阀实物与内部结构图

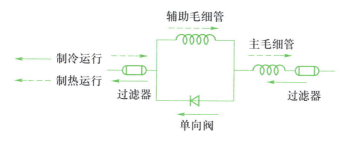

图 3-62　单向阀在热泵型空调器中的应用

指点迷津　单向阀的常见故障及维修方法

单向阀的常见故障表现为：堵、关闭不严或泄漏等。

当阀体内的尼龙阀针被杂质脏堵而不动作，或者与它一体的辅助毛细管也被脏堵后，就会造成制冷或制热效果差，甚至不制冷或不制热，这种故障多采取更换新部件的方法进行解决，但同时必须对制冷系统清洗后充注氮气进行吹污。更换阀体时必须注意，单向阀制冷剂流动箭头方向向上，焊接时应注意降温冷却阀体，防止阀体内的尼龙阀针变形，造成制热时效果不良。

当空调器在制热运行时，制热效果差，其（正常）工作状态下的高压压力达不到要求，但在制冷运行状态时，其运行低压压力及制冷效果均为正常。在排除制冷系统其他部件故障后，多为单向阀关闭不严，使制冷剂在高压压力下，由尼龙阀针与阀座间隙泄放高压压力，使回流制冷剂未全部进入与单向阀一体的辅助毛细管内。为了保证制热效果，最好更换单向阀。

单向阀的另一种常见故障就是泄漏，多为制造或维修时焊接不良而产生漏制冷剂现象，而且漏点多出现在毛细管焊接处，可重新进行焊接。

六、过滤器

过滤器安装在冷凝器（储液器）与节流装置之间，可分为一般的污物过滤器和干燥过滤器 2 种。

1. 污物过滤器

污物过滤器的主要作用是使污物滤存在网内，防止制冷系统发生脏堵。污物过滤器一般做成圆筒形，其结构如图 3-63 所示。筒内装有 100 目的黄铜过滤网，过滤网做成封闭式，过滤网口装在过滤器进口端，制冷剂液体经过滤网过滤而流出。污物过滤器接头有法兰连接和螺纹连接两种形式。

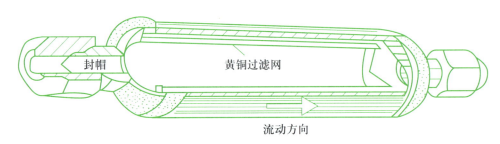

图 3-63 污物过滤器结构

2. 干燥过滤器

干燥过滤器的实物图如图 3-64 所示，其结构示意图如图 3-65 所示。当制冷剂液体流过干燥过滤器时，杂质、异物就被干燥过滤器中的滤网滤存下来，而水分就被干燥剂吸收，起到干燥过滤的作用。图 3-66 为电冰箱、空调器中干燥过滤器安装示意图，图 3-67 所示为空调器中干燥过滤器、单向阀和毛细管组件的实物图。

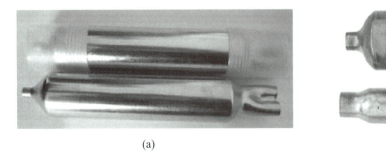

(a)   (b)

图 3-64 干燥过滤器的实物图

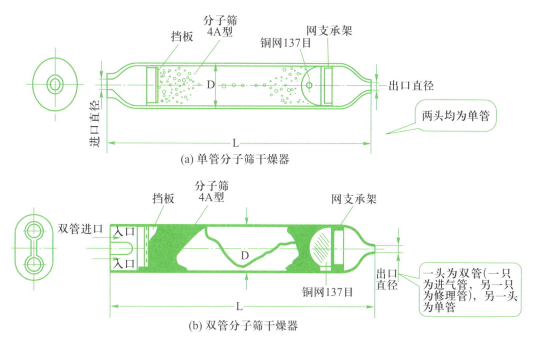

(a) 单管分子筛干燥器

(b) 双管分子筛干燥器

图 3-65　干燥过滤器结构示意图

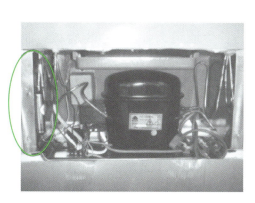

图 3-66　电冰箱、空调器中干燥过滤器安装示意图

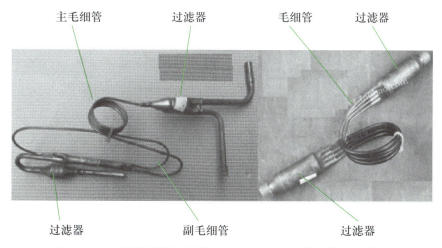

图 3-67　空调器干燥过滤器、单向阀和毛细管组件的实物图

指点迷津 干燥过滤器的常见故障及维修方法

干燥过滤器的常见故障主要表现为脏堵，主要是由于压缩机机械磨损产生的金属粉末、管道内的一些焊渣、系统部件内部和制冷剂所含的一些杂物以及冷冻油内的污物、安装或维修时制冷系统排空气不良或有空气进入形成的氧化污物对过滤器产生的阻塞，使制冷循环受阻，影响了正常的制冷（热）效果。

检修时用气焊取下过滤器后，先用清洗剂或三氯乙烯清洗，然后用高压氮气冲洗过滤器污物，同时应对整个制冷系统进行吹污处理。故障严重时，可更换新部件。

七、分配器

在采用热力膨胀阀作为节流装置的空调器，大多是把制冷剂分成多路进入蒸发器，如果分配不均，会使一些分路制冷剂过多，使蒸发器结霜，结果制冷剂液体蒸发不完全，液体流出蒸发器，有些分路制冷剂过少，不能充分利用蒸发器传热面积，总体表现是：制冷能力下降，可能造成吸气带液，严重影响制冷系统性能及可靠性。因此分配器是制冷系统中一个重要的组成部分。

空调器的分配器又称液体分配器或分液器，是一种制冷剂分配元件，它可以将从膨胀阀流过来的制冷剂液体均匀地分配给蒸发器的各个通道，如图3-68所示。制冷剂经过膨胀阀节流后，经过进液管、分液锥头分流后到达末端蒸发器。制冷剂在蒸发器中经吸热变成气体之后经过气管流回主机的压缩机。分配器的进口和出口均由经过变径的多节铜管组成。

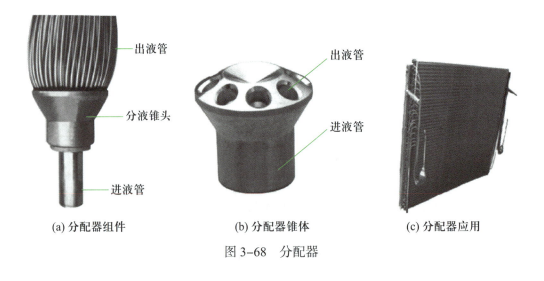

(a) 分配器组件　　　　　(b) 分配器锥体　　　　　(c) 分配器应用

图3-68 分配器

项目 4

认识电冰箱、空调器制冷系统

【项目描述】

在本项目的学习中，要在熟悉电冰箱、空调器制冷系统等知识的基础上，掌握各部件如何组成电冰箱、空调器等制冷系统，制冷系统部件的实际布置和制冷剂流动方向，具备分析电冰箱、空调器制冷系统工作原理的能力，为分析和判断电冰箱、空调器制冷系统故障打下基础。

任务 1   认识电冰箱制冷系统

◆ 任务目标

1. 熟悉不同类型电冰箱制冷系统部件的布置方式和特点。
2. 掌握不同类型电冰箱制冷系统的工作原理。

▦ 知识储备

一、直冷式单门电冰箱制冷系统

图 4-1 所示为一种典型的直冷式单门电冰箱制冷系统实际布置图，其蒸发器吊装在箱体上部，其内部容积可用做冷冻室，温度一般在 –6 ℃左右，箱内空气依靠自然对流，使箱内温度达到冷藏食品的要求，制冷系统中制冷剂的流动顺序是：压缩机→排气管→副冷凝器（又称接水盘加热器）→主冷凝器→门防露管→干燥过滤器→毛细管→蒸发器→回气管→压缩机。这样，制冷剂在制冷系统中完成一个循环，通过蒸发器中制冷剂吸热使电冰箱内保持低温，通过冷凝器的散热把吸收的热量散到周围空气中，门防露管中流过的是冷凝温度下的饱和液体，温度较室温高，利用它的热量加热电冰箱的门框，使其微微发热，这样门框四周不会因结露而冻结。应注

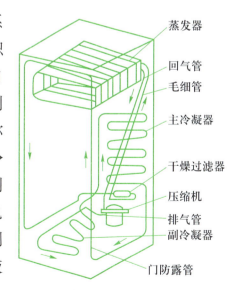

图 4-1   典型直冷式单门电冰箱制冷系统实际布置图

蒸发器
回气管
毛细管
主冷凝器
干燥过滤器
压缩机
排气管
副冷凝器
门防露管

意排气管是先通过副冷凝器，给电冰箱中流出的化霜水加热而使其蒸发，再从主冷凝器上部流入，以便使主冷凝器中的制冷剂液体能在重力和排气压力的双重作用下从下部流出。

二、直冷式双门电冰箱制冷系统

图 4-2 所示为某直冷式双门电冰箱制冷系统实际布置图，其特点是冷凝器分左、右两侧布置在箱体外壳内，冷冻室蒸发器为层架式，便于冷冻室抽屉的安放。制冷系统中制冷剂的流动顺序是：压缩机→左冷凝器→门防露管→右冷凝器→干燥过滤器→毛细管→冷藏室蒸发器→冷冻室蒸发器→储液器→压缩机。

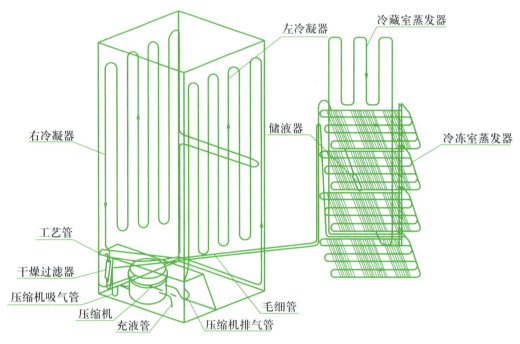

图 4-2 直冷式双门电冰箱制冷系统实际布置图

三、间冷式双门电冰箱制冷系统

图 4-3 所示为间冷式双门电冰箱制冷系统实际布置图，其特点是采用了翅片盘管式蒸发器，安装在冷冻室与冷藏室之间的夹层中，利用小型轴流式风扇使箱内空气强制流过蒸发器，经冷却后再返回箱内，形成电冰箱内冷空气（冷风）的强制循环，从而冷冻和冷却箱内的食品。

四、多门电冰箱制冷系统

图 4-4 所示为具有软冷冻室（-7 ℃）的三门三温区电冰箱制冷系统图。该电冰箱制冷系统中除采用变频压缩机外，在干燥过滤器后增加了一个二位三通电磁阀（简称电磁阀）。该电磁阀在通电和断电两种情况下，制冷系统有两种循环方式：当电磁阀通电时，从干燥过滤器流出的制冷剂液体经电磁阀和毛细管 1 后，流向冷藏室蒸发器和冷冻室蒸发器，使冷藏室和冷冻室制冷降温，而软冷冻室不制冷；当电磁阀断电时，从干燥过滤器流出的制冷剂液体经电磁阀和毛细管 2 后，流向软冷冻室蒸发器和冷冻室蒸发器，使软冷冻室和冷冻室制冷降温而冷藏室不制冷。

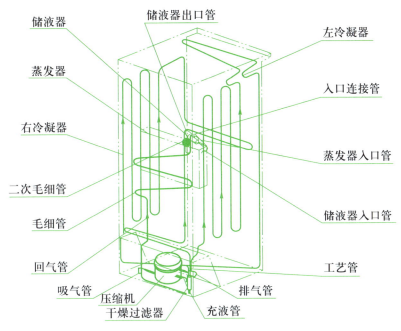

图 4-3　间冷式双门电冰箱制冷系统实际布置图

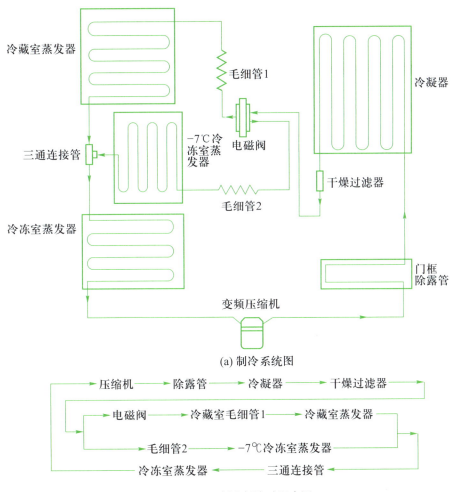

(a) 制冷系统图

(b) 制冷剂流动顺序图

图 4-4　三门三温区电冰箱制冷系统图

　　两种制冷循环的控制方式为冷藏 / 冷冻室温度控制和软冷冻 / 冷冻室温度控制。在设计控制方式时，一般采用冷藏室优先的原则，即当冷藏室温度高于设定温度时，无论冷冻室、软冷冻室温度如何，电磁阀均由冷藏室毛细管 1 为冷藏室和冷冻室蒸发器提供制冷剂，软冷冻室毛细管 2 关闭，电冰箱冷藏室、冷冻室同时制冷；当冷藏室温度达到停机温度后，冷藏室温控器关闭，此时电冰箱工作状况取决于软冷冻室或冷冻室温度，如果软冷冻室或冷冻室温度在设定温度范围内，电冰箱停机，如果高于设定温度，电冰箱软冷冻室和冷冻室同时制冷而冷藏室不制冷。

　　图 4-5 所示为三门四温区电冰箱制冷系统图，该电冰箱在干燥过滤器后增加了一个双阀体结构的电磁阀。制冷系统有 3 条制冷回路，分别受冷藏室温控装置、变温室温控装置、冷冻室温控装置控制。当电磁阀的阀体 1、阀体 2 线圈均不通电时，从干燥过滤器流出的制冷剂液体流向冷藏室毛细管，经节流降压后流向冷藏室蒸发器和冷冻室蒸发器，实现冷藏室和冷冻室同时制冷循环；当电磁阀的阀体 1 线圈不通电、阀体 2 线圈通电时，从干燥过滤器流出的制冷剂液体流向变温室毛细管，经节流降压后流向变温室蒸发器、冰温室蒸发器和冷冻室蒸发器，实现变温室、冰温室和冷冻室同时制冷循环；当电磁阀的阀体 1 线圈通电、阀体 2 线圈不通电时，从干燥过滤器流出的制冷剂液体流向冷冻室毛细管，经节流降压后只流向冷冻室蒸发器，实现冷冻室单独制冷循环。

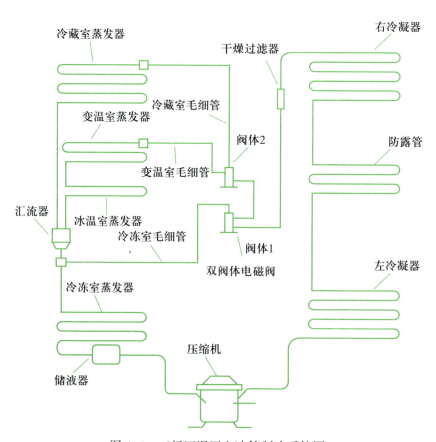

图 4-5　三门四温区电冰箱制冷系统图

五、对开门电冰箱制冷系统

图 4-6 所示为某型号对开门电冰箱制冷系统图,其制冷系统非常简单,只是冷凝器采用风冷式,蒸发器采用一只翅片盘管式蒸发器,利用风机强迫冷气在各室强制循环来达到降温的要求。

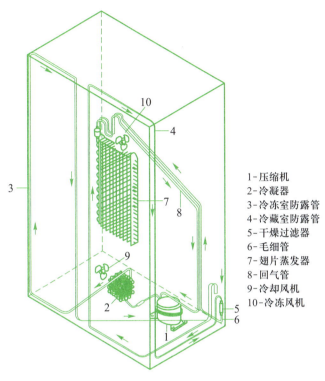

1-压缩机
2-冷凝器
3-冷冻室防露管
4-冷藏室防露管
5-干燥过滤器
6-毛细管
7-翅片蒸发器
8-回气管
9-冷却风机
10-冷冻风机

图 4-6　对开门电冰箱制冷系统图

阅读材料　中国大型低温制冷技术取得重大突破

2021 年 4 月,国家重大科研装备研制项目"液氦到超流氦温区大型低温制冷系统研制"通过验收及成果鉴定,如图 4-7 所示,这标志着我国具备了研制液氦温度(−269 ℃)千瓦级和超流氦温度(−271 ℃)百瓦级大型低温制冷装备的能力。该项目整体技术达到国际先进水平,其中高稳定性离心式冷压缩机技术和兆瓦级氦气喷油式螺杆压缩机技术达到国际领先水平。

图 4-7　国产化液氦温区大型低温制冷系统

任务 2　认识空调器制冷系统

◆ 任务目标

1. 熟悉不同类型空调器制冷系统部件的布置方式和特点。
2. 掌握不同类型空调器制冷系统的工作原理。

知识储备

一、窗式空调器制冷系统

1. 单冷型窗式空调器制冷系统

图 4-8（a）所示为单冷型窗式空调器制冷系统图。制冷系统采用旋转式压缩机、翅片盘管式冷凝器和蒸发器，节流装置采用毛细管，整个制冷系统部件全部安装在壳体内。

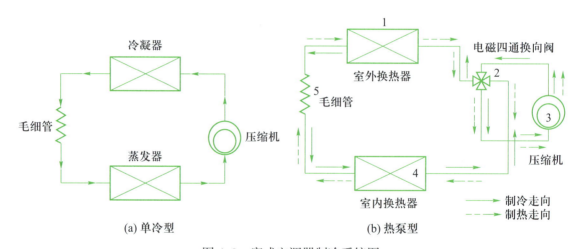

(a) 单冷型　　　　　　　　　　　　(b) 热泵型

图 4-8　窗式空调器制冷系统图

2. 热泵型窗式空调器制冷系统

图 4-8（b）所示为热泵型窗式空调器制冷系统图。制冷系统中增加了一个能改变制冷剂流动方向的电磁四通换向阀。当制冷时，电磁四通换向阀线圈不通电，制冷剂的流动顺序是：压缩机→电磁四通换向阀→室外换热器（冷凝器）→毛细管→室内换热器（蒸发器）→电磁四通换向阀→压缩机。当制热时，电磁四通换向阀线圈通电，制冷剂的流动顺序是：压缩机→电磁四通换向阀→室内换热器（冷凝器）→毛细管→室外换热器（蒸发器）→电磁四通换向阀→压缩机。

二、分体式空调器制冷系统

由于分体壁挂式空调器、分体柜式空调器等分体式空调器的制冷系统基本相似，因此以分体壁挂式空调器为例进行分析。

1. 单冷型分体式空调器制冷系统

图 4-9 所示为单冷型分体式空调器制冷系统图。其制冷系统分为室内机部分和室外机部分，由室内外机连接管连接成一个密闭的系统。室内机采用翅片盘管式蒸发器，室外机由压缩机、冷凝器、毛细管和截止阀等组成。空调器制冷运行时，压缩机排出的高温高压制冷剂气体流入冷凝器，向周围环境散热后冷凝成高温高压的液体，经毛细管节流降压成为低温低压制冷剂液体，经二通截止阀和液体连接管（液管），在室内机蒸发器中吸热蒸发成低温低压制冷剂气体，从而使室内降温，从蒸发器流出的低温低压制冷剂经气体连接管（气管）和三通截止阀后流回压缩机，完成一个制冷循环过程。制冷剂流动顺序为：压缩机→冷凝器→毛细管→截止阀（二通）→液管→蒸发器→气管→截止阀（三通）→压缩机。

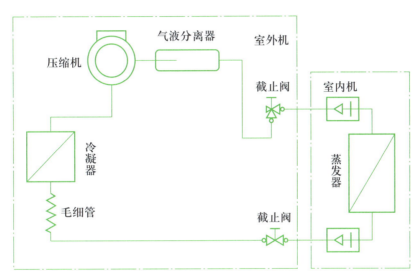

图 4-9　单冷型分体式空调器制冷系统图

2. 热泵型分体式空调器制冷系统

图 4-10 所示为热泵型分体式空调器制冷系统图。其制冷系统中增加了电磁四通换向阀、单向阀和副毛细管等部件。在空调器制冷运行时，室外换热器（冷凝器）流出的高温高压制冷剂液体经主毛细管和单向阀流向室内换热器（蒸发器），这时副毛细管不起作用，其制冷剂流动顺序为：压缩机→电磁四通换向阀→室外换热器（冷凝器）→主毛细管→单向阀→截止阀（二通）→液管→室内换热器（蒸发器）→气管→截止阀（三通）→电磁四通换向阀→压缩机。在空调器制热运行时，单向阀关闭，从室内换热器（冷凝器）流出的高温高压制冷剂液体先经副毛细管后再经过主毛细管流向室外换热器（蒸发器），这时副毛细管和主毛细管都起节流降压作用，降低了制冷剂的蒸发温度，提高了制热效果。其制冷剂流动顺序为：压缩机→电磁四通换向阀→截止阀（三通）→气管→室内换热器（冷凝器）→截止阀（二通）→液管→副毛细管→主毛细管→室外换热器（蒸发器）→电磁四通换向阀→压缩机。

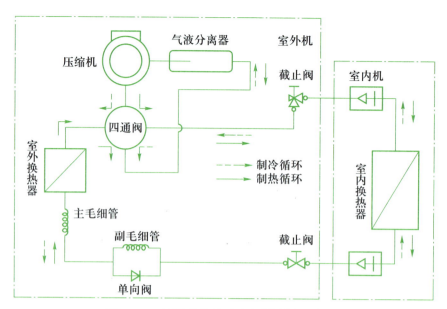

图 4-10　热泵型分体式空调器制冷系统图

阅读材料　再创全球制冷技术新突破，领跑"零碳"新赛道

　　绿色低碳发展是全球制冷行业技术路线的必选项。2021 年 4 月 30 日举行的全球制冷技术创新大奖赛上，我国"零碳源"空调技术方案成功入围决赛并获得最高奖项。这标志着我国在家用空调技术领域再获核心技术突破。"零碳源"空调技术方案，集成了蒸气压缩制冷、光伏直驱、蒸发冷却及通风等多项先进技术，使得空调对气候的影响降低 85.7%，为人们提供更舒适、更经济的制冷解决方案的同时，也为应对全球气候变化贡献了中国智慧。

电冰箱、空调器电气控制系统主要部件的识别与检测

【项目描述】

在电冰箱、空调器的电气控制系统中有压缩机起动器、保护器、温度控制器等电气部件，特别是在微型计算机控制的电冰箱、空调器控制电路板中，还有大量的电子元器件。

在本项目学习中，要在熟悉电冰箱、空调器控制系统中电气部件和控制电路板中常用电子元器件的名称、作用、结构和工作原理等知识的基础上，学会电气部件和常用电子元器件的识别、检测、选用等基本技能，具备识别、检测、选用电气部件和常用电子元器件的能力，为分析和判断、检修电冰箱、空调器电气控制系统打下基础。

任务 1　常用电子元器件的识别与检测

◆ 任务目标

1. 熟悉电冰箱、空调器控制电路中常用电子元器件的名称、作用。
2. 掌握识别、检测、选用常用电子元器件的方法。

▦ 知识储备

一、电阻器

电阻器（简称电阻）是电冰箱、空调器控制电路中应用最广泛的元件之一，它与其他电子元器件可组成各种电路，例如分压电路、限流电路、温度检测电路等。

普通电阻的实物图如图 5-1（a）所示。贴片电阻也称无引脚电阻，其外形如图 5-1（b）所示。排电阻是将多个等值电阻集成封装为一体，它们的一端连接在一起形成公共引脚，其他为电阻端的引脚，其外形如图 5-1（c）所示。压敏电阻主要用于电冰箱、空调器控制电路中的电源电路，起过电压保护作用，其外形如图 5-1（d）所示，其符号如图 5-2（a）所示，在电路中的连接方法如图 5-2（b）所示。当电源电压正常时，压敏电阻的阻值很大，流过它的电流很小；当电源电压超过 245 V 时，它的阻值变得很小，由于它和电源并联，所以将造成电源"短路"，很快将电源熔断器熔断，以防烧坏主电路板。压敏电阻是一次性元

件，烧毁后一般表现为爆裂，应及时更换。若不换压敏电阻而只换熔断器，则当再次过电压时，会烧坏主电路板上的其他元器件。

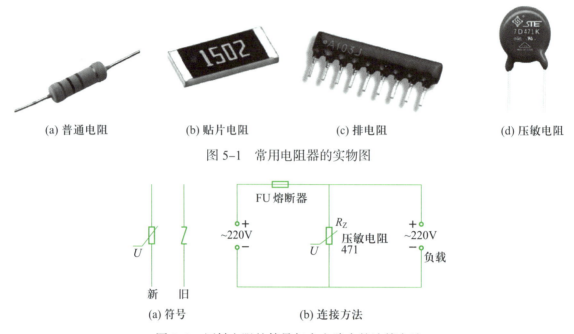

(a) 普通电阻 (b) 贴片电阻 (c) 排电阻 (d) 压敏电阻

图 5-1 常用电阻器的实物图

(a) 符号 (b) 连接方法

图 5-2 压敏电阻的符号与在电路中的连接方法

电阻器可用万用表合适的电阻挡测出实际电阻值。压敏电阻可用万用表 $R \times 1k$ 挡测量其两引脚之间的正、反向绝缘电阻，均应为无穷大，否则说明漏电流大。若所测电阻值很小，说明压敏电阻已损坏，不能使用。

二、电容器

电容器（简称电容）在电冰箱、空调器控制电路中的主要功能是滤波、延时、升压等，同时也可用于起动压缩机、风机等。电容器的符号及实物图如图 5-3 所示，图 5-4 所示为某壁挂式空调器室外机中风机电容器和压缩机电容器。电容器最重要的两个参数是耐压值和电容量。

三、二极管

二极管的作用是整流、检波和钳位等。电冰箱、空调器中常用的有整流二极管、检波二极管、开关二极管、稳压二极管和发光二极管等。

四、三极管

三极管在电冰箱、空调器控制电路中主要用于信号放大以及逻辑运算。在进行电冰箱、空调器控制电路板维修时，若发现三极管损坏，应按原型号更换。也可用性能相近的三极管

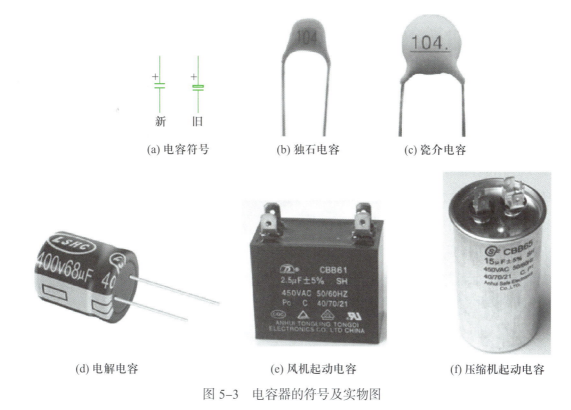

(a) 电容符号　　　(b) 独石电容　　　(c) 瓷介电容

(d) 电解电容　　　(e) 风机起动电容　　　(f) 压缩机起动电容

图 5-3　电容器的符号及实物图

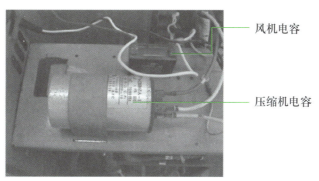

图 5-4　室外风机电容器和压缩机电容器

代换，代换原则和方法如下：

① 极限参数高的三极管可代替极限参数低的三极管。

② 性能好的三极管可代替性能差的（如 β 值高的可代替 β 值低的）。

③ 高频、开关三极管可以代替普通低频三极管。

④ 硅管和锗管相互代换时，要注意导电类型相同、管子参数相似，并需重新调整偏流电阻。

五、三端集成稳压器

电冰箱、空调器的控制电路离不开直流稳压电源，三端集成稳压器用于给控制电路提供所需稳压电源。三端集成稳压器的三端是指电压输入端、电压输出端和公共接地端。

六、晶闸管

晶闸管又称为可控硅，有单向和双向两种，在空调器控制电路中主要用于控制室内风机的转速。

七、蜂鸣器

1. 蜂鸣器的功能

蜂鸣器在空调器中主要用来提示遥控信号接收有效，同时也可作为故障报警之用。蜂鸣器按引脚形式可分为两脚和三脚型，按有无电源分为有源蜂鸣器和无源蜂鸣器，如图5-5所示。

2. 蜂鸣器的检测方法

若发现蜂鸣器不响，在排除控制电路故障后，可用万用表 $R \times 10k$ 挡检测，即两表笔分别与蜂鸣器两引脚相碰，正常时蜂鸣器应能发出声响，若不能发出声响，说明蜂鸣器已损坏。

图5-5　蜂鸣器的符号与实物图

八、光电耦合器

光电耦合器主要起隔离电路的作用，具有体积小、使用寿命长、工作温度范围宽、抗干扰性能强、无触点且输入与输出在电气上完全隔离等特点，在各种电子设备上得到广泛的应用。线性光电耦合器的外形和内部结构如图5-6所示。

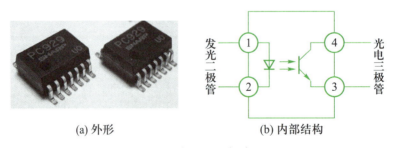

(a) 外形　　　　　　　　　(b) 内部结构

图5-6　线性光电耦合器

它是由半导体光电器件和发光二极管组成的，当输入端有电流信号通过时，红外二极管发光，输出端的光电器件如光电二极管、光电三极管、光敏电阻、光控晶闸管等受光后，输出电信号。这个电-光-电的过程，实现了输入电信号与输出信号之间的传输，并通过光隔离大大提高了线路的抗干扰能力。光电耦合器可分为光电二极管、光电三极管、光控双向晶闸管等3种类型。

光电耦合器可以作为空调器室内外机的通信器件。在检测光电耦合器时，应先区分光电耦合器的输入和输出端，用万用表查找二极管输入端，并确定其正负极。然后将输入端接万用表的 NPN 插孔，正极接 c 孔，负极接 e 孔，由此提供给发光二极管工作电流。输出特性用万用表 $R \times 1k$ 挡测试，黑表笔接光电三极管 c 极，红表笔接 e 极，万用表内 1.5 V 电池作为光电三极管电源。三极管导通时，c-e 电阻值的变化实际上就是光电流的变化，通过指针的偏转来反映光电转换效率，偏转角度越大说明效率越高，当 c、e 极不能确定时可以试测。图 5-7 所示为光电耦合器检测示意图。

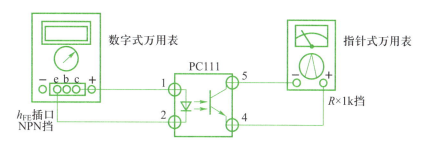

图 5-7　光电耦合器检测示意图

九、石英晶体振荡器

石英晶体振荡器又称为晶振，具有体积小、稳定性好的特点，主要用于单片机时钟电路，如空调器、电冰箱微型计算机芯片的时钟电路。

在控制电路板通电的情况下，用万用表测石英晶体振荡器输入脚，应有 2～3 V 的直流电压，如无此电压，一般为晶振损坏。也可用万用表电阻挡测量石英晶体振荡器两引脚间的电阻值，正常时应为无穷大，若测量时有一定阻值，说明石英晶体振荡器已损坏。

十、反相驱动器

反相驱动器在电冰箱、空调器等电器中主要用来驱动继电器、步进电机等负载。反相驱动器通电时，用万用表测量其输入与输出端的直流电压，正常时输出端与输入端极性相反，如输入端为低电平，则输出端为高电平。如果测量结果与输入、输出状态不符，说明反相驱动器已损坏。

十一、温度传感器

1. 温度传感器的特性

温度传感器主要由负温度系数的热敏电阻组成，称为 NTC 元件。当温度变化时，热敏电阻的阻值也发生变化。温度升高，其电阻值减小；温度下降，其电阻值增大。图 5-8 所示为电冰箱、空调器中常用的温度传感器实物及符号。

温度传感器在电冰箱、空调器中的位置不同，所起的作用就不同。

在电冰箱中，温度传感器安装在冷冻室和冷藏室等室中。冷藏室中的温度传感器检测冷藏室的温度，通过微型计算机控制器控制压缩机的开停，使电冰箱冷藏室保持在设定的温度；冷冻室中的温度传感器检测冷冻室温度，可以控制电冰箱冷冻室化霜，也可以控制冷冻室的温度。

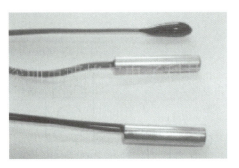

图 5-8　温度传感器实物及符号

在空调器中，常见的有室内环境温度传感器、室内盘管温度传感器；在变频空调器中，还有室外环境温度传感器、室外盘管温度传感器、压缩机排气温度传感器等。

（1）室内环境温度传感器

它安装在空调器室内换热器进风口，由塑料件支撑，用来检测室内环境温度是否达到设定值，如图 5-9 所示。其作用如下：

① 空调器制冷或制热时用于自动控制室内温度。

② 制热时用于控制辅助电加热器的工作。

（2）室内盘管温度传感器

它安装在室内换热器管道上，外面用金属管包装，直接与管道相接触，如图 5-10 所示。其测量的温度接近系统的蒸发温度（制冷运行时）或冷凝温度（制热运行时）。其作用如下：

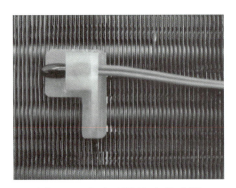

图 5-9　室内环境温度传感器

图 5-10　室内盘管温度传感器

① 冬季制热运行时用做防冷风控制。

② 夏季制冷运行时进行过冷控制（防止系统制冷剂不足或室内蒸发器表面结霜）。

③ 用于控制室内风机速度（变频空调器）。

④ 与单片机配合实现故障自诊断。

⑤ 在制热运行时用于室外机辅助除霜。

（3）室外环境温度传感器

它安装在室外换热器上，由塑料件支撑，用来检测室外环境温度。其作用如下：

① 室外温度过低或过高时系统自动保护。

② 制冷或制热运行时用于控制室外风机速度。

（4）室外盘管温度传感器

它安装在室外换热器上，用金属管包装，用来检测室外换热器管道温度。其主要作用如下：

① 制热运行时用于室外换热器除霜。

② 制冷或制热运行时用于换热器过热保护或防冻结保护。

（5）室外压缩机排气温度传感器

它安装于室外压缩机排气管上，用金属管包装。其主要作用如下：

① 压缩机排气管温度过高时系统自动保护。

② 在变频空调器中用于控制电子膨胀阀开启度以及压缩机运转频率的升降。

2. 温度传感器的检测方法

电冰箱、空调器中常用的温度传感器阻值有 $5 \text{ k}\Omega$、$10 \text{ k}\Omega$、$15 \text{ k}\Omega$、$20 \text{ k}\Omega$、$25 \text{ k}\Omega$、$65 \text{ k}\Omega$ 等几种规格。该电阻值是指环境温度为 25 ℃时所测量的结果。

温度传感器的常见故障为短路、断路、阻值变化过大等。可用万用表 $R \times 1\text{k}$ 挡测量，同时给温度传感器加热，观察电阻值的变化规律是否正常，这样就容易判断温度传感器的好坏。

十二、变频功率模块

变频功率模块常用于变频电冰箱、变频空调器中的电源变换器及驱动压缩机，是控制电路板的核心器件之一，变频压缩机运转的频率和输出功率完全由功率模块所输出的电压和频率控制。这里以变频空调器中使用的 MIG20J106L 型智能功率模块（IPM）为例进行介绍。

1. IPM 的内部结构

IPM 是智能功率模块的英文缩写，它是以 IGBT 为功率器件的新型模块，如图 5-11 所示。这种功率模块采用表面贴装技术，将输出功率器件 IGBT 和驱动电路、多种保护电路集成在同一模块内，与普通 IGBT 相比，具有体积小、功能多、可靠性高、价格便宜等优点，在系统性能和可靠性上有进一步的提高，而且由于 IPM 通态损耗和开关损耗比较低，使散热器的尺寸可以减小。IPM 的内部电路框图如图 5-12 所示。

IPM 内含有门极驱动控制、故障检测和多种保护电路。内置电流传感器用于监测 IGBT 的主电路，内部故障保护电路用于检测过电流、短路、过热和控制电源欠电压等故障。当 IPM 出现任何一种故障时，内部电路都会封锁驱动信号并向外送一"故障"信号。

图 5-11   IPM 实物图

2. IPM 的检测方法

在变频空调器运行过程中，一旦 IPM 出现故障，空调器就不能正常工作。例如，在开机运行情况下，其他正常但压缩机不起动。IPM 的检测方法主要有直观检查法、电压测量法、电阻测量法和负载法 4 种。

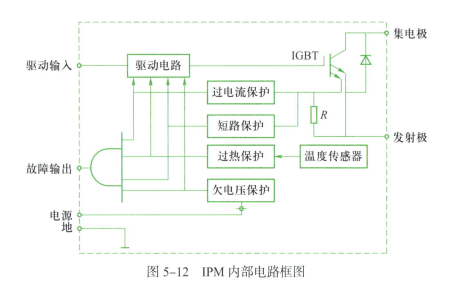

图 5-12   IPM 内部电路框图

（1）电压测量法

IPM 的 U、V、W 端之间的交流电压一般在 60～150 V 范围内。可先用万用表的交流电压挡测量 IPM 的 U、V、W 端有无电压，如有电压而压缩机不运转，则表明压缩机不良。如无电压或三相电压不平衡，则需测试 IPM 的输入电压（P、N 间正常电压为直流 310 V）是否正常。若 P、N 两端电压不正常，应对 220 V 交流电源、整流桥 220V 进电、整流桥 310 V 输出、模块 310V 输入等进行测量，以判断供电电源是否正常。

（2）电阻测量法

拆下 IPM，可用数字式万用表二极管挡检测 P 与 U、V、W 之间的正向 3 个阻值，应相同且均为几百欧，表笔互换，测 3 组数据应均为无穷大。N 与 U、V、W 之间的反向 3 个阻值应相同且均为几百欧，正向 3 个阻值均为无穷大。如果测量的阻值不一样，则说明模块损坏。表 5-1 所示为测试得出的 IPM 端子间的电阻值，可以初步判断 IPM 是否损坏。

表 5-1　IPM 测试阻值表

万用表 "+"	+			−			U	V	W	U	V	W
万用表 "−"	U	V	W	U	V	W	+			−		
电阻值 /Ω	500~1 000			∞			∞			500~1 000		

注：表头为 "HIC 端子"。

（3）负载法

负载法是用 3 只相同功率的小灯接成星形，然后与模块的 U、V、W 相连接，开机观察，如果小灯不亮说明模块或机内控制电路存在故障。

十三、熔断器

熔断器在控制电路中起短路保护作用。熔断器可用观察法和万用表检测法来判断好坏。当发现熔断器炸裂或熔断时，应同时观察压敏电阻是否爆裂。引起熔断器熔断的常见原因除电源电压过高外，主要是室内外风扇电动机、变压器、四通换向阀线圈、电磁阀线圈、开关变压器等绕组短路，桥式整流电路短路，电抗器绕组对地短路，滤波电解电容漏电，电源电路中的开关三极管、二极管击穿短路等。更换熔断器应注意以下事项：

① 若发现熔断器炸裂、压敏电阻爆裂，则说明电源电压过高。这时不能盲目更换熔断器，而应先用万用表测量电源电压是否恢复正常，再更换压敏电阻后才能更换熔断器。

② 若熔断器熔断，也同样不要先更换熔断器，应排除控制电路板中大电流或短路故障后再更换相符规格的熔断器。

任务 2　电冰箱、空调器电气部件的识别与检测

◆ 任务目标

1. 掌握电冰箱、空调器中常用电气部件的名称、作用、结构和工作原理。
2. 掌握识别、检测、选用电冰箱、空调器中常用电气部件的方法。

▓ 知识储备

在电冰箱、空调器中的电气部件主要有变压器、压缩机起动器、压缩机保护器、交流接触器、电磁继电器、导风电动机、室内外风扇电动机、温度控制器、加热器、化霜装置等，掌握这些电气部件的名称、作用、结构和工作原理是分析电冰箱、空调器工作原理的基础，学会识别、检测、选用这些电气部件是维修电冰箱、空调器电气控制系统的基本技能。

一、变压器

在电冰箱、空调器的控制电路中，变压器的作用是将交流电源电压降到一定值后送入整流电路。电冰箱、空调器中的变压器按二次侧输出方式可分为多路输出和单路输出两种类型，它们的外形如图 5-13 所示。

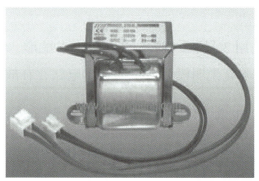

图 5-13　变压器的外形

变压器的故障主要有绕组开路、短路、击穿等。在电冰箱、空调器中主要表现为整机不工作。在检修时，可先观察变压器的外表，若发现绕组烧毁、变色等，可认为变压器因过热导致绕组短路引起的。若用万用表检测，一是用电压挡测量变压器一次绕组端的输入电压，如果电压正常，再检查变压器二次绕组端的输出电压，如无电压则表明变压器绕组已断路；二是用万用表的电阻挡分别测量变压器一次绕组和二次绕组的电阻值（正常时，一次侧为数百欧，二次侧为数欧），如果有一组绕组电阻值为无穷大，表明该绕组已开路，应更换变压器。

知识拓展　电流互感器

电流互感器的工作原理与变压器相似，用于检测空调器整机电流或压缩机电流，其检测数据作为空调器的控制信号，以控制整机的运行。图 5-14 所示为空调器电路板上电流互感器的实物图。

电流互感器　　　　　　　　　　　　　　　　　　　电流互感器

图 5-14　空调器电路板上的电流互感器实物图

电流互感器的检测方法：用万用表交流电压挡（量程选择 0～50 V）测量二次侧升压线圈两端应有约 10 V 电压。用万用表电阻挡（量程选择 $R \times 1$ 和 $R \times 10$ 挡）检测升压线圈电阻值约为 500 Ω。

二、压缩机的起动器

压缩机起动器主要有重锤式起动器、PTC 起动器两种，还需配套起动电容、运行电容等器件。

1. 重锤式起动器

重锤式起动器的实物及在电冰箱中的安装示意图如图 5-15 所示。

重锤式起动器

图 5-15　重锤式起动器的实物及安装示意图

（1）重锤式起动器的工作原理

重锤式起动器由一个电流线圈和一副动合（常开）触点构成，其电流线圈与压缩机电动机的运行绕组串接，动合触点与压缩机的起动绕组串接，如图 5-16 所示。当接通电源后，将会产生很大的起动电流 I_Q（6～8I_N）流过压缩机电动机的运行绕组和起动器的电流线圈，当电流上升到起动器的最小吸合电流 I_A 时，触点吸合，接通起动绕组，在电动机定子、转子之间形成旋转磁场，并产生起动转矩，使电动机起动。随着电动机转速的上升，运行绕组中的电流很快下降，当转速达到额定值的 80% 左右时，流过运行绕组的电流下降到起动器最大释放电流 I_B，起动器的吸力不足以克服重锤本身的重量，使重锤自由跌落，从而切断了起动绕组，使压缩机电动机运行在正常的额定工作电流 I_N 状态，起动完毕。整个起动过程为 1～3 s。这种起动器实质上是一个电磁开关，其最大缺点是有触点。触点在吸合时会产生噪声，断开时会产生火花，时间一长会使触点灼伤，造成接触不良或触点脱落。由于触点在断开时会产生火花，所以采用 R600a 制冷剂的电冰箱不能使用重锤式起动器。重锤式起动器起动时的电流曲线如图 5-17 所示。

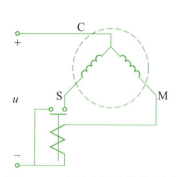

图 5-16　重锤式起动器接线图

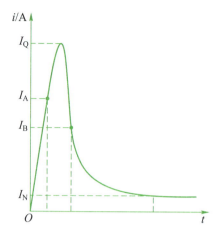

图 5-17　重锤式起动器起动时的电流曲线

（2）重锤式起动器的检测方法

重锤式起动器的常见故障有触点接触不良、触点粘连、线圈损坏等。若触点接触不良，压缩机通电后不能起动，电流过大，引起压缩机保护器动作；若触点粘连，则压缩机起动后，起动绕组不能断开，也会引起压缩机电流过大，从而使保护器动作；若线圈损坏，则压缩机不能起动。重锤式起动器可以用以下两种方法判断其好坏：一是用手摇起动器，若无响声，表明触点粘连或机械卡死，应更换；二是用万用表检测，如图 5-18 所示。其方法如下：

① 用万用表电阻挡测量起动器线圈的电阻值。

② 将重锤式起动器反放，用万用表电阻挡测量触点电阻，这时触点在重力的作用下闭合，故所测得的电阻值应为 0 或很小，若较大，则表明触点接触不良。

③ 将重锤式起动器正放，再用万用表电阻挡测量触点电阻，这时触点在重力的作用下断开，故所测量的电阻值应为无穷大，若较小，则表明触点粘连。

(a) 检测线圈

(b) 检测触点电阻

图 5-18　重锤式起动器的检测示意图

2．PTC 起动器

PTC 起动器（又称 PTC 电阻或 PTC 元件）是一种正温度系数的热敏电阻，它是一种新型的半导体器件，常作为电冰箱压缩机的起动器、变频空调器室外机起动电阻等，图 5-19（a）所示为 PTC 起动器的实物外形，图（b）所示为 PTC 起动器在电冰箱压缩机上的安装位置。

(a) 外形　　　　(b) 安装位置

图 5-19　PTC 起动器的外形与安装位置示意图

（1）PTC 起动器的工作原理

PTC 起动器是以钛酸为主要原材料，添加微量锶、钛、铝等化学元素，经配料 – 湿球磨 – 成形 – 烧结 – 施加欧姆电极 – 测试 – 包封或组装的半导体陶瓷工艺制成的一种 N 型半导体。它的电阻 – 温度曲线如图 5-20 所示，在该曲线上，有几个特征温度值和这些温度所对应的特征电阻值。

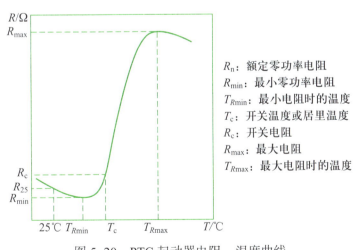

R_n：额定零功率电阻
R_{min}：最小零功率电阻
T_{Rmin}：最小电阻时的温度
T_c：开关温度或居里温度
R_c：开关电阻
R_{max}：最大电阻
T_{Rmax}：最大电阻时的温度

图 5-20　PTC 起动器电阻 – 温度曲线

① 室温电阻（R_{25}）　又称元件的标称电阻值，即 PTC 起动器在 25 ℃时的零功率电阻值。

② 最低电阻（R_{min}）　即指电阻 – 温度曲线上最小值点的元件电阻值，对应此电阻值的温度用 T_{Rmin} 表示。

③ 开关温度（T_c）　当元件的零功率电阻值为 2 倍的 R_{min} 时所对应的温度，此时电阻值

记为 R_c。

④ 最大电阻（R_{max}）　即元件在温度曲线上的最大电阻值。对应的温度为 T_{Rmax}。当温度超过开关温度 R_c 时，PTC 起动器的阻值急剧增加，但当温度超过最大电阻所对应的温度后，随着温度的增加，其电阻值开始下降。

由于 PTC 具备以上特性，所以在电冰箱中常作为压缩机的起动器，在变频空调器中对整机的电源电压和工作电流起限电压、补偿和缓冲作用。

（2）PTC 起动器在电冰箱中运用

PTC 起动器在电冰箱中作为压缩机的起动器使用时，应串联在压缩机电动机的起动绕组中，如图 5-21 所示。

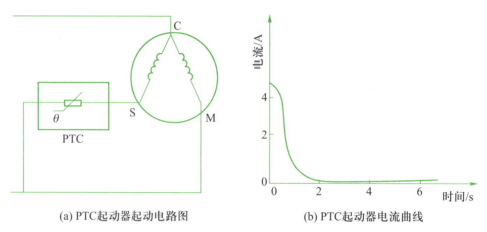

(a) PTC起动器起动电路图　　　　(b) PTC起动器电流曲线

图 5-21　PTC 起动器起动电路

其起动过程是：在通电前，PTC 起动器处于常温状态，阻值较低，近似于通路。接通电源的瞬间（0.1～0.2 s），电源电压加在起动绕组、运行绕组上，在电动机定子绕组中形成旋转磁场，电动机开始起动；刚起动时，电动机的起动电流较大，使 PTC 起动器自身发热，温度急剧上升，当温度值超过临界点后，进入高阻状态，电流又急剧减小为极小的稳定电流（又称为维持电流），PTC 起动器实际上处于近似"断路"状态。此时，大部分起动电压反过来加在 PTC 起动器上，而压缩机已顺利起动，进入正常运行状态。在这个起动过程中，PTC 起动器从起动到进入稳定的工作状态所需时间为 3 min，在电动机运行中流经 PTC 起动器的电流为 10～15 mA，最大不超过 20 mA，以维持 PTC 起动器呈高温高阻状态。利用 PTC 起动器起动的时间很短，仅为 1～2 s。

必须注意的是，由于 PTC 起动器存在热惯性，在压缩机电动机停止运行后不能立即降温，仍处于高阻值状态，所以压缩机不能连续起动。每次起动后，需要间隔 3 min，使 PTC 起动器降温到临界点以下，才能再次起动。否则 PTC 起动器仍处于高阻状态，电动机起动绕组得不到足够大的起动电流而不能起动，但此时运行绕组却因有较大电流流过而使其绕组迅速升温，易造成电动机损坏。

（3）PTC 起动器的检测方法

PTC 起动器损坏后，压缩机就不能起动，其常见故障是
PTC 起动器碎裂。一般可用手摇动 PTC 起动器，若有响声，表
明 PTC 起动器碎裂，应更换；可用万用表 $R \times 1$ 挡测量，正常
时阻值一般在 20～40 Ω（ ± 10%），否则需要更换 PTC 起动器，
如图 5-22 所示。

图 5-22　PTC 起动器的检测
示意图

3. 起动电容器、运行电容器

与压缩机配套的电容器有起动电容器、运行电容器两种，如图 5-23 所示。起动电容器
具有移相作用，即使流经起动绕组和运行绕组的电流产生约 90° 的相位差，从而形成旋转磁
场，产生起动电磁转矩，使压缩机起动，当压缩机起动完毕，由起动继电器（重锤式起动器
或 PTC 起动器）将起动电容器和起动绕组回路断开，压缩机由主绕组工作；运行电容在起
动时作为起动电容用，在运行时能提高压缩机的功率因数，减小运行电流。

(a) 电冰箱压缩机电容器　　　　　(b) 空调器压缩机电容器

图 5-23　压缩机起动、运行电容器

三、压缩机保护器

1. 压缩机保护器的工作原理

压缩机保护器又称为过载保护器，其结构和实物如图 5-24 所示。在实际应用时，压缩
机保护器与压缩机电路串联。由加热器和双金属片控制的电路通常情况下是闭合的，发热元
件是双金属片与电热丝，这种保护器紧贴压缩机的外壳安装，能很好地感受压缩机的过热温
度。它具有过载（过负荷）和过温升双重保护作用，当电流过大或压缩机外壳温升过高时，

双金属片向上弯曲，将电路切断；当温度下降后双金属片恢复原形，使触点闭合，达到保护压缩机电动机的目的。

还有一种是内埋式保护器，它埋在压缩机内部绕组中，直接感受绕组的温度变化，如图5-25所示。当压缩机出现异常使绕组温度升高，超过了允许值或产生过电流温升时，保护器内的金属片产生变形，触点断开，切断压缩机电动机的电路，从而保护电动机不致损坏或烧毁。当绕组温度下降后，双金属片恢复原状，触点又闭合。

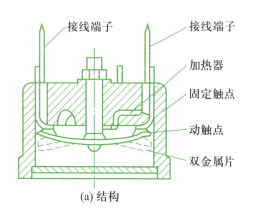

(a) 结构   (b) 电冰箱压缩机保护器   (c) 空调器压缩机保护器

图 5-24 压缩机保护器

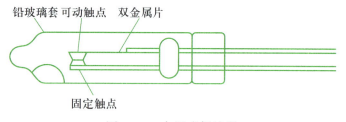

图 5-25 内埋式保护器

2. 压缩机保护器的检测与检修方法

压缩机保护器是主要为压缩机因过热超温、过电流而设置的开关保护器件。通常情况下，过热保护器开关触点是闭合的（为动断触点）。常温下用万用表 $R \times 1$ 挡检测保护器接线端子，若电阻值为无穷大，说明保护器断路、触点损坏或触点不能复位，如图5-26所示。这种故障多因保护器触点通过的电流较大，将触点烧毁所致。

图 5-26 压缩机保护器的检测示意图

在更换该电气元件时，应先排除造成保护器动作的原因。当压缩机恢复常温后，再检测保护器的电阻值，若为零则说明保护器工作正常；如果电阻值较大或为无穷大，则可判定保护器触点接触不良，应更换。

四、交流接触器

交流接触器是利用电磁吸力，使触点闭合或断开的一种自动控制电气元件。主要用于空调器主电路中，控制压缩机、电加热器、电加湿器等的供电电路。

空调器中使用的交流接触器，应按主电路电流的大小来选择，要求接触器的额定电流不小于负载的额定电流。此外，还应根据控制电路的电压来选择交流接触器的线圈额定电压。目前，在空调器中常用 3TB 和 CJX 系列交流接触器。

在空调器中，交流接触器作为一个受微型计算机控制的开关部件，控制压缩机的起停等，易损率较高。检测时应从以下几个方面考虑：

① 交流接触器线圈的检测　由于线圈断线时难以从表面察觉，因此当控制电路电源正常，而交流接触器铁心不能吸合时，应用万用表电阻挡检查线圈的直流电阻值。

② 交流接触器有异常响声　产生异常响声的原因可能是电磁铁心端面的短路环断裂，动、静铁心移位，铁心端面锈蚀或有油垢从而使铁心闭合不紧等，需进行修复或更换。

③ 主触点不能闭合，但交流接触器线圈有电　遇到这种故障时应立即停机，其原因可能是动铁心被卡住，应进行修复。

④ 交流接触器某相触点接触不良　这种故障将造成压缩机等缺相运行，此时压缩机能转动，但会发出"嗡嗡"声，应立即停机。

⑤ 交流接触器触点熔焊　这是运行电流过大引起的，将造成不能停机。这时应断开主电源开关，停机进行修理。

五、电磁继电器

电磁继电器由一个线圈、一组或几组带触点的簧片组成，是主要用来频繁接通或断开交流电路及小容量（与交流接触器相比）电路的控制元件，适合小电流小功率场合。根据用途不同，有交流继电器和直流继电器之分。继电器在电冰箱、空调器的电子线路板上应用较多，如控制压缩机、室内外风机等。图 5-27 所示为空调器控制电路板中继电器实物。

在空调器控制电路板上，可以有多个继电器。目前常用的电磁继电器为 40 系列超小型继电器，线圈直流工作电压为 3 V、6 V、9 V、12 V、24 V 等多种规格，一般以 12 V、24 V 型号应用最广。

电磁继电器的常见故障是触点接触不良、触点粘连、线圈断路或开路等。若触点损坏不严重，可将触点轻轻抬起（粘连的触点可先用小刀撬开粘连处），然后用细砂布将上下触点轻轻磨光。对于线圈断路或短路的继电器，可用万用表电阻挡进行检测，如果检测到阻值为几兆欧，则说明线圈已经断路。

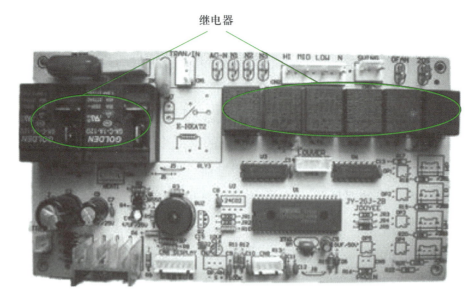

图5-27　空调器控制电路板中继电器实物

六、导风电动机

导风电动机又称为摆叶电动机，它使导风板来回摆动，可将室内风机吹出的冷风自动导向，实现大角度多方向送风。导风电动机分为永磁同步电动机和脉冲步进电动机两类。脉冲步进电动机主要用来控制分体壁挂式空调器的风栅，使风向能自动循环控制，使室内气流分布均匀。永磁同步电动机在空调器中主要用于窗式空调器与柜式空调器的导风板导向，使空调器导风板能上下或左右送风。

1. 脉冲步进电动机的工作原理

脉冲步进电动机是一种运行精度高、控制特性好的控制系统执行部件，常作为电子膨胀阀或分体式空调器室内导风电动机，工作电压有直流5 V和12 V两种。它以脉冲方式工作，每接收到一个或几个脉冲，电动机的转子就移动一个位置，移动的距离可以很小。脉冲步进电动机控制系统具有系统控制惯性小、速度较快、输出脉冲准确、实时性强、抗电磁特性好、抗干扰能力强等特点。图5-28所示为步进电动机的内部接线和实物图，图5-29所示为壁挂式空调器导风脉冲步进电动机安装位置图。

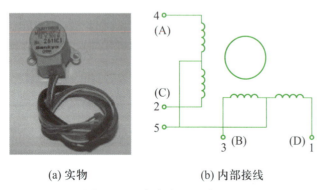

(a) 实物　　　　(b) 内部接线

图5-28　脉冲步进电动机图

图5-29　导风脉冲步进电动机安装位置图

控制电路将驱动脉冲加到步进电动机上，当供电顺序为：A–AB–B–BC–C–CD–D–DA时，如图 5-30（a）所示，电动机转子按顺时针方向运转，经齿轮减速后，传递到输出轴，带动导风叶片摆动。当叶片转到一定的位置后，控制电路自动将供电顺序转换为：A–AD–D–DC–C–CB–B–BA，如图 5-30（b）所示，电动机转子按逆时针方向运转，并同样传递到输出轴上，带动导风叶片向另一个方向摆动。

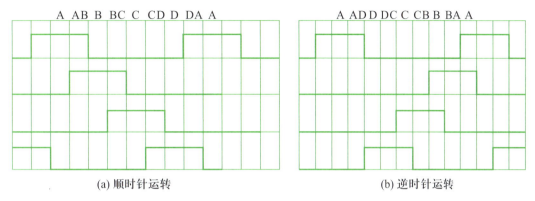

(a) 顺时针运转　　　　　　　　　　　(b) 逆时针运转

图 5-30　步进电动机的供电顺序

2. 同步导风电动机的工作原理

同步导风电动机具有恒定不变的转速，即转速不随电压与负载大小而变化。小功率同步电动机主要由定子和转子两部分组成。在空调器中一般采用单相同步电动机。当单相电流通入单相同步电动机绕组时，在定子中就会产生旋转磁场。步进电动机转子采用磁钢，定子是一个绕组，它和异步电动机绕组有所区别，其工作电压为交流 220 V，电源直接由电路板供给，当控制面板送出导风信号后，电路板上的继电器吸合，直接提供给同步电动机电源电压，使其进入工作状态。同步电动机的内部结构及实物如图 5-31 所示。

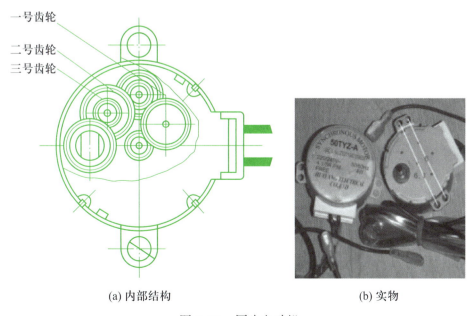

一号齿轮
二号齿轮
三号齿轮

(a) 内部结构　　　　　　　　　　　(b) 实物

图 5-31　同步电动机

3．步进电动机、同步电动机的检测与维修

由于步进电动机、同步电动机用于控制导风叶片的摆动，因此，当导风叶片不摆动、运转不畅或噪声过大时，就有可能是电动机出现故障。下面以具体故障原因分析与检修来说明电动机的检测与维修方法。

（1）导风叶片不摆动

① 导风叶片变形、卡住　在拆卸空调器外壳前，先用手拨动导风叶片，观察导风叶片转动是否灵活，若不灵活，则说明该叶片变形或某部位被卡住。

② 控制电路损坏　将电动机接线插头插入电路板，分别测量电动机工作电压及电源线与各相之间的电压。对于同步电动机，可直接用万用表交流电压 250 V 挡检测连接插头处是否有 220 V 电压，若有，则表示电动机已损坏，应更换电动机；若无，则表明电路板有故障，应更换电路板。对于步进电动机，额定电压为 12 V 的电动机相电压约为 4.2 V，额定电压为 5 V 的电动机相电压约为 1.6 V，若电源电压或相电压有异常，说明电路板有故障，应更换电路板。

③ 绕组损坏　拔下电动机插头，用万用表测量每相绕组的电阻值（一般额定电压为 12 V 的步进电动机，每相电阻值为 200～400 Ω；额定电压为 5 V 的步进电动机，每相电阻值为 70～100 Ω）。若某相电阻值太大或太小，说明该步进电动机绕组已损坏。

④ 电动机传动部分卡住或严重打齿　用旋轴手柄套在电动机输出轴上慢慢旋转，观察齿轮运转是否灵活。若有死点，说明电动机故障为传动部分有杂物；若旋转中有跳齿或空转现象，则说明电动机存在严重打齿现象。

⑤ 电气连接接触不良　电动机插头与电路板插座未接好，导致电动机无法正常工作。

（2）导风叶片运转不畅

① 电气连接接触不良　检查电路板、插座、焊点有无断裂、松动、虚焊及氧化现象。用万用表测量电动机各相阻值，并同时轻轻摇动引线，观察是否有时通时断现象，若有，则为电气连接接触不良。

② 导风叶片阻力变大　导风叶片上集满灰尘、杂物及叶片本身变形，使摩擦阻力增大，导致电动机在某些位置上带不动导风叶片。

③ 输出力矩或摩擦力矩变小　转子磁性衰减，使得电动机输出力矩变小；输出轴齿片与垫片间磨损，使得摩擦力矩变小。

（3）导风叶片运转噪声大

① 安装螺钉松动　可用螺丝刀将安装螺钉拧紧。

② 电动机输出轴与导风叶片配合间隙过大　导风叶片内孔磨损、变大，使轴与叶片之间有较大的松动余量，从而产生噪声。

③ 开、关机时产生噪声　空调器微型计算机程序设计时考虑到开、关机时必须到位，

使电动机有短时间过步现象，作用力与反作用力产生抖动从而发出噪声。该噪声不可避免，但它会逐步变小。

七、室内外风扇电动机

空调器风扇电动机分为三相交流异步电动机和单相交流异步电动机两种，前者用于柜式空调器中，后者用于柜式、壁挂式、窗式空调器中。一般来说，室内风扇电动机主要有贯流式风扇电动机、离心式风扇电动机，室外风扇电动机采用轴流式风扇电动机。部分全直流变频空调器的室内外风扇电动机采用直流电动机。

1．风扇电动机的分类

（1）贯流式风扇电动机

图 5-32 所示为贯流式风扇电动机（塑封型）和风扇实物图。

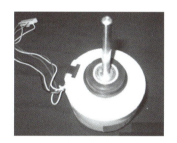

图 5-32　贯流式风扇电动机及风扇

贯流式风扇电动机工作时，使风扇横截面上和一部分流道吸入空气，而另一部分流道排出空气（即空气是横贯流过风扇的），不断地将被调节房间内的空气吸入室内机中，经过室内换热器降温或升温后，以一定的风速和流量送出，通过室内机出风口吹入被调房间内。这种风扇的特点是叶轮直径小、长度长、风量大、风压低、转速低、噪声小，所以适用于分体式空调器的室内机，其功率一般在 100 W 以下，转速可分为二速和三速。

（2）轴流式风扇电动机

轴流式风扇电动机主要用于空调器室外机中以及窗式空调器冷凝器鼓风机中。图 5-33 所示为轴流式风扇电动机及风扇扇叶。

轴流式风扇的扇叶形状如螺旋桨，运转时，气流沿轴线方向流过，所以称为轴流式风扇。其作用是将室外换热器中的冷量或热量吹向室内，使制冷剂由气体变为液体或液体变为气体。轴流式风扇结构简单，由数量很少的几个叶片和一个圆筒轴套组成，风叶多采用铝材或 ABS 工程塑料。其特点是噪声小、风量大、成本低。

（3）离心式风扇电动机

离心式风扇电动机用于窗式空调器的室内侧空气循环鼓风以及柜式空调器的室内机鼓风。图 5-34 所示为离心式风扇电动机和风扇扇叶，其叶片形状和贯流式相似，但叶轮直径大，长度短，而且叶轮外四周都有蜗壳包围。空气从叶轮中心进入，沿叶轮的半径方向流过叶片，在叶片的出口沿蜗壳方向汇集到排出口排出。由于气流主要呈离心流动，所以称为离心式风扇。离心式风扇的风量要比轴流式小，但风压比轴流式大。

图 5-33　轴流式风扇电动机及风扇扇叶

图 5-34　离心式风扇电动机和风扇扇叶

2．风扇电动机的工作原理

（1）交流电动机的工作原理

空调器室内外风扇电动机大多采用电容感应式电动机，其工作原理图如图 5-35 所示。

电容感应式电动机有两个绕组，即起动绕组和运行绕组。两个绕组在空间位置上相差90°。在起动绕组中串联了一个容量较大的交流电容器，当运行绕组和起动绕组通过单相交流电时，由于电容的作用，起动绕组中的电流在时间上比运行绕组中的电流超前 90°，这样在时间和空间上有相同的两个脉冲磁场，使定子在转子之间的气隙中产生了一个旋转磁场。在旋转磁场的作用下，电动机转子中产生感应电流，该电流和旋转磁场相互作用而产生电磁转矩，使电动机旋转。电动机正常运转后，电容器已充满电，使通过起动绕组的电流减小到微乎其微。这时只有运行绕组工作，由于转子的惯性而使电动机不停旋转。

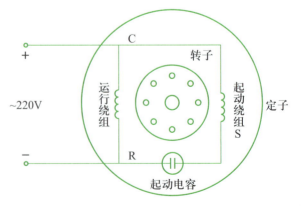

图 5-35　电容感应式电动机工作原理图

交流风扇电动机的调速控制有继电器控制和晶闸管控制两种。使用晶闸管控制调速的电动机大多采用单速电动机，通过控制电动机的电压来调速；使用继电器控制调速的电动机大多采用双速或三速电动机。交流风扇电动机的电气接线原理图如图 5-36 所示，具体接线可参考电动机壳体上的接线图。

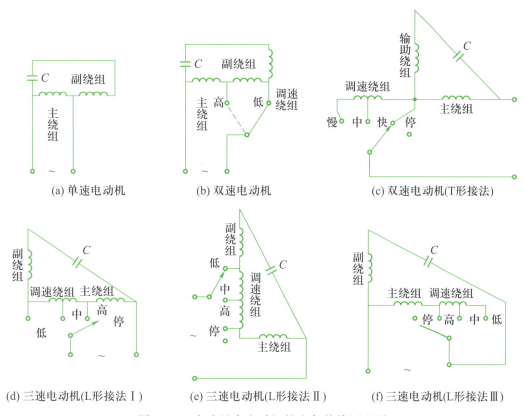

(a) 单速电动机　　(b) 双速电动机　　(c) 双速电动机(T形接法)

(d) 三速电动机(L形接法Ⅰ)　(e) 三速电动机(L形接法Ⅱ)　(f) 三速电动机(L形接法Ⅲ)

图 5-36　交流风扇电动机的电气接线原理图

（2）直流电动机的工作原理

直流电动机分直流有刷电动机和直流无刷电动机两种，直流有刷电动机分为励磁直流电动机和永磁直流电动机。在工作原理上永磁直流电动机与励磁直流电动机是相同的。下面主要介绍直流无刷电动机。

在家用变频空调器中使用的直流无刷电动机，其转速的调节范围很宽，在空调器需要快速制冷或制热时，电动机的转速可以调到很高，使其高效运行。直流无刷电动机易于实现闭环调速，电动机的转速波动范围可控制在 5 r/min 以内，使变频空调器能实现精确控制。图 5-37 所示为直流无刷电动机的实物图。

直流无刷电动机的本体定子部分采用集中式绕组，根据控制方式的不同，绕组相数有单相、二相、三相、四相等结构，绕组的接法有星形接法和环形接法两种，绝大部分采用星形接法。转

图 5-37　直流无刷电动机

子部分采用磁钢，提供电动机的主磁场。

电动机的控制方式有 PAM（脉幅调制）技术和 PWM（脉宽调制）技术，其接线方式如图 5-38 所示。

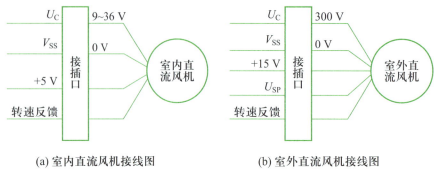

(a) 室内直流风机接线图　　　　　(b) 室外直流风机接线图

图 5-38　直流无刷电动机的电气接线图

3. 风扇电动机的检测与维修

风扇电动机的主要故障有绕组断路、短路，运转电容损坏，转子与轴松动，转轴弯曲，轴承损坏等。对于绕组或运行电容可用万用表进行测量，可参考前述。

八、温度控制器

1. 温度控制器的控制过程

温度控制器（简称温控器）是制冷设备中用来调温、控温的装置，其作用是通过温控器的旋转，设定所需的控制温度，使制冷系统在选定的某一温差范围内运行。其控温过程如图 5-39 所示。

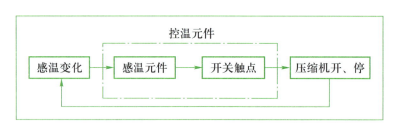

图 5-39　温控器的控温过程

当温度发生变化时，感温元件接收温度变化的信息，将其转换为开关触点的动作，使压缩机由运行状态转变为停止状态或由停止状态转变为运行状态。即由开关触点的开、关动作引起压缩机的运行或停止。目前，在制冷设备中使用的温控器可分为两大类：一类是机械式的温感压力式温控器（简称机械式温控器），另一类是电子式的热敏电阻温控器。不管哪一类温控器，感温元件是其主要部件，用来感知某一区域的温度信号，再转化为压力变化或电量变化去控制电气开关或风门，从而实现自动控温功能。由于电子式温控器逐渐被微型计算机控制的电子温度检测电路代替，下面以机械式温控器为例介绍。

机械式温控器是利用感温囊（感温腔）中感温剂的压力变化来推动触点的通与断，即通过气体或液体的膨胀和收缩来接通或断开电路。这类温控器具有结构简单、性能稳定、组装与调试方便等优点。

（1）机械式温控器的工作原理

这种温控器由感温元件、波纹管（或弹性金属膜片）、毛细管和微动开关机构组成，其工作原理如图 5-40 所示。

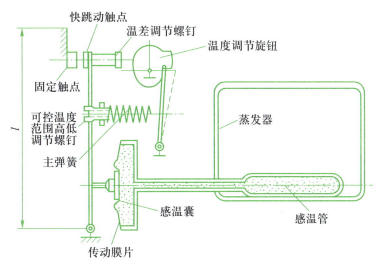

图 5-40　机械式温控器工作原理图

感温元件由感温管（感温包）和感温囊（波纹管或膜盒）组成一个连通的封闭系统，系统内充感温剂。感温管内制冷剂蒸气压力随蒸发器温度的变化而变化，膜盒的金属膜片随压力变化而产生伸缩位移，推动微动开关机构，切断或接通压缩机的电源。

温控器中感温元件的安装位置根据控温要求大体上有 3 种形式。以电冰箱为例，由于机械式温控器的通断温差一般为 5～8 ℃，而电冰箱内各间室开、停机温差一般为 2～3 ℃，蒸发温度在压缩机开、停机过程中一般变化为 6～10 ℃，所以单门或双门直冷式电冰箱的温控器的感温管一般紧贴在蒸发器的末端，以满足电冰箱的控温要求。对于间冷式电冰箱，则应将感温元件置于冷冻室进风口的风道内，该部位在压缩机开、停机过程中的温度变化为 6～10 ℃，温度变化是利用风门温控或手动风门调节进入冷风的流量来进行控制。而冷藏室、保鲜室、果蔬室的温度调节由温控器的凸轮作用来实现，调节旋钮与凸轮固定在同一个调节轴上，温度控制板依靠凸轮推动左右移动。当凸轮逆时针旋转后被控温度就调高，反之就调低。

机械式温控器可分为普通型（WPF）、定温复位型（WDF）、半自动化霜型（WSF）等常见类型，如图 5-41 所示。

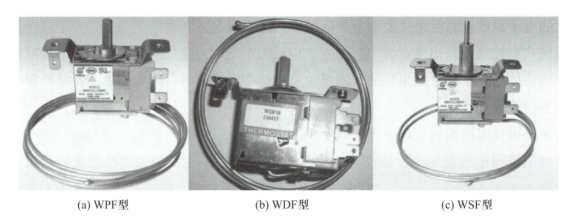

(a) WPF型　　　　　　　(b) WDF型　　　　　　　(c) WSF型

图 5-41 　 机械式温控器实物图

温控器的命名原则如下：

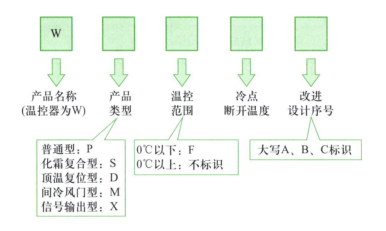

① 普通型温控器 　 普通型温控器如图 5-41（a）所示，在调整温控器挡位时其所控制的开、停机温度都会随挡位的变化而变化，当增大挡位（调温旋钮顺时针旋转）时，所控制的开、停机温度点都会下降，减小挡位时控温点上升。该温控器在电冰箱中一般用于对冷冻室温度的控制。其符号如图 5-42（a）所示。

② 定温复位型温控器 　 定温复位型温控器如图 5-41（b）所示，其挡位旋钮只影响停机温度，对开机温度没有影响，无论调大挡位或调小挡位，电冰箱的开机温度始终不变。当调大挡位时（同样是顺时针调整），停机温度点下降，调小挡位时停机温度点上升。因为调整挡位不影响开机温度，所以被称为定温开机型温控器，此种温控器的固定开机温度一般是 4.5 ℃，少数产品为 5 ℃。该温控器多用于双门双温型电冰箱的冷藏室中，其感温管端部一般固定于冷藏蒸发器的表面。其符号如图 5-42（b）所示。

③ 半自动化霜型温控器 　 半自动化霜型温控器如图 5-41（c）所示，它在控温性能上属于普通型温控器，因为多了半自动化霜按钮，增加了半自动化霜的功能，所以称为半自动化霜型温控器。一般只用在单门冷藏电冰箱中，当蒸发器需要化霜时，按下化霜按钮，压缩机停止工作，蒸发器温度逐渐上升到一定程度，化霜按钮自动弹起，停止化霜，压缩机恢复工

作。由于开始化霜的控制需要人工操作，只在停止化霜时自动控制，所以称为半自动化霜型温控器。其符号如图5-42（c）所示。

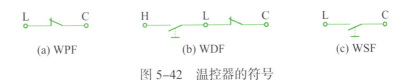

(a) WPF   (b) WDF   (c) WSF

图 5-42 温控器的符号

（2）风门型温控器的工作原理

风门型温控器主要用于双门间冷式电冰箱控制冷藏室的温度。它的工作原理与普通型温控器基本相同，是利用感温剂压力随温度变化而变化的特性，通过温压转换部件，自动带动并改变风门的开启度，控制进入冷藏室、果蔬室或保鲜室的冷风量来控制温度，当箱温过高时，风门开口大些，使更多的冷空气进入冷藏室内；当箱温较低时，开口减小或关闭。图5-43所示为间冷式电冰箱风门型温控器。

（3）机械式温控器的调试方法

机械式温控器的温度调节旋钮上标有"弱""中""强"或"1""2""3"等数字，如图5-44所示。顺时针转动，箭头所示数字增大，数字越大表示温度逐渐变低，"强冷"挡温控器开关呈动断状态，使压缩机连续运转制冷，不能自动控温。一般来讲，在夏季时，温控器旋钮应调到中间位置，此时冷藏室温度为3～6℃，冷冻室温度则保持相应的星级温度；当环境温度低于15℃时，由于电冰箱冷藏室内温度与环境温度差减小，电冰箱的热负荷减小，如仍保持在夏季调节的温度位置，会出现压缩机停机时间过长，运行时间偏短，冷冻室达不到需要的温度，所以在冬季应将温控器旋钮向偏冷的位置调节。当环境温度低于10℃时，应接通低温补偿加热装置。

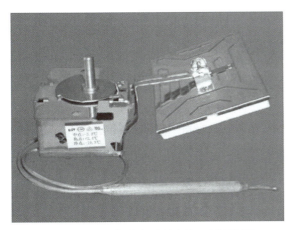

图 5-43 间冷式电冰箱风门型温控器

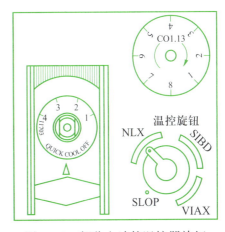

图 5-44 部分电冰箱温控器旋钮

2．机械式温控器的检测方法

机械式温控器的常见故障是感温剂泄漏、触点粘连、触点接触不良等。若感温剂泄漏，将造成触点无法接通，压缩机无法起动运转；若触点粘连，将造成触点无法断开，压缩机无法停转；若触点接触不良，也将造成压缩机无法起动运转。

在检测机械式温控器前，先检查感温管是否有漏点，若有，则应更换。然后手动旋转温控器旋钮，若无法旋转或有卡阻现象，则应更换。上述检查完成后，再用万用表检测。

对于普通型温控器，可将温控器旋钮转到中间位置，在常温下用万用表 $R \times 1$ 挡测量 L、C 接线脚之间的电阻，正常情况下电阻应为 0 或很小，若较大，则说明温控器触点接触不良；再将温控器放入冷冻室 10～15 min，用万用表 $R \times 1$ 挡测量 L、C 接线脚之间的电阻，正常情况下电阻应为无穷大，若为 0 或很小，则说明温控器触点粘连。

对于定温复位型温控器，其温控触点 L–C 的检测方法普通型温控器检测方法一致，其强制触点 H–L 间的检测方法为：先将旋钮逆时针转到底，用万用表电阻挡测电阻值应为无穷大，再将旋钮顺时针转到中间位置，用万用表电阻挡测电阻值应为 0 或很小。其检测示意图如图 5–45 所示。

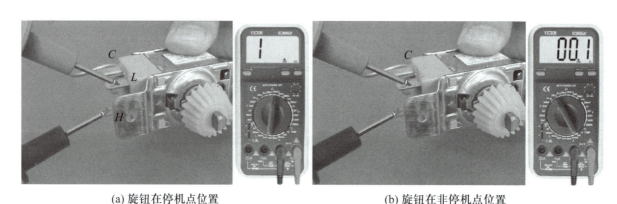

(a) 旋钮在停机点位置　　　　　　　　　(b) 旋钮在非停机点位置

图 5–45　定温复位型温控器检测示意图

对于半自动化霜型温控器，其检测方法普通型温控器检测方法相似，只要在检测时按下化霜按钮，则 L–C 间电阻值应为无穷大，否则说明温控器有故障。

九、电冰箱电加热器

电冰箱中常见的电加热器有丝状、线状、管状和片状等结构，其实物如图 5–46 所示。丝状结构是将镍铬丝制成的加热丝经绝缘处理后直接使用或用耐高温合成云母压成的板为支架。线状结构是将较细的电热丝缠绕在两端有铜导线的玻璃纤维上，中间段为加热部分，外皮采用耐高温的 PVC 塑料绝缘，外形像塑料导线，在塑料绝缘层外面再套上铝管，以便弯曲成所需的形状，并起保护作用。管状结构是将加热丝装在铜管内，管内填满绝缘材料，管口用硅橡胶绝缘密封，可按所需形状弯曲成形。片状结构是将加热丝粘在与待加热部件形状完全相同的铅箔上，再按所需形状将铅箔粘在加热部位的外表面。电冰箱、空调器多使用丝状、线状或管状结构的电加热器。

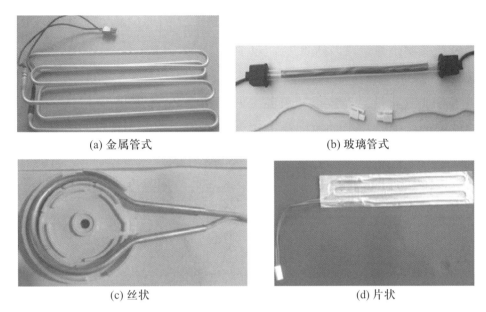

(a) 金属管式　　　　　　　　　　　(b) 玻璃管式

(c) 丝状　　　　　　　　　　　　　(d) 片状

图 5-46　电冰箱电加热器实物图

电冰箱中的电加热器可分为化霜加热器、防凝露加热器和温度补偿加热器、防冻加热器等。

1. 化霜加热器

在间冷式电冰箱中，电热管按翅片盘管式蒸发器尺寸相应的形状，弯曲成形，卡装在蒸发器的翅片上，成为化霜加热器，如图 5-47 所示。

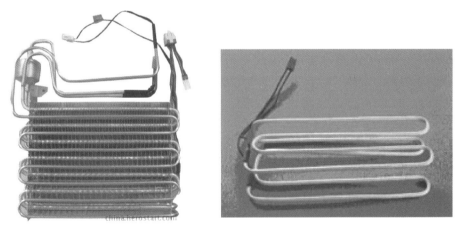

图 5-47　间冷式电冰箱化霜加热器

电冰箱中的化霜加热器类型较多，其阻值也有所不同，一般应为 $200 \sim 350\,\Omega$，如果用万用表电阻挡检测其电阻值为 ∞，则说明已断路，应更换。

2. 防凝露加热器

电冰箱箱门部位的隔热层较薄，当电冰箱使用环境的相对湿度高于 95% 时，只要箱门处的温度低于其露点温度，就会在表面凝附露珠，这既不美观，又会破坏门框四周的漆层。为防止电冰箱门框四周凝露，在箱门框内表面加一套电加热装置，以提高门框四周温度，在环境相对湿度较大时，不至于表面凝露。通常，200 L 的电冰箱上用的电加热器功率约为

15 W，这种防凝露装置接入电路时，常串联一个开关，当环境相对湿度偏大时，将开关接通；当环境相对湿度较小时，则开关断开，以节省电能。

3. 温度补偿加热器

对于双门直冷式电冰箱，当冬季环境温度低于 10 ℃，压缩机停止工作时，接入加热器，对冷藏室和温控器的感温管轻微加热，使温控器触点提前接通，促使压缩机工作，保证所需的压缩机开、停机时间，使冷冻室温度达到星级温度要求。该加热器接入电路时，常串一个"补偿开关"来控制补偿加热器的通断。在夏季不需要使用温度补偿加热器时，将"补偿开关"断开即可。温度补偿加热器的外形和补偿开关如图 5-48 所示。

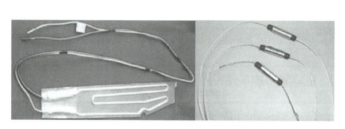
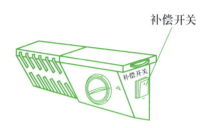

(a) 补偿加热器外形　　　　　　　　(b) 补偿开关

图 5-48　温度补偿加热器外形和补偿开关

4. 其他加热器

在间冷式电冰箱中，蒸发器接水盘、化霜排水管的外壳表面和箱内风扇扇叶等部位，因箱内水蒸气易凝结成冰，影响正常工作。因此，在这些部位安装防冻加热器，如图 5-49 所示，以提高温度，防止结冰和凝霜。排水管加热器处于经常工作状态，蒸发器接水盘加热器和风扇扇叶孔圈加热器仅在蒸发器化霜时工作。

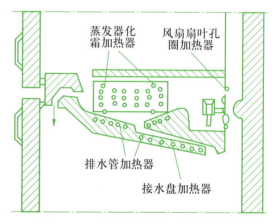

图 5-49　双门间冷式电冰箱加热器

十、空调器电辅助加热器

冬季环境温度较低时，热泵电辅助加热型空调器的热泵制热效率将降低，甚至可能使室内温度达不到设定要求，这时可根据需要开启电辅助加热器，以增加制热量，使室内温度能达到设定要求。

空调器中的电辅助加热器一般由发热元件和保护元件组成。保护元件有温控器和温度熔断器，其中温控器是可以自复位的保护元件，温度熔断器是不可恢复的保护元件，它用做电辅助加热器的温度双重保护，防止温控器损坏或失效时发生意外。空调器的电辅助加热器有电加热管和 PTC 电加热器等形式。

1. 电加热管

电加热管是将电阻加热丝装在特制的金属管内，其外管为不锈钢，内装高阻电热合金丝作为发热体，用改性氧化镁粉作绝缘填充料，经高温氧化后成形。电加热管常做成组件形式，主要由配套安装支架部件、温控器、温度熔断器和绝缘体构成，如图 5-50 所示。当加热管表面温度达到一定要求时，温控器触点断开，使电热管断电而停止加热；当达到一定温度时，如果温控器触

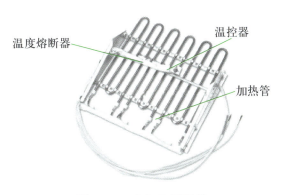

图 5-50　电加热管组件

点不能断开，而室内风机又停止运转，这时电加热管还将持续加热，会导致室内机换热器表面温度过高，甚至发生火灾，此时，温度熔断器将烧断，起到保护作用。

2. PTC 电加热器

PTC 电加热器是由若干单片 PTC 陶瓷加热器并联组合后与波纹铝条经高温胶结组成，是一种具有正温度系数的半导体陶瓷发热元件，如图 5-51 所示。其优点是热阻小、换热效果好及长期使用功率衰减低；其特点在于安全性能上，即遇风机故障而停转时，PTC 电加热器因得不到充分散热，其功率会自动急剧下降，此时其表面温度维持在居里温度左右（一般在 250 ℃上下），从而不致产生如表面"发红"等现象。另外，PTC 电加热器的外形轻巧，在整机内装配极为便捷。

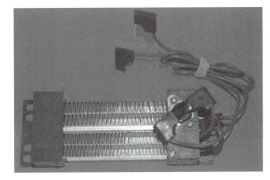

图 5-51　PTC 电加热器组件

十一、电冰箱化霜装置

1. 化霜定时器

化霜定时器又称为融霜定时器、除霜计时器、除霜定时器等，是间冷式电冰箱用来控制化霜的装置。图 5-52 所示为化霜定时器的外形，图 5-53 所示为化霜定时器结构原理图。

化霜定时器由时钟电动机、齿轮减速装置和触点凸轮机构等组成，与压缩机同步运转。当通电后，时钟电动机使齿轮转动，经过凸轮做间歇运动，每 32 min 旋转 24°。活动触点的动作时间一般调定为每隔 8 h 断开一次，并立即接通由双金属化霜温控器、化霜加热器和化霜温度熔断器所组成的化霜加热电路。

化霜定时器共有 A、B、C、D 4 个接线端子，其中 B 端与温度控制器相连接，通过活动触点到 C 端与压缩机控制回路相连接，构成压缩机控制回路。D 端接化霜温控器，A 端接化霜加热器。当化霜定时器处于定时状态时，B、A 端子接入 220 V 交流电，使时钟电动机

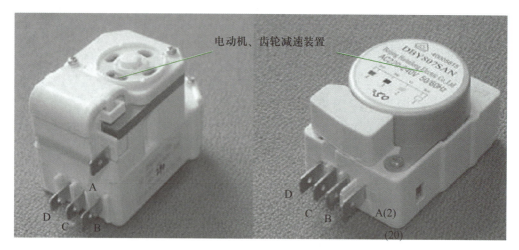

图 5-52　化霜定时器外形图

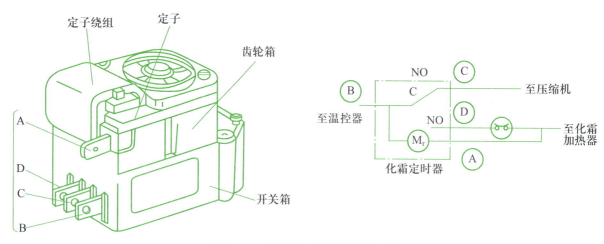

图 5-53　化霜定时器结构原理图

通电带动齿轮转动，这时，B、C 端子间触点接通，B、D 端子间触点断开；当化霜定时器处于化霜状态时，B、C 端子间触点断开，B、D 端子间触点接通，A、B 端子间的时钟电动机被化霜温控器短接，使时钟电动机不能工作。

　　检测化霜定时器时，可先在 A、B 端子间接入 220 V 交流电使其通电运转，听其运转声音，若无声音或声音异常，则为时钟电动机损坏或齿轮等减速装置损坏，A、B 接线端子间的时钟电动机线圈电阻值一般为 8 kΩ 左右。也可在不通电情况下，用手顺时针慢慢拨动凸轮，使化霜定时器处于化霜状态，测接线端子 B、D 间触点应接通；然后再轻轻拨过一个角度，使化霜定时器处于定时状态，测接线端子 B、C 间触点应接通，而接线端子 B、D 间触点应断开。

　　化霜定时器常见故障有时钟电动机线圈损坏、触点接触不良或粘连、齿轮减速装置故障。

2. 双金属化霜温控器

　　双金属化霜温控器用在间冷式电冰箱自动化霜电路中，它与化霜定时器配合，起控制可以化霜和化霜结束的作用，是一种保护性元件。图 5-54 所示为双金属化霜温控器的实物、外

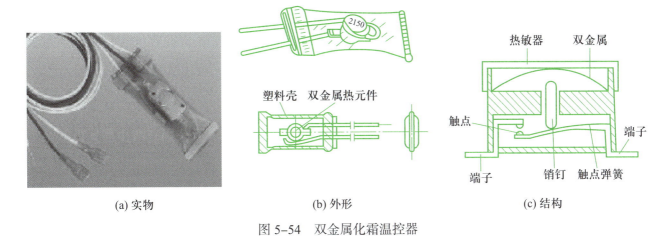

(a) 实物　　　　　　　　(b) 外形　　　　　　　　(c) 结构

图 5-54　双金属化霜温控器

形和结构图。它与化霜加热器串联后安装在蒸发器表面，是利用双金属片在不同温度下的变形而产生动作，其外壳的金属面作为热敏部位，在 -5 ℃以下时，双金属片不变形，销钉向上，触点接通加热丝，可以进行化霜；当化霜定时器动作后，加热丝接通电源，开始加热，到蒸发器表面温度达到 13 ℃时，双金属片变形，压销钉向下，使触点断开，切断加热丝电源。

双金属化霜温控器在常温（高于 13 ℃）和低温（低于 -5 ℃）情况下，用万用表电阻挡测量其两接线端，应为"断开"和"接通"两种状态。由于在常温下呈断开状态，其好坏难以鉴别。如果怀疑双金属化霜温控器失灵或新购件需要验证其好坏，可以将其置于低于 -5 ℃的冷冻室内数分钟后，用万用表电阻挡检测两根导线之间的电阻应为通路，而把其取出后，若在常温下很快断开，则说明其正常，反之为损坏。

3. 化霜温度熔断器

化霜温度熔断器用在间冷式电冰箱自动化霜电路中，与双金属化霜温控器和化霜加热器串联在一起，是一种保护性元件，安装在蒸发器表面。其实物与外形结构如图 5-55 所示。

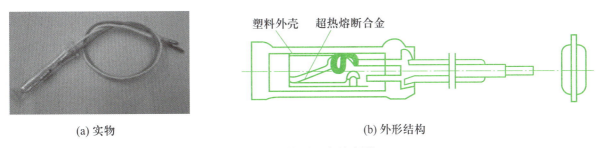

(a) 实物　　　　　　　　　　　　(b) 外形结构

图 5-55　化霜温度熔断器

它与一般的温度熔断器一样，当温度超过一定值时，将自动熔断而切断电路，起到超温保护作用，防止化霜温控器触点粘连后，连续加热而使蒸发器表面温度持续升高，有防止损坏蒸发器和保护电冰箱的作用。安装时，它紧贴在蒸发器上，直接感知蒸发器表面的温度变化。它的熔断温度一般调定在 65～70 ℃。若超过 76 ℃，其固定弹簧或端子板的焊接部分断面跳开，切断加热器电路。否则，当因某种原因（如化霜温控器触点粘连等）而不能断开蒸发器化霜加热器电路时，蒸发器表面的温度超过 76 ℃后仍继续加热，温度还会不断上升，达到一定温度后，会造成蒸发器制冷管道内的制冷剂压力超过管道的压力负荷，使管道爆裂或加热器绝缘损坏等故障。该温度熔断器只起一次性保护作用，如被熔断，须排除故障后，更换一个新的。

温度熔断器的好坏可用万用表检测，但由于温度熔断器的熔断往往与双金属化霜温控器触点粘连有关，因此当温度熔断器熔断后，应同步检查双金属化霜温控器触点是否粘连。否则即使更换了温度熔断器，还会造成其熔断。

十二、其他电气部件

1. 负离子发生器

（1）负离子发生器的工作原理

离子是电子和空气中的分子碰撞所产生的，带有电荷的分子称为离子，所以带有负电荷的分子就称为负离子。负离子具有杀菌及净化空气的作用。其原理主要是负离子与细菌相结合后，使细菌产生结构的改变或能量的转移，导致细菌死亡，不再形成菌种，细菌死亡后沉降于地面。因此，负离子技术就是运用静电式处理使空气中的细菌沉降从而净化空气。负离子发生器的构造和实物如图 5-56 所示。

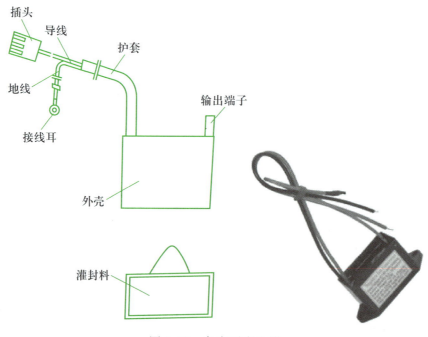

图 5-56　负离子发生器

（2）负离子发生器的检测

由于负离子发生器在工作时，其束状的碳纤化合物会产生高电压，产生大量的负离子，因此在检测中有两种方法：一种是用专用的负离子检测板，当检测板检测到负离子发生器工作时，相关指示灯就会闪烁，证明负离子发生器在正常工作；另一种是用验电笔检测，当有负离子发生时，验电笔中的氖泡就会闪烁，说明负离子发生器工作正常。使用上述两种检测方法检测时，应将所使用工具尽可能接近负离子发生器。由于负离子发生器的工作电压为交流 220 V，所以可以直接用万用表检测负离子发生器的两端电源电压是否为 220 V。

2. 压缩机电加热带

在空调器中，如果压缩机长期处于停止状态，制冷剂就会大量溶入润滑油中，在这种状态下起动压缩机，容易造成压缩机难以起动，甚至损坏压缩机。因此，通常在压缩机底部环绕一圈或几圈加热带。其作用是利用外部加热使压缩机内的冷冻油温度升高，使液体制冷剂变成蒸气，避免压缩机起动时润滑油随着制冷剂大量喷出，使压缩机内润滑油减少，引起轴承因润滑不良烧坏；另外，还避免了液体制冷剂稀释润滑油（在低温状态下，制冷剂液体和润滑油双层分离），造成轴承部分供油不足，甚至烧坏轴承，烧坏压缩机。

电加热带又称为压缩机曲轴箱电加热带，由高电阻合金丝缠绕在玻璃纤维绳上，玻璃纤维绳是表面经硅树脂处理而成的带状加热体。一般系于压缩机下部，如图 5-57 所示。其功率一般为 25 W 或 40 W，并与压缩机反向动作，即压缩机开启时电加热带关闭，压缩机停止时电加热带工作。

3. 压力开关

压力开关是空调器制冷系统中的一种压力保护装置，当被测压力达到额定值，压力开关可发出警报或控制信号。压力开关分为高压压力开关和低压压力开关，其实物如图 5-58 所示，在空调器中的安装位置如图 5-59 所示。

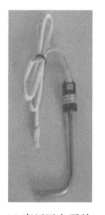
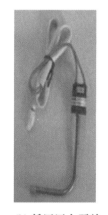

(a) 高压压力开关　　(b) 低压压力开关

图 5-57　压缩机电加热带　　　　　图 5-58　空调器压力开关

低压压力开关安装在空调器制冷系统低回回气管上，用于检测低压压力，保护制冷系统内低压压力不低于系统所规定的最小安全压力（防止压缩机无制冷剂吸入而抽真空）。当空调器低压侧的制冷剂压力变得异常低而达到设定值时，低压压力开关触点断开，自动停止机组的运行，防止机组被损坏。低压压力开关的工作压力设定值因机型不同而不同，一般为 0.1～0.2 MPa。

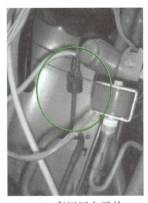

(a) 高压压力开关　　　　　　　(b) 低压压力开关

图5-59　压力开关的安装位置

高压压力开关安装在空调器制冷系统高压排气管上，用于检测高压压力，保护制冷系统内高压压力不超过系统所规定的最大安全压力（防止爆裂和泄漏）。当空调器高压侧的制冷剂压力变得异常高而达到设定值时，高压压力开关触点断开，自动停止机组的运行，以防止机组损坏。高压压力开关的工作压力设定值因机型不同而不同，采用R410A制冷剂的压力一般为3.25～3.33 MPa。

4. 排水泵及水位开关

排水泵由电动机带动泵体中的离心式叶轮转动，在叶轮离心力和大气压的作用下，流体从进水口进入泵体，在泵体中叶轮对流体做功，流体获得动能，从排水口以一定速度排出，在外接管路中，流体动能转化成位能，从而到达一定高度。其实物如图5-60所示，常用于嵌入式、吊顶式空调器室内机中。

水位开关通过检测嵌入式、吊顶式空调器室内机中水槽的水位，起动或停止排水泵。当浮子处于最下端时，浮子中磁体磁化弹簧片末端，从而使簧管触点处断开，液位开关断开，排水泵停止工作。当浮子随液面上升而上升，浮子磁体失去对触点处磁化作用，触点处闭合，液位开关闭合，排水泵起动并排出冷凝水。其实物如图5-61所示。

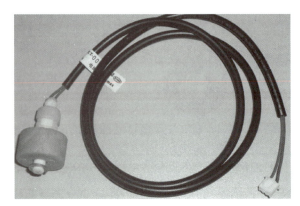

图5-60　排水泵　　　　　　　　　　　图5-61　水位开关

项目 6
电冰箱、空调器安装与维修基本技能

【项目描述】

在本项目的学习中，要在熟悉电冰箱、空调器等制冷设备安装与维修专用工具的种类、结构和使用方法，熟悉气焊设备组成和使用方法，熟悉制冷系统管路连接方法，熟悉制冷系统检漏、抽真空、吹污、充注制冷剂和判断制冷剂量的方法，熟悉空调器安装、移机和拆卸组装方法的基础上，学会制冷设备安装与维修专用工具操作技能，学会制冷系统管路连接技能，学会制冷系统维修技能和空调器安装、移机、拆卸组装技能，具备电冰箱、空调器等制冷设备安装与维修能力，为开展电冰箱、空调器等制冷设备安装与维修奠定基础。

任务 1　电冰箱、空调器安装与维修专用工具操作技能

◆ 任务目标

1. 掌握电冰箱、空调器安装与维修专用工具的名称、结构和使用方法。
2. 掌握安装与维修专用工具的选择与使用方法。

▦ 知识储备

一、割管器的使用

制冷设备的连接管可用割管器或钢锯来切割。小管径的铜管常用割管器来切割。图 6-1

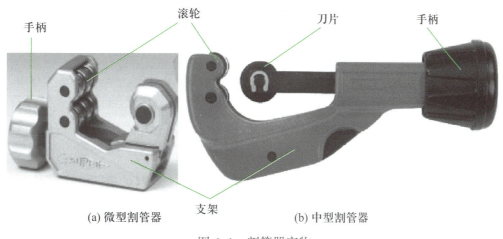

手柄　　滚轮　　刀片　　手柄

支架

(a) 微型割管器　　　　　(b) 中型割管器

图 6-1　割管器实物

所示为割管器的实物图，图 6-2 所示为割管器的使用示意图。使用割管器切割时，割管器的大小应与铜管的直径相适应。操作时，铜管应放在割管器的滚轮与刀片之间，刀口应与铜管垂直，旋进刀片顶住铜管，将割管器绕铜管旋转，每转一圈进刀一次，继续旋转，直到割断为止。在操作过程中，不应进刀太快，以免将铜管挤扁或损坏刀口。

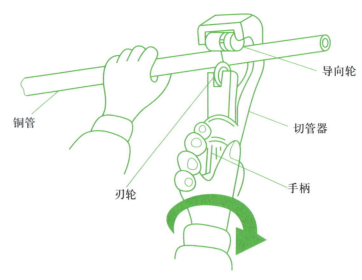

图 6-2　割管器的使用示意图

使用钢锯切割大管径铜管时，应将割下的多余铜管段向下放置，以免锯屑进入使用管段内。

割断操作完毕，如管口铜壁收缩较大，为确保下一步操作质量（如胀管操作），应使用割管器上的刮刀、三棱刮刀或倒角器将管口的毛刺去除，图 6-3 所示为倒角器。在去除毛刺的过程中应注意管口始终向下，轻轻敲击管壁以去除铜屑，切忌用嘴对管口猛吹而使铜屑进入铜管。去除毛刺操作示意图如图 6-4 所示。

图 6-3　倒角器

二、弯管器的使用

弯曲小直径铜管应使用专用的弯管器，图 6-5 所示为弯管器的实物图。

弯管器的使用方法如图 6-6 所示。弯管前，应先将已退火的铜管放入弯管器相应的管子轮槽内，扣牢管端后，慢慢旋转手柄，直到弯到所需的角度为止，然后将弯管退出轮槽，其操作示意图如图 6-7 所示。弯管时应尽量考虑大曲率半径弯管，各种管子的弯曲半径不应小于 5 倍的铜管直径，其目的是不使管子弯曲时内侧的管壁凹瘪。同时，操作过程中应注意不可用力过猛，以防压扁铜管。此方法可在需定制尺寸弯管时使用，如图 6-8 所示。

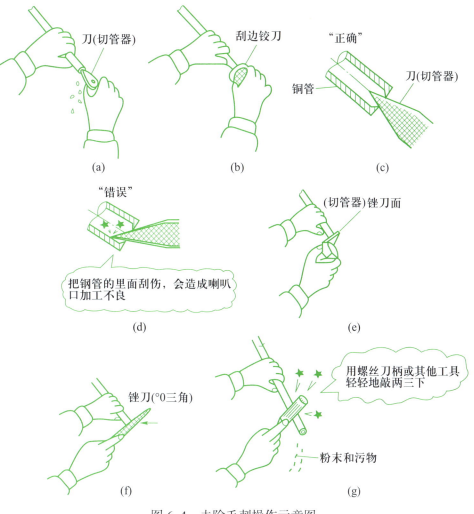

图 6-4 去除毛刺操作示意图

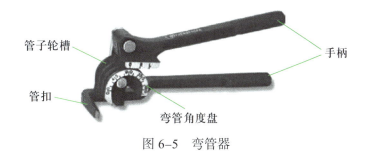

图 6-5 弯管器

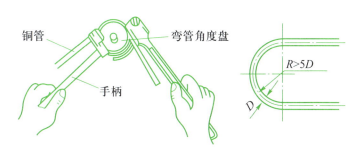

图 6-6 弯管器的使用方法

(a) 将管子放入轮槽内，扣牢管端

(b) 将活动手柄对准起弯点

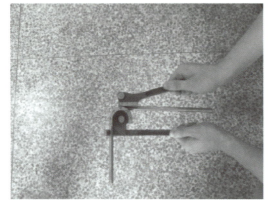
(c) 转动活动手柄到所需角度

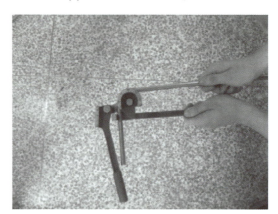
(d) 松开活动手柄，取出铜管

图 6-7　弯管器弯管操作示意图

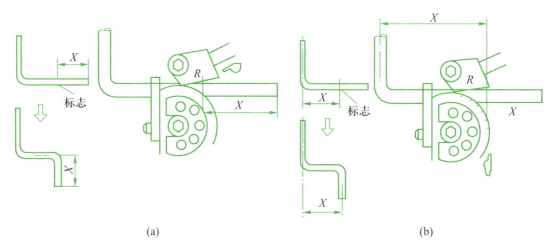

(a)　　　　　　　　　　　　　　(b)

图 6-8　定制尺寸弯管示意图

　　手工弯管时，在弯曲半径较大时，可直接使用大拇指按住铜管部分，尽可能以较大的半径进行弯曲，如图 6-9 所示。半径过小时，为防止出现死弯或压扁变形情况，应使用弯管弹簧辅助弯管。

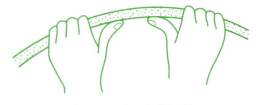

图 6-9　手工弯曲铜管

三、扩管器的使用

在制冷设备中，有些管路的连接需要采用喇叭口，这就需要将连接管端头扩胀成喇叭口。扩喇叭口的专用工具是扩管器，图 6-10 所示为扩管器套件。

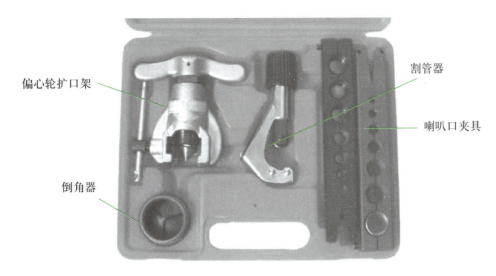

图 6-10　扩管器套件

扩管器的使用方法如图 6-11 所示。在扩口前先将连接螺母套入连接管的一端，再将已退火的连接管端头夹入与管径相同的扩管器夹具中，连接管端头应略高于扩管器夹具，高出尺寸见表 6-1。旋紧扩管器夹具，在扩管部位涂少许冷冻油，套入扩口架，顺时针方向用力旋转扩口架螺母，使偏心轮顶尖向下运动，一般旋进 3/4 圈再倒旋 1/4 圈，这样反复进行，直到扩口架发出"嗒嗒"的声音，使管口部被扩胀到夹具坡口面为止。最后逆时针旋转扩口架螺母到顶，逆时针方向旋转螺杆，将扩口架退出夹具后检查喇叭口质量。其操作过程如图 6-12 所示。

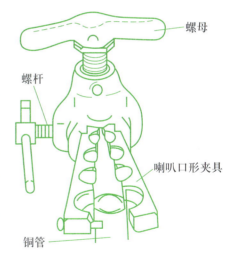

图 6-11　扩管器的使用方法

表 6-1　扩制喇叭口高出夹具尺寸

管径 /mm	$\phi6$	$\phi10$	$\phi12$	$\phi16$	$\phi19$
高出尺寸 /mm	0.5	0.8	1	1.2	2

喇叭口制作不良的判定方法及原因见表 6-2。

(a) 根据铜管直径选择夹具

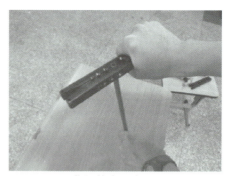

(b) 将铜管夹入夹具

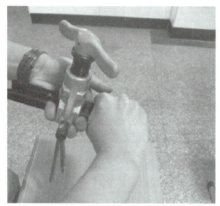

(c) 套入偏心轮扩口架

(d) 拧紧扩口架螺杆

(e) 旋转扩口架螺母

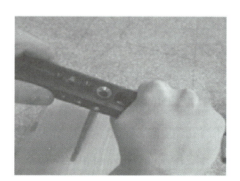

(f) 扩制完成后的喇叭口

图 6-12　扩制喇叭口操作流程示意图

表 6-2　喇叭口制作不良原因分析表

序号	不良喇叭口	原因分析
1	偏斜	铜管管壁厚薄不均匀，偏心轮与喇叭口夹具组合时有偏心，铜管切割时切口不垂直
2	壁厚不均	

续表

序号	不良喇叭口	原因分析
3	 尺寸过小	喇叭口夹具与铜管切断面相对尺寸不合适，即伸出夹具高度过小
4	 尺寸过大	喇叭口夹具与铜管切断面相对尺寸不合适，即伸出夹具高度过高
5	 角度过小	除铜管伸出夹具高度过小外，扩口架螺母转动圈数不足，即没有达到使扩口架发出"嗒嗒"的声音
6	 内壁有切屑	铜管切断器毛刺去除不够彻底，铜管切断器加工不良，扩口架偏心轮损伤，铜管内有铜屑
7	 周边不齐	铜管切断器毛刺去除不够彻底
8	 有裂口	扩口架发出"嗒嗒"声音后再继续旋转，铜管管壁太薄
9	喇叭口形模具的夹伤 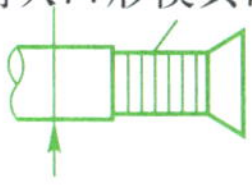	喇叭口夹具管口直径选择得过小，应将喇叭口夹伤部分完全切除后重新制作

四、胀管器的使用

在铜管需要加长时，要将一根铜管插入另一根铜的管径内部，此时就需要对管口进行扩杯形口处理。常用的扩口工具是胀管器，如图 6-13 所示。它是将小管径铜管（19 mm 以下）端部胀成杯形口的专用工具，由夹具、顶压装置及胀头等组成，其夹具有米制和英制两种。

胀管时，先根据铜管的直径选择合适的胀头并装在顶压装置的杠杆上。将需要胀管的铜管夹在相应的夹具卡孔中，使铜管露出夹具面略大于铜管直径长度，旋紧夹具螺母直到将铜管夹牢，然后顺时针旋转杠杆手柄，使胀头下压，直到形成杯形口。然后逆时针慢慢旋转手柄，使胀头从铜管中退出，松开夹具螺母后即可将铜管取下，再观察杯形口是否符合要求，杯形口的深度要求见表 6-3。用胀管器制作杯形口的操作流程如图 6-14 所示。

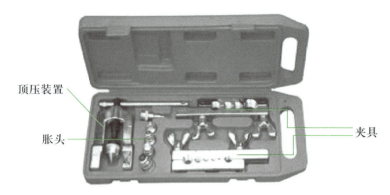

顶压装置

胀头

夹具

图 6-13 胀管器套件

表 6-3 杯形口深度要求表

管径 /mm	$\phi6$	$\phi10$	$\phi12$	$\phi16$	$\phi19$
深度 /mm	7.5	12	14.5	19	22

(a) 根据铜管直径选择夹具

(b) 将铜管夹入夹具并旋紧

(c) 套入顶压装置使胀头对准管中心

(d) 顺时针旋转杠杆手柄

(e) 逆时针旋转杠杆手柄使胀头退出

(f) 胀管完成后的杯形口

图 6-14 杯形口制作操作流程图

任务 2 制冷系统管路的连接技能

◆ 任务目标

1. 了解气焊设备构成、特点和使用方法。
2. 掌握使用气焊设备进行铜管焊接的方法。
3. 掌握管路螺纹连接的方法。

知识储备

一、制冷系统管路的钎焊

制冷设备的铜管与铜管、铜管与换热器、铜管与压缩机等之间需要连接。在这些连接中，一般采用钎焊。钎焊就是利用可燃气体和助燃气体混合后产生的高温火焰来熔接管口，使两个管口冷却凝固后形成一个不可分离的接头。

1. 氧气－乙炔焊接设备

在制冷设备安装与维修中，常用的钎焊设备是氧气－乙炔焊接设备，简称气焊设备。它主要由氧气瓶、乙炔气瓶、减压阀（又称调压器）、橡胶管（又称为输气软管或连接管）、焊枪（又称为焊炬）等组成，如图 6-15 所示。

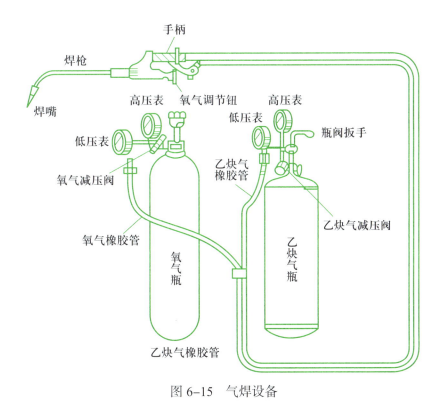

图 6-15　气焊设备

（1）氧气瓶

氧气瓶是储存和运输氧气的高压容器，由铬钼材料制成，包括瓶体、瓶阀两部分，如图6-16所示，氧气瓶的容积一般为40 L，标准工作压力一般为15 MPa。

瓶帽

防振橡胶圈

瓶体

减压阀　　瓶阀

图6-16　氧气瓶

氧气瓶主要由瓶帽、瓶阀、瓶体、防振橡胶圈等组成。氧气瓶瓶阀上装有减压阀（调压器），用来调节氧气压力和指示瓶内氧气压力、调压后氧气压力。为了在使用中能正确识别氧气瓶，除在瓶体表面标有字样外，还涂上一层天蓝色油漆，以区别于其他钢瓶。

指点迷津　氧气瓶使用注意事项

①氧气瓶外表的颜色应符合《气瓶安全技术监察规程》的要求，所有附件应完好无损。

②氧气瓶一般应直立放置，并安放稳固，防止倾倒。氧气瓶要放在阴凉处或用石棉瓦等遮盖，严禁阳光直射或靠近火源，以防因温度升高使瓶内压力剧增，引起爆炸。冬天，氧气瓶应放在暖室内，如出气嘴解冻应用浸热水的毛巾，不能用火烤。

③取瓶帽时，只能用手或扳手旋转，禁止用铁锤等硬物敲击。

④在瓶阀上安装减压阀时，和阀门连接的螺母应拧紧，以防止开气时脱落。氧气瓶使用时，按逆向时针方向旋转瓶阀的手轮，可开启瓶阀，反之则关闭瓶阀。

⑤严禁易燃物和油脂接触氧气瓶、氧气减压阀、焊枪、橡胶输氧管，以免引起火灾和爆炸。

⑥搬运氧气瓶必须戴上瓶帽，避免碰撞。不能与可燃气瓶、油脂和任何可燃物一起运输。

⑦开启氧气瓶时，不要用力过猛，打开即可，不要旋转超过1圈。

⑧瓶内气体不能全部用完，必须留有不小于0.1～0.2 MPa表压的余气，以便充气时鉴别气体的性质和吹除瓶阀口的灰尘，以及防止可燃气体倒流，发生事故。

⑨氧气瓶应每三年进行一次全面检验，合格后才能继续使用。

（2）乙炔瓶

乙炔瓶是储存和运输乙炔气体的一种高压容器，如图 6-17 所示。

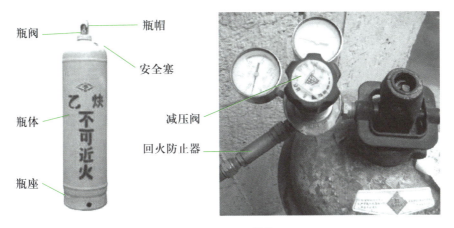

图 6-17　乙炔瓶

乙炔瓶由安全塞、瓶帽、瓶阀、瓶体、瓶座等组成，容积一般为 40 L，标准工作压力约为 1.5 MPa。乙炔瓶瓶阀上装有减压阀（调压器），用来调节乙炔压力和指示瓶内乙炔压力、调压后乙炔压力。为了在使用中能正确识别乙炔瓶，除在瓶体表面标有字样外，还涂上一层白色油漆，以区别其他钢瓶。

指点迷津　乙炔瓶使用注意事项

乙炔是可燃性气体，也是一种具有爆炸性危险的气体。当温度在 300 ℃ 以上或压力在 0.15 MPa 以上时，乙炔遇火即发生爆炸，乙炔与空气或氧气混合而成的气体也具有爆炸性。因此，乙炔瓶的使用除了必须遵守与氧气瓶的相同使用要求外，还必须严格遵守下列各项：

① 乙炔瓶在工作时应直立放置，因卧置时会使丙酮随乙炔流出，甚至通过调压器而流入乙炔橡胶管和焊枪内，这是非常危险的。

② 乙炔瓶不应遭受剧烈的振动或撞击，以免瓶内的多孔性填料下沉而形成空洞，影响乙炔的储存。

③ 乙炔瓶体表面的温度不应超过 30～40 ℃。因为乙炔瓶温度过高会降低丙酮对乙炔的溶解度，而使瓶内的乙炔压力急剧增高。

④ 乙炔减压阀与乙炔瓶的瓶阀连接必须可靠，严禁在漏气的情况下使用，否则会形成乙炔与空气的混合气体，一旦触及明火就会发生爆炸事故。

⑤ 乙炔瓶内乙炔不能全部用完，当高压表读数为零，低压表读数为 0.01～0.03 MPa 时，应将瓶阀关紧。

⑥ 乙炔瓶使用压力不得超过 0.15 MPa，输出流量不应超过 1.5～2.5 m^3/h。

⑦ 乙炔瓶的放置地点应离明火 10 m 以上，与氧气瓶距离大于 5 m，距气焊操作位置也应大于 5 m。

（3）减压阀

减压阀又称调压器，它是将瓶中的高压气体减压到气焊所需压力的一种调节装置，分为氧气减压阀和乙炔减压阀两种，如图6-18所示。

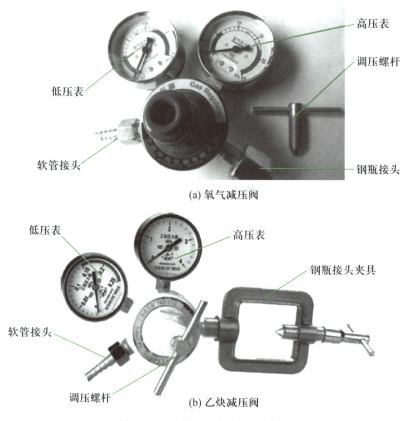

图6-18 氧气、乙炔气减压阀

指点迷津　减压阀使用注意事项

①使用时，要先将减压阀拧紧到瓶阀上，再将橡胶管接到减压阀低压端出口处，并用卡箍拧紧。采用螺纹连接时，应拧足5个螺扣以上；采用专门夹具压紧时，夹具应平整牢固。

②减压阀不得粘有油脂，如有油脂应擦洗干净后再使用。

③调节工作气体压力时，顺时针方向旋转调压螺杆，便可以调节输出低压气体压力。

④停止工作时，应先完全松开减压阀的调压螺杆，再关闭气瓶，并把减压阀内气体慢慢放尽，以免减压阀的保护弹簧和减压阀门损坏。

⑤减压阀应定期检修，压力表必须定期检验，以确保调压可靠和压力表读数准确。若发现漏气、表针动作不灵活等情况时，应立即报修，切忌自行处理。

（4）焊枪

焊枪又称焊炬，是气焊时用于控制气体混合比、流量及火焰，并进行焊接的工具。它能将可燃气体和氧气按一定比例混合，并以一定的速度喷出燃烧而生成具有一定能量、成分和形状的稳定火焰。

　　焊枪按可燃气体与氧气混合方式不同可分为射吸式和等压式两种；按尺寸和重量不同可分为标准型和轻便型两种；按火焰的数目不同可分为单焰和多焰两种；按可燃气体的种类不同分为乙炔、氢气、汽油等种类；按使用方法不同分为手用和机械两种。目前国产的焊枪均为射吸式，如图 6-19 所示。其工作原理是：逆时针方向开启乙炔调节阀时，乙炔聚集在喷嘴的外围，并单独通过射吸式的混合气道由焊嘴喷出，但压力很低。当逆时针旋转氧气调节阀时，调节阀上的阀针就会向后移动，阀针尖端离开喷嘴，且留有一定间隙，此时氧气即从喷嘴口快速喷出，将聚集在喷嘴周围的低压乙炔吸出，使氧气和乙炔按一定比例混合，经过射吸管，从焊嘴喷出。图 6-20 所示为焊接粗管径铜管用的双焊嘴射吸式焊枪。

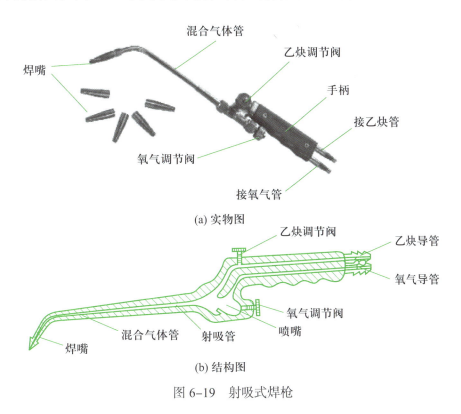

(a) 实物图

(b) 结构图

图 6-19　射吸式焊枪

（5）其他辅助工具

　　① 回火防止器　乙炔发生器必须安装回火防止器。在气焊或气割过程中，发生的气体火焰进入喷嘴内逆向燃烧的现象称为回火（当焊枪或割枪的焊嘴或割嘴被堵塞，焊嘴或割嘴过热，乙炔压力过低或橡胶管堵塞，焊枪、割枪失修等使燃烧速度大于混合气流出速度、氧气倒流等均可导致回火）。回火时，一旦逆向燃烧的火焰进入乙炔发生器内，就会发生燃烧爆

图 6-20　双焊嘴射吸式焊枪

炸事故。回火防止器如图 6-21 所示，其作用是：当焊枪和割枪发生回火时，可以防止火焰倒流进入乙炔发生器或乙炔瓶，或阻止火焰在乙炔管道内燃烧，从而保障乙炔发生器或乙炔瓶等的安全。

②橡胶输气管 在气焊设备中，橡胶输气管（简称胶管）有两根，一根是氧气胶管，另一根为乙炔胶管，如图 6-22 所示。氧气胶管为红色，内径为 8 mm，工作压力为 1.5 MPa，试验压力为 3.0 MPa。乙炔胶管为黑色，内径为 10 mm，工作压力为 0.5 MPa。

图 6-21 回火防止器

图 6-22 橡胶输气管

指点迷津 胶管使用注意事项

①氧气和乙炔胶管因强度不同，使用中不得相互代替。

②气焊设备中的胶管长度一般为 10～15 m，不可短于 5 m，但太长会增加气体流动阻力。接头处必须用卡箍或金属丝卡紧或扎牢。氧气胶管与焊枪 1.5 m 距离内不得有接头。

③乙炔胶管使用中发生脱落、破裂、着火时，应先将焊枪火焰熄灭，然后停止供气。氧气胶管着火时，应迅速关闭氧气瓶阀，停止供气，不得使用弯折的办法；乙炔胶管着火时可弯折前面一段输气管熄灭火焰。

④禁止把胶管放在高温管道和电线上，禁止把重或热的物体压在胶管上，也禁止将胶管与电焊用的导线铺设在一起。

⑤胶管老化后易出现漏气现象，应及时更换，以防发生危险。

2. 焊料和焊剂

（1）焊料

焊料又称为焊条，分为银铜焊条、铜磷焊条和铜锌焊条等。为提高焊接质量，要根据焊件材料选用合适的焊条。铜管与铜管之间的焊接可选用铜磷焊条，如图 6-23（a）所示。

（2）焊剂

焊剂又称为焊粉、焊药、熔剂。焊剂能在钎焊过程中使焊件上的氧化物或杂质生成熔渣。熔渣覆盖在焊件表面，使焊件与空气隔绝，防止焊件在高温下继续氧化。若不用焊剂，焊件上的氧化物会夹杂在焊缝中，使焊接处的强度降低，产生泄漏。

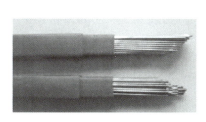

(a) 焊料　　　　　　　(b) 焊剂

图 6-23　焊料和焊剂

钎焊焊剂分为非腐蚀性焊剂和活性化焊剂。非腐蚀性焊剂有硼砂、硼酸、硅酸等。活性化焊剂是在非腐蚀性焊剂中加一定量的氟化钾、氟化钠等化合物，具有较强的清除焊件上金属氧化物和杂质的能力，但焊剂的熔渣对金属有腐蚀作用，焊接完毕必须完全清除。焊剂如图 6-23（b）所示。

钎焊时，要根据焊件材料、焊料来选择焊剂。例如铜管与铜管的焊接，选用铜磷焊条，可不用焊剂。若使用银铜焊条，可选择非腐蚀性焊剂，如硼砂、硼酸。

3. 焊接火焰

乙炔与氧气混合燃烧形成的火焰，称为氧气–乙炔火焰。在氧气–乙炔气焊过程中，根据氧气与乙炔的混合比例不同，可分为中性焰、碳化焰和氧化焰 3 种类型，其构造和形状如图 6-24 所示。

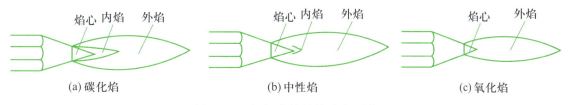

(a) 碳化焰　　　　　　(b) 中性焰　　　　　　(c) 氧化焰

图 6-24　气焊火焰的构造与形状

（1）碳化焰

当氧气与乙炔的混合比值<1 时，所得到的火焰为碳化焰，这种火焰的气体中尚有部分乙炔未燃烧。碳化焰由焰心、内焰和外焰 3 部分组成，如图 6-24（a）所示。碳化焰焰心较长，呈蓝白色。内焰呈淡蓝色，它的长度与碳化焰内乙炔的含量有关，乙炔过剩量较多则内焰较长；乙炔过剩量较少则内焰短小。外焰呈橘红色，除了包含水蒸气、二氧化碳、氧气及氮气外，还有部分碳素微粒。碳化焰 3 层火焰之间没有明显轮廓。碳化焰的最高温度为 2 700～3 000 ℃。由于在碳化焰中有过剩的乙炔，它可以分解为氢气和碳，在焊接碳钢时，火焰中游离状态的碳会渗到熔池中，增大焊缝的含碳量，使焊缝金属的强度提高而使其塑性降低。

（2）中性焰

当氧气与乙炔的混合比值为 1.1～1.2 时，乙炔可以充分燃烧，既无过剩的氧又无游离的碳，这种火焰称为中性焰。中性焰热量集中，温度可达 3 050～3 150 ℃，它也是由焰心、内焰和外焰 3 部分组成的，如图 6-24（b）所示。中性焰的焰心呈尖锥形，色白而明亮，轮廓清楚，但焰心温度较低，一般只有 800～1 200 ℃，而且存在着游离的碳，具有很强的渗碳性，所以不能用来焊接；内焰主要是乙炔的不完全燃烧产物，呈蓝白色，有深蓝色线条，处在焰心前 2～4 mm 部位，它的温度最高，可达 3 100～3 150 ℃，这个区域最适合焊接；外焰处在内焰的外部，与内焰没有明显的界限，颜色从淡紫色逐渐向橙黄色变化，温度也较低，只有 1 200～2 500 ℃，而且热量不集中，故不适合焊接。

（3）氧化焰

当氧气与乙炔的混合比值大于 1.2 时，得到的火焰称为氧化焰。它燃烧后的气体火焰中，仍有部分过剩的氧。氧化焰主要由焰心和外焰两部分组成，如图 6-24（c）所示。氧化焰的焰心短而尖，颜色较淡，轮廓不太明显。内焰很短，几乎看不到。外焰呈蓝色，火焰挺直，燃烧时发出急剧的"嘶嘶"声。氧化焰的最高温度可达 3 100～3 400 ℃。一般材料的焊接，绝不能采用氧化焰。

4．一般气焊操作技术

① 焊枪点火前的检查　打开乙炔、氧气瓶阀，观察压力表指针是否在规定压力范围内，如果压力过高，不能使用焊枪，应重新调整。

② 点火操作　首先打开乙炔调节阀，同时打开氧气调节阀，放出氧气和乙炔的混合气，用火柴、打火机或电火花等明火点燃焊接火焰。注意点火时必须要有适量的氧气，单纯的乙炔点燃会冒黑烟。

③ 火焰的调节　刚点燃的火焰通常为碳化焰。然后根据所焊材料的性质进行调节，如选用中性焰则调节方法如下：逐渐增加氧气，直到点燃的碳化焰的内焰与外焰没有明显的界限为止，即为中性焰。如果再增加氧气或减少乙炔，就能得到氧化焰。

④ 灭火操作　首先关闭乙炔调节阀，然后再关闭氧气调节阀，即熄灭焊接火焰。如果先关闭氧气调节阀，会冒烟或产生回火现象。注意氧气和乙炔调节阀关闭不要过紧（以不漏气即可），以防磨损，降低焊枪的使用寿命。

知识拓展　气焊火焰的要求与调节方法

1. 氧气-乙炔气焊对火焰的要求
① 火焰要有足够高的温度。
② 火焰体积要小，焰心要直，热量要集中。
③ 火焰应不使或很少使焊缝金属增碳。

2．火焰调节方法

焊接前应根据不同的焊接材料，选用不同的焊接火焰。在整个钎焊过程中，操作者应注意观察火焰性质的变化，并及时进行调节，保证火焰的性质不变。

①火焰性质的调节　通过调节乙炔调节阀、氧气调节阀来控制气体流量，从而获得不同性质的火焰。

②调节焊嘴与被焊件之间的距离　调节焊嘴与被焊件之间的距离是为了获得沿火焰中心线各点的不同温度，以达到增减焊接温度（热量）的效果。焊嘴与焊件不同距离时的各点温度如图 6-25 所示。

③调节焊嘴与被焊件表面的夹角　在焊接时，火焰热量还与被焊件表面的夹角有关。焊嘴垂直于焊件表面时，热量较为集中，焊件吸热量大；随着夹角的减小，焊件吸热量下降。一般焊嘴与被焊件表面夹角的变动范围为 10°～80°，如图 6-26 所示。

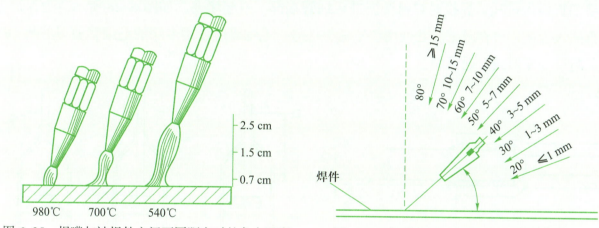

图 6-25　焊嘴与被焊件之间不同距离时的各点温度　　　图 6-26　焊嘴与被焊件表面夹角变化示意图

5．铜管与铜管之间的焊接

用气焊进行铜管的钎焊要具备以下条件：一是插管钎焊时，两管之间要有适当的嵌合间隙；二是铜管表面要清洁无油污；三是焊料、火候要适当；四是有熟悉的钎焊技术。铜管与铜管之间的焊接过程和技术要求如下。

（1）铜管的清洁处理

焊接铜管接头一定要清洁光亮，不可有油污、涂料、氧化层，否则会影响焊料的流动性，造成焊接不良、产生气孔或假焊。焊接铜管接头不能有毛刺、锈蚀，否则会影响焊接质量，造成制冷剂泄漏。为保证接头清洁光亮，在焊接前可用干布对接头进行擦拭，用倒角器去除毛刺，同时注意不可用有油污的手或手套污染铜管接头。

（2）将铜管插入

在套插铜管时，接缝间隙对连接部件的强度有较大的影响。间隙过小，焊料不能很好地进入间隙内，容易造成焊接强度不够或虚焊；间隙过大，则妨碍熔化焊料的毛细作用，焊料使用量增多，并且由于焊料难以均匀地渗入，会出现气孔，导致漏气。配管钎焊部分的插入长度过短，则会降低钎焊处的强度。插入深度与配合间隙见图6-27及表6-4中的建议。

表6-4　配管钎焊时插入深度与配合间隙

管外径 /mm	最小插入深度 /mm	配合间隙 /mm
5～8	6	0.035～0.05
8～12	7	0.035～0.05
12～16	8	0.045～0.05
16～25	10	0.05～0.055
25～35	12	0.05～0.055

焊接毛细管与干燥过滤器时，若毛细管插入过深会触及过滤网，造成制冷剂流动受阻；若毛细管插入过浅，焊接时焊料会流进毛细管端部，引起堵塞，如图6-28所示。为保证毛细管插入合适，可在限定尺寸处用色笔标上记号。毛细管应使用专用的毛细管剪刀剪断，以避免断口处变形或出现毛刺。

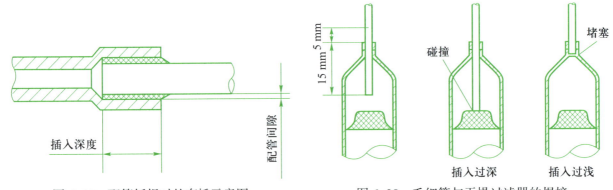

图6-27　配管钎焊时的套插示意图　　　　图6-28　毛细管与干燥过滤器的焊接

焊接毛细管与粗铜管前，应用专用夹扁钳将粗铜管夹扁，再将毛细管插入铜管内，如图6-29所示。

压缩机导管（吸气管、排气管、工艺管）与制冷管道焊接时，制冷管道插入压缩机导管的深度必须大于10 mm，若过小，在加热时插入管易移位（向外移动）而导致焊料堵塞管口，如图6-30所示。

（3）充氮保护

用钎焊方式连接配管时，管内会因加热而产生氧化铜，若这种氧化铜在制冷设备运转过程中进入压缩机内，会对压缩机运行产生危害。因此，钎焊配管时，一定要使氮气流过接缝处，防止管内部氧化。氮气的流量控制在表面上略微能感觉到有气流即可。钎焊后，若立刻停止供氮气，则仍存在产生氧化铜的可能，所以应在连接部位的温度降到200 ℃以下之前，继续通氮气。充氮时充氮接管如果太细，氮气会将空气吸入配管内，造成保护效果较差；如果出气口较大且出气口离焊接点小于 150 mm 时，出气口附近容易氧化。因此，若有条件应将进口或出口做好密封。

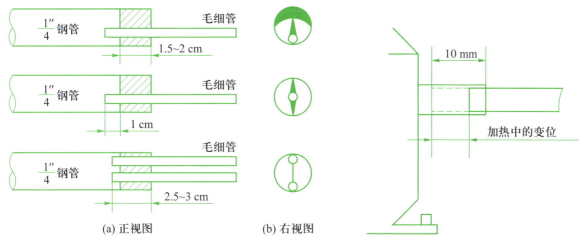

(a) 正视图　　　　　　　　(b) 右视图

图 6-29　毛细管与不同管径铜管的焊接结构示意图　图 6-30　压缩机导管与制冷管道的焊接结构示意图

（4）铜管的加热

焊接前，应根据钎焊所需的热量大小来选择焊枪和焊嘴，一般可选用 5～6 号焊嘴。

焊枪点火后，使火焰在 A、B 两点间绕接头圆周连续来回移动，使套管均匀加热，加热到套管至樱桃红色，如图 6-31 所示。加热时，为防止空气中水分从钎焊间隙进入管内，其火焰方向应如图 6-32 所示。

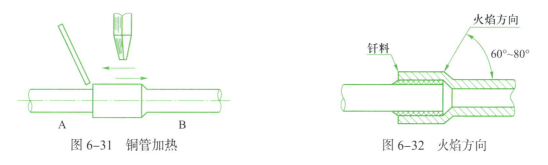

图 6-31　铜管加热　　　　　　　　图 6-32　火焰方向

（5）铜管的焊接

当套管加热到樱桃红色时，将涂有焊剂的焊料置于焊接点，使熔化的焊料渗入结合间隙中，直到焊缝表面平整即可。加热时，不能先直接对焊料加热，否则会使钎焊间隙由于没有被适当加热而无法发挥毛细作用。

（6）移开火焰

当焊缝表面平整后，再过几秒将焊枪和焊料移开。如果怀疑或查出插入管与套管间仍有间隙，则应再次加热补焊。

在焊料没有完全凝固前，绝对不可使铜管摇动或振动，否则焊接处会产生裂缝，造成泄漏。

焊接完毕必须将焊接部位清理干净，不可有残留氧化物、焊渣等。图 6-33 所示为常见钎焊操作示意图。

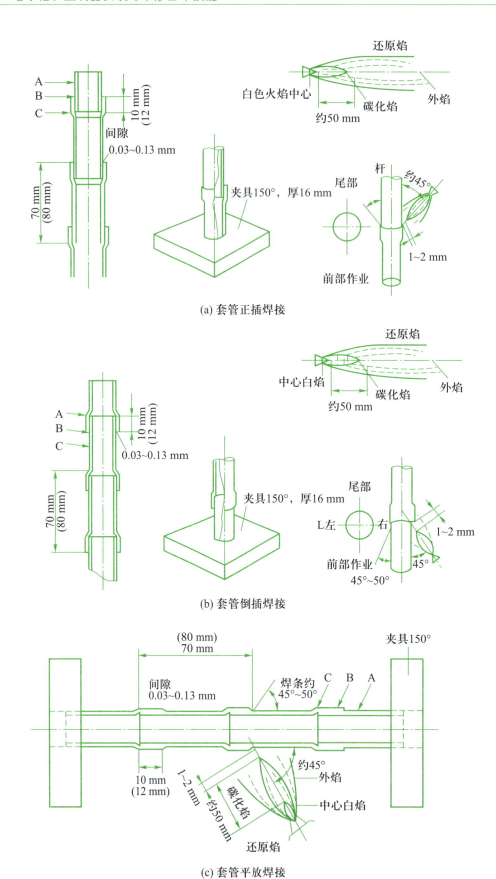

(a) 套管正插焊接

(b) 套管倒插焊接

(c) 套管平放焊接

图 6-33　常见钎焊操作示意图

焊接是否可靠、不堵不漏，应用制冷剂或氮气充入管内进行检查。常见焊接质量问题的判断及原因分析见表 6-5。

表 6-5　常见焊接质量问题判断及原因分析

序号	质量问题	现象	原因分析
1	虚焊	焊缝区域形成夹层，部分焊料呈滴状分布在焊缝表面	操作不熟练或不细心；焊接前没有将管件周边的毛刺或污垢清除干净；温度控制不均匀，焊接时氧气压力不够或不纯造成火焰温度不足；管件装配间隙过小
2	过烧	焊缝区域表面出现烧伤痕迹，如出现粗糙的麻点、管件氧化皮严重脱落、铜管颜色呈水白色等	焊接次数过多；焊接时温度过高，调节火焰过大；焊接时间过长
3	气孔	焊缝表面上分布有孔眼	焊接前，焊料和管件焊点附近有脏物未清除或除净后又被其他污物弄脏；焊接过快或过慢
4	裂纹	焊缝表面出现裂纹	焊料含磷量多于 7%；焊接中断；焊缝没有完全凝固就移动焊件
5	烧穿	焊件靠近焊缝处被烧损穿洞	操作不熟练，动作慢或不细心；焊接时未摆动火焰；火焰调节不当，氧气量过大；温度控制不均匀
6	漏焊	焊缝不完整，部分位置未熔合成整条焊缝	操作不熟练或不细心；施加焊料时温度不均匀，火焰调节不当
7	咬边	焊缝边缘被火焰伤成腐蚀状，但又没有完全烧穿，管壁本身被烧损	操作不熟练；火焰预热部位不当；火焰调节不当；温度控制不均匀；操作时手不稳定
8	焊瘤	焊缝处的钎料走出焊缝平面形成眼泪状	温度控制不均匀；焊料施加量过多或施加位置不当；焊接时焊件摆放位置不平

二、制冷系统管路的连接

制冷系统管路的连接方法除钎焊外，还有丝母连接、扩口连接和快速接头连接等。

1. 丝母连接

就是通过双向接头将两根铜管由螺母连接为一体的连接方法，如图 6-34 所示。该方法操作简单，但连接后密封性、可靠性较差，螺母连接处须严格检漏，合格后才能使用。

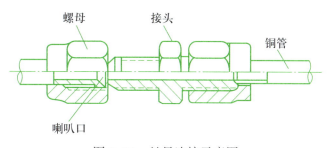

图 6-34　丝母连接示意图

2.扩口连接

这是较为常用的方法，在被连接的铜管端部扩制成喇叭口后，涂上少量冷冻油，对正管口，先用手拧紧螺母，再用扳手拧紧，如图 6-35 所示。

3.快速接头连接

快速接头连接有多次弹簧自封式及扩口螺纹式等几种。快速接头连接具有操作快的特点，一般不超过 5 s。连接时，先检查两个接头处是否有油污、水污及脏物，在接头处涂上少量冷冻油，然后用手将两接头对准，用力矩扳手拧紧（呆扳手固定），如图 6-36 所示。

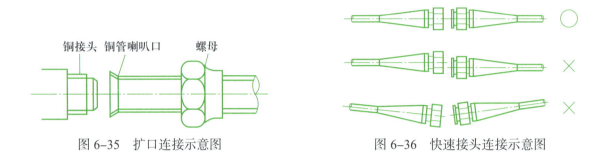

铜接头　铜管喇叭口　　螺母

图 6-35　扩口连接示意图　　　　　　　　图 6-36　快速接头连接示意图

任务 3　制冷系统维修技能

◆ 任务目标

1. 掌握制冷系统检漏的步骤和方法。
2. 掌握制冷系统抽真空的步骤和方法。
3. 掌握制冷系统充注制冷剂的步骤和方法。

▦ 知识储备

一、制冷系统的检漏技能

制冷系统泄漏是电冰箱、空调器的常见故障，正确选择检漏方法和检漏工具并准确判断泄漏点位置是制冷系统泄漏故障维修的基础，有效采取修补泄漏方案是关键。

维修电冰箱、空调器时，可根据其制冷（制热）效果的变化，初步判断制冷系统是否有泄漏。一般来讲，压缩机长时间运转不停机并且制冷（制热）效果明显变差，可认定为制冷剂泄漏。如果是压缩机运转时间过长，停机时间变短，制冷效果下降，则应综合分析各种因素，最终做出准确的判断。

根据泄漏的部位，可分为外漏和内漏 2 种形式。对于电冰箱，在箱体外部的制冷系统管路及部件泄漏称为外漏，在箱体内部的泄漏称为内漏；对于空调器，由于只要打开室内外机的外壳，其制冷系统管路及部件都可观察到，因此制冷系统的泄漏全部为外漏。

1．制冷系统泄漏的主要部位及原因

电冰箱、空调器制冷系统的泄漏点因密封方式不同而不同。对于采用气焊连接密封的部位，主要原因是焊接口有裂纹、砂眼、松脱、断裂，例如换热器"U"形管焊接口、压缩机"U"形管焊接口等；对于采用螺纹连接的部位，主要原因是连接处松动、密封面氧化、喇叭口开裂等，例如压力检测仪表与控制设备接口、室内外机连接管连接处等；对于采用橡胶密封的部位，主要原因是橡胶老化、破损、变形、松动、磨损等，例如电磁阀、截止阀等的密封橡胶处；对于采用金属薄膜密封的部位，主要是膜片破损，例如压力保护开关处。另外，还有管路弯扁折裂、管路相碰、由于振动磨漏以及管路或部件质量问题产生的泄漏，例如毛细管变形后与铜管相碰磨漏、电磁四通换向阀泄漏、压缩机接线柱泄漏等。

2．制冷系统的检漏方法

电冰箱、空调器制冷系统的检漏方法有目测检漏法、卤素灯检漏法、电子检漏仪检漏法、肥皂水检漏法、浸水检漏法等。

（1）目测检漏法

目测检漏法常用于电冰箱、空调器等制冷设备外部泄漏的检查。这是因为当制冷剂泄漏时，一般会伴有冷冻油渗出。利用这一特性，可用目测法观察整个制冷系统的管路和部件，特别是各焊接口部位、管路弯曲部位以及外露易碰的部位是否有折纹、开裂、微孔和油污等。对空调器而言，还要重点观察室外机连接管接头及截止阀上有无油污。若油污不明显，可放上一张白纸或白布轻轻按压，若油污明显，则说明该点确有渗漏。

（2）卤素灯检漏法

卤素灯是以工业酒精为燃料的喷灯，靠鉴别其火焰颜色变化来判断制冷剂泄漏量的大小。其原理是利用氟利昂气体与喷灯火焰接触即分解成氟、氯元素气体，氯元素与灯内炽热的铜丝接触，便产生氯化铜，火焰颜色即变为绿色或紫绿色。但这种检漏方法只适用于采用氟利昂类制冷剂的电冰箱、空调器等制冷设备，对采用 R600a、R410A 等制冷剂的电冰箱、空调器不适用。

（3）电子检漏仪检漏法

电子检漏仪是一种精密的检漏仪器。使用时将仪器的探头沿被测管路慢慢移动，探头移动速度在 50 mm/s 左右，探头距被测管路的距离在 3～5 mm 之间，遇有泄漏点仪器会发出警报。由于仪器的灵敏度很高，检漏时室内必须通风良好，不能在有卤素物质或其他烟雾污染的环境中使用。

（4）肥皂水检漏法

此方法简单易行，查漏时用小毛刷或海绵蘸上肥皂水，涂于需要检查的部位，并仔细观察，如果被检测部位有不断增大的气泡产生，则说明此处泄漏。还可根据气泡的大小、产生的速度判断泄漏的程度。

（5）浸水检漏法

这是一种简单而高效的检漏方法，常用于蒸发器、冷凝器、压缩机等部件的单体检漏。其方法是在被测部件内充入 0.8～1.2 MPa 的氮气，将被测部件放在 50 ℃左右的温水中，仔细观察有无气泡产生，若有气泡则说明该处有漏点。

3. 制冷系统的打压检漏操作方法

打压检漏就是在制冷系统内充注一定压力的氮气，然后根据压力表的变化情况来判断制冷系统的泄漏程度和查找泄漏点。它可分为整体打压检漏和分区打压检漏（又称为分段打压检漏）两种方法。一般来说先进行整体打压检漏，若此时在外露部分无法找到或不易找到泄漏点，而制冷系统又确实存在泄漏，这时再进行分区打压检漏来缩小泄漏点的寻找范围，直至最后找出泄漏点。

（1）制冷系统的整体打压检漏

电冰箱整体打压检漏示意图如图 6-37 所示，具体操作方法与步骤如下：

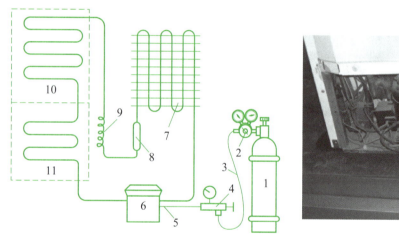

1- 氮气瓶；2- 减压阀；3- 高压输气管；4- 修理阀；5- 工艺管；6- 压缩机；
7- 冷凝器；8- 干燥过滤器；9- 毛细管；10、11- 蒸发器
图 6-37　电冰箱整体打压检漏法

① 割开压缩机工艺管，焊上带有真空压力表的修理阀，然后将阀关闭。

② 将氮气瓶的高压输气管与修理阀的进气口虚接（连接螺母稍松开）。

③ 打开氮气瓶阀，顺时针方向调节减压阀上的压力调节螺杆，当听到修理阀进口处有氮气排出的声音时，迅速拧紧输气管螺母，使输气管中的空气排出。

④ 打开修理阀，使氮气充入制冷系统内，然后调整减压阀压力调节螺杆。当制冷系统内的压力达到 0.8 MPa 左右时，关闭氮气瓶阀和修理阀阀门。

⑤ 用肥皂水对外露的管路、部件上所有焊接口进行检漏。每涂抹一处要仔细观察 3～5 s，如有气泡则证明该处泄漏，再重复涂抹 2～3 次，准确找到泄漏点。同时也要对压缩机焊缝、接线柱等处检漏，并观察修理阀上压力表的变化。

⑥ 如上述检查完成后无漏孔出现，则可对制冷系统进行 24 h 保压试漏。在 24 h 内，压降不允许超过 0.01 MPa，如果压降超过 0.01 MPa，则说明系统仍然存在漏点。

对于空调器制冷系统的打压检漏，只需要在空调器室外机的三通截止阀维修口处接入双表修理阀，充入 1.2 MPa 的高压氮气，其他操作方法与步骤与电冰箱相似。

（2）制冷系统的分区打压检漏

分区打压检漏的主要目的是缩小查找泄漏点的范围。对于电冰箱，其制冷系统的分区打压检漏法是将制冷系统按压力高低分为高压和低压两个区，高压区包括排气管、冷凝器、门防露管等，低压区包括蒸发器、毛细管和回气管等；对于空调器，制冷系统的分区打压检漏法是将制冷系统分为室内机与连接管和室外机两部分。

电冰箱制冷系统分区打压检漏操作方法如下：

① 用气焊将压缩机排气管、吸气管焊开，如图 6-38（a）所示。

② 在干燥过滤器与毛细管接头处离过滤器 2～5 cm 处用钳子剪断，再用气焊封死，如图 6-38（b）所示。

③ 用气焊在排气管和吸气管的端口处各焊接修理阀，如图 6-38（c）所示。

④ 从修理阀进气口处充入高压氮气，如图 6-38（d）所示。

(a) 焊开压缩机吸、排气管

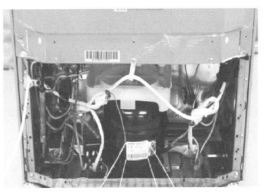
(b) 断开毛细管并封死

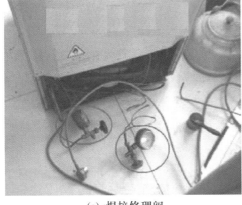
(c) 焊接修理阀

(d) 充入氮气

图 6-38　电冰箱分区打压检漏操作流程图

注意：高压氮气的压力应严格控制在规定范围内，对于高压区，可充入 1.0～1.2 MPa 的高压氮气；对于低压区，可充入 0.8 MPa 的氮气，以防铝板吹胀式蒸发器因压力过高而造成胀裂损坏。

⑤ 观察修理阀压力表指针的变化，同时用肥皂水对冷凝器进行检漏，特别是对那些因酸碱腐蚀而产生的斑点进行仔细检查。

有时为区分是左右侧冷凝器还是门防露管泄漏，可将冷凝器和门防露管分开后再打压检漏，以缩小泄漏点的范围。对不同间室的蒸发器也可采用同样方法进行分区打压检漏。

空调器分区打压检漏时，对于室外机，可在三通截止阀维修口接上双表修理阀，充入 1.2 MPa 的氮气后进行检漏；对于室内机和连接管路，可将气管（粗管）的一端用气焊封死，在液管（细管）处接上双表修理阀后充入 1.0 MPa 的氮气进行检漏。

（3）压缩机的打压检漏

将压缩机排气管和吸气管焊开后封死，从工艺管充入 1.2 MPa 的高压氮气后，将压缩机浸入水中进行检漏，也可用肥皂水进行检漏。压缩机泄漏的可疑点主要是焊缝和接线端子。

（4）制冷系统保压要求

在制冷系统检漏操作完成后，记下压力表的数据，保压 18～24 h。在保压期间要求压力不下降，但根据环境温度变化，允许每 1 ℃约有 0.01 MPa 的压力变化。如果 24 h 后系统压降在允许范围内，可确认为系统密封良好。

4. 制冷系统的抽真空检漏操作方法

在检查制冷系统有无泄漏时，还可以采用抽真空检漏法。抽真空检漏法是用真空泵对制冷系统进行抽真空，当制冷系统内残留空气的绝对压力低于 133 Pa 时，保持 24 h 后，观察真空压力表上的压力值有无升高。若压力升高，则说明制冷系统有泄漏点存在，则必须用其他方法找到泄漏点，进行补漏，直到排除泄漏。在抽真空检漏时，除抽出制冷系统的残留空气外，还可使制冷系统干燥。具体操作方法详见制冷系统抽真空及充注制冷剂技能。

二、制冷系统的抽真空技能

当制冷系统保压合格后，应立即对制冷系统抽真空，排除制冷系统中的空气和水分后，才能充注制冷剂。如果抽真空不彻底，则制冷系统中残留的空气、水分将会造成制冷系统冰堵、冷凝压力异常升高、系统零部件被腐蚀等。

1. 电冰箱制冷系统抽真空的方法

（1）低压侧抽真空

首先打开三通修理阀，将制冷系统中的氮气放掉，然后将真空泵与三通修理阀相连接，如图 6-39 所示。这种抽真空方法的特点是工艺简单，操作方便。电冰箱制冷系统高压侧的气体由于受毛细管流动阻力的影响，高压侧的真空度会低于低压侧的真空度，所以整个制冷

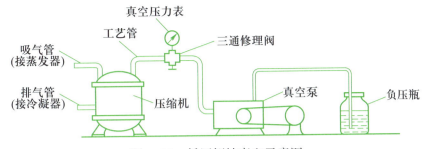

图 6-39　低压侧抽真空示意图

系统达到真空度要求的时间会较长。

具体操作时，先关闭三通修理阀，起动真空泵后，再缓慢打开三通修理阀阀门，开始抽真空。当抽真空持续时间超过 30 min，压力达到 –0.1 MPa，负压瓶中无气泡后关闭三通修理阀，再关闭真空泵。然后观察压力表的变化，若压力有回升则说明制冷系统有渗漏，须处理后再重新进行抽真空操作。

（2）高低压双侧抽真空

所谓高低压双侧抽真空就是在制冷系统的高、低压两侧同时进行抽真空，其目的是为了克服低压侧抽真空对高压侧真空度的影响，如图 6-40 所示。

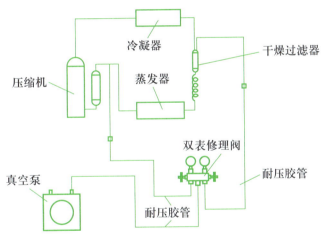

图 6-40　高低压双侧抽真空示意图

其操作方法是在干燥过滤器的工艺管上焊接抽真空工艺管，让其与压缩机上的工艺管通过双表修理阀并联在同一台真空泵上，同时进行抽真空，达到制冷系统的真空度要求后，先用封口钳将干燥过滤器上的工艺管封死，再关闭修理阀。然后继续抽真空 10～15 min 后，即可结束抽真空操作。

双侧抽真空可缩短抽真空时间，但焊点多，工艺要求高，操作复杂。

（3）二次抽真空

二次抽真空是在制冷系统抽真空达到一定真空度后，关闭三通修理阀，拧下真空泵抽气口上的耐压胶管，并接在制冷剂钢瓶阀口上，打开制冷剂钢瓶和三通修理阀阀门，向制冷系统内充入少量的制冷剂，使系统内压力恢复到大气压力后，起动压缩机运行 10～15 min，使制冷系统内的制冷剂与空气充分混合，然后再起动真空泵进行第二次抽真空。这种抽真空法可使制冷系统获得更高的真空度，但会浪费制冷剂。

注意：使用 R600a 制冷剂的电冰箱不允许二次抽真空，因为 R600a 制冷剂易燃易爆，如果采用二次抽真空，则排出的 R600a 制冷剂遇到明火就会爆炸。

2. 空调器制冷系统抽真空的方法

分体式空调器制冷系统抽真空的方法与电冰箱相似，如图 6-41 所示。其操作步骤如下：

① 首先检查配管连接是否完好。

② 将低压表软管与室外机三通截止阀维修口连接，并打开二通截止阀和三通截止阀。

③ 将公共软管与真空泵接头连接。

④ 完全打开双表修理阀的低压阀，完全关闭高压阀。

⑤ 开启运转真空泵进行抽真空，运转 30 min 以上，真空压力（绝对压力）达 133 Pa 以下（观察低压表的真空度达到 -0.1 MPa）为止，完全关闭低压阀，停止真空泵的运转。应保持此状态 1～2 min 以上后，确认低压压力表的指针是否返回，如果返回则检查泄漏处，且修复后再次进行真空泵的抽真空操作处理。

⑥ 从三通截止阀侧卸下低压表软管，拧紧二通及三通截止阀上的盖帽及维修口的螺帽。

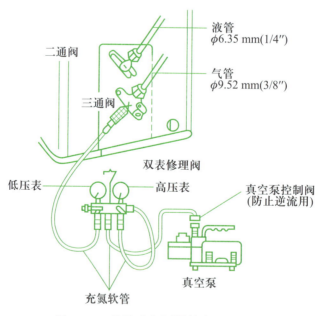

图 6-41　分体式空调器抽真空示意图

三、制冷系统的吹污操作技能

冷冻油或制冷剂的变质、压缩机烧毁等，会使制冷系统中含有杂质，应对整个制冷系统进行吹污操作。对于受轻度污染的制冷系统的清洗，只需拆下压缩机吸排气管和干燥过滤器，对冷凝器、毛细管、蒸发器组直接用 0.8 MPa 的高压氮气吹洗不少于 2 min 即可，其操作示意图如图 6-42 所示。对于严重污染的制冷系统，应用专用清洗剂（R113）和清洗设备对整个制冷系统进行吹污处理。

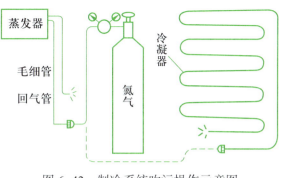

图 6-42　制冷系统吹污操作示意图

四、制冷剂的充注操作技能

当制冷系统经过检漏、补漏、抽真空后，就可充注制冷剂。制冷剂充注应以铭牌上制冷剂的类型和充注量为准，误差不能超过规定充注量的 ±5%。

电冰箱、空调器充注制冷剂时，根据充注制冷剂的状态，可分为气态充注法和液态充注法两种。气态充注法是将制冷剂钢瓶直立，制冷剂以气态充入制冷系统，压缩机可边工作边充注。其优点是可防止充注过程中出现液击事故，缺点是充注时易混入钢瓶中的水和不凝性气体。液态充注法是将制冷剂钢瓶倒立，制冷剂以液态充入制冷系统，充注时压缩机需停机。其优点是液态充注可减少水分、不凝性气体注入制冷系统，缺点是如果压缩机在工作状态以液态充注易引起液击。

1. 电冰箱制冷剂的充注操作技能

（1）制冷剂充注的操作方法

当抽真空结束后，卸下真空泵，将制冷剂钢瓶连接到三通修理阀上，先稍打开制冷剂钢瓶瓶阀，利用制冷剂将连接管中的空气排到三通修理阀软管接口部，再稍打开软管接口螺母，将空气排出，待手感到凉时迅速旋紧螺母，打开三通修理阀和制冷剂钢瓶阀，充入适量的制冷剂。

（2）制冷剂充注量的控制方法

① 称重法　称重法比较简单，就是按照电冰箱铭牌上标出的制冷剂量，灌入制冷系统。具体操作时，是将装有制冷剂的小钢瓶放在电子秤上，用软管将小钢瓶与三通修理阀连接后排出连接管中的空气，再将电子秤读数清零，打开三通修理阀即可充入制冷剂。这时应密切注意电子秤的指示数值，当钢瓶内制冷剂的减少量达到要求时应立即关闭三通修理阀，接通电冰箱电源，让压缩机运行 30 min 左右，检查蒸发器的结霜情况和压缩机的运行电流，一切正常后停机，再卸下制冷剂钢瓶。

② 定量充注法　定量充注法需要使用制冷剂定量加液器，如图 6-43 所示。定量加液器的内筒为耐压玻璃管，用以盛装制冷剂，外层为有机玻璃，刻有不同制冷剂在不同压力下的重量刻度。用定量加液器充注制冷剂时，先对加液器抽真空，再将制冷剂钢瓶接到出液截止阀上，即可向加液器内加液。

③ 综合判断法　电冰箱制冷剂的充注量一般采用综合判断法，就是通过观察接在压缩机工艺管上的压力表显示的压力和制冷系统的工作情况等来综合判断制冷剂的充注量是否准确。

a. 观察低压压力　制冷系统的低压压力与制冷剂的充注量有关，制冷剂充注量多，低压压力就高，充注量少，低压压力就低；低压压力的高低还受环境温度的影响。在环境温度为 25 ℃ 左右时，对于采用 R134a 制冷剂的电冰箱，正常运行时的低压压力为 0.03～0.06 MPa；对于采用 R600a 制冷剂的电冰箱，正常运行时的低压压力为 –0.03～–0.05 MPa。当环境温度升高或下降时，上述压力参考值应随之增大或减小，一般变化范围为 0.01～0.04 MPa。

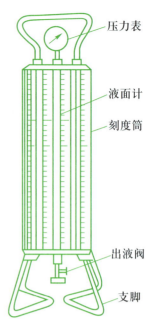

图 6-43　定量加液器

b. 观察蒸发器的结霜情况　制冷剂充注量准确时，电冰箱工作 20 min 后，冷藏室、冷冻室蒸发器表面结霜均匀，且霜薄而光滑，用湿手触摸蒸发器表面有粘手感。若制冷剂偏少，则蒸发器上结不满霜，甚至不结霜；若制冷剂偏多，则蒸发器表面结虚霜，用湿手摸无粘手感。

c. 摸冷凝器表面温度　制冷剂充注量准确时，电冰箱工作 20 min 后，冷凝器上部管道发热烫手，整个冷凝器从上至下散热均匀。若制冷剂偏少，则冷凝器上部温度偏低，中部、下部为常温；若制冷剂偏多，则整个冷凝器温度都异常偏高，上、中、下部没有明显的温差。

d. 摸干燥过滤器温度　制冷剂充注量准确时，电冰箱工作 20 min 后，干燥过滤器上有温热感。若制冷剂偏少，则干燥过滤器为常温；若制冷剂偏多，则干燥过滤器上温度偏高。

e. 摸低压回气管的温度　制冷剂充注量准确时，电冰箱工作 20 min 后，回气管上有凉感，在潮湿天气会结露。若没有凉感，则为制冷剂充注量不足。若回气管结霜，说明制冷剂充注量过多。压缩机在每次起动时，其回气管上不应结霜，而只是比环境温度低，如果在压缩机起动后的 1 min 左右，回气管上结霜，过一段时间霜又自然化掉，说明制冷剂充注稍有过量。

f. 测量压缩机运行电流　制冷剂充注量准确时，压缩机运行电流应为铭牌上标注的额定电流。若制冷剂偏少则运行电流偏小，反之偏大。

g. 观察压缩机开停时间　制冷剂充注量准确时，在温度为 25 ℃ 左右时，一般开机 5～10 min 后停 20～40 min。无论制冷剂偏多还是偏少，压缩机的开机时间均将延长，甚至出现不停机现象。

通过上述综合判断，就可以比较准确地判断制冷剂的充注量。

（3）工艺管的封口方法

当电冰箱充注制冷剂后，应开机运行 24 h，以观察电冰箱的运行情况是否符合要求。若电冰箱运行正常，则用专用封口钳在距压缩机工艺管口 15～20 cm 处将工艺管夹扁 2～3 处，其间隔为 1 cm，并将尾端处用老虎钳夹断，取下三通截止阀和剩余的连接管。然后将工艺管向下弯曲，用气焊将工艺管末端焊成一个光滑的水滴状焊点，再把其放入水中或用肥皂水检漏。初步确认无泄漏后可停止压缩机的运行，待制冷系统高、低压平衡后，再检查一次焊口是否有泄漏，若无泄漏就可确认封口结束。

注意：对于采用 R134a 制冷剂的电冰箱，封口时一定要使压缩机处于运行状态，因为这时工艺管中制冷剂的压力为低压压力，封口时不容易造成制冷剂泄漏。若在停机时封口，这时工艺管中制冷剂的压力为平衡压力，高于压缩机运行时的低压压力，封口时容易造成制冷剂泄漏。对于采用 R600a 制冷剂的电冰箱，因其运行时的低压压力为负压，若在压缩机运行时封口，一旦有泄漏则空气极易进入制冷系统，造成制冷系统运行异常（压力异常升高，压缩机长时间运行不停机）。因此，一般是先停止压缩机的运行，待压力快回升到 0 MPa 时，迅速进行封口操作。但应绝对避免制冷剂的泄漏，以防遇明火爆炸。

指点迷津　R600a 制冷剂电冰箱制冷系统维修操作工艺

由于 R600a 制冷剂的最大特点是与空气能形成爆炸性混合物。爆炸极限为 1.9%～8.4%（体积比），当达到或高于此比例时，如遇明火等即刻会引起爆炸，所以维修 R600a 制冷剂的电冰箱时，安全是最应注意的问题。

1. 维修场所的要求

由于 R600a 比空气重，因此要求维修现场周围应无火源，并保证良好的通风条件，以防 R600a 气体局部集聚形成安全隐患。在充注制冷剂时，为避免因静电而产生火花，要求所有设备必须可靠接地，所有的接线必须牢固，绝对不允许有接错现象。

2. 维修设备、工具及材料要求

专用的维修设备、工具及材料有 R600a 制冷剂钢瓶、便携式定量制冷剂加注机、排空钳、封口钳、洛克环、洛克环压接钳和洛克环密封液以及密封割管钳、电子秤等，如图 6-44 所示。

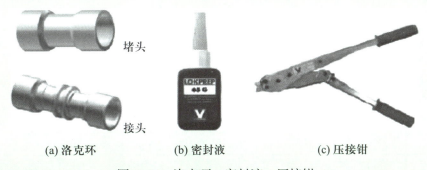

| (a) 洛克环 | (b) 密封液 | (c) 压接钳 |

图 6-44　洛克环、密封液、压接钳

采用洛克环连接是一种"冷"的管路连接工艺，它可以在不产生高温和其他污染杂质的前提下，可靠地将金属管路连接起来，其密封性非常好，可以阻止小分子物质如制冷剂的泄漏，而且可以承受相当大的内压。对于制冷剂管路来说，洛克环连接的密封可靠性比焊接要高。

3. 洛克环连接方法

在维修 R600a 制冷剂电冰箱制冷系统时，常在电冰箱的工艺管接口连接洛克环中的工艺管堵头。

洛克环连接方法见表 6-6。操作时将内管插入外管的扩口部分，然后将洛克环按正确的方向套在内管上，压接前必须在相应的部位滴加专用密封液，使其流入管子表面上的轴向沟槽，待其固化后即可确保整个结构密封的可靠性。完成连接后的洛克环可以承受 5 000 kPa 的压力，耐温范围为 −50～150 ℃，并可承受一定的拉拔、弯曲等外力作用。

表 6-6　洛克环连接方法

序号	操作要领	操作示意图
1	选择接头，滴加洛克环密封液	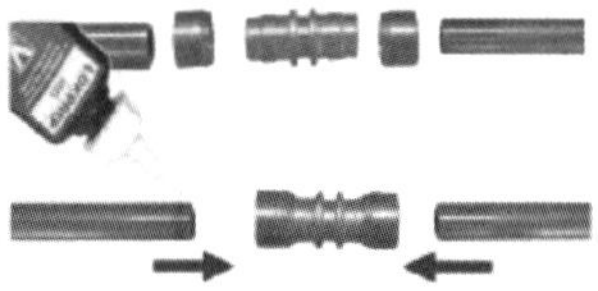
2	旋动洛克环，使洛克环均匀分布	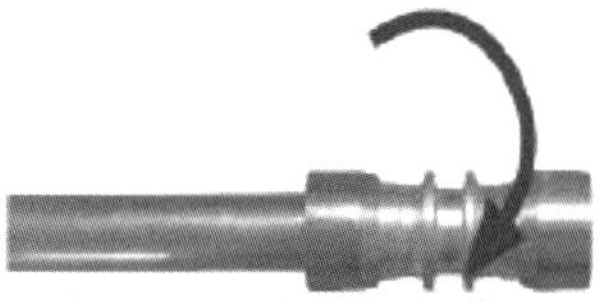
3	使用专用压接钳压接	

4. 制冷系统维修操作方法

下面以更换损坏的压缩机为例介绍制冷系统维修操作方法及流程，见表 6-7。

表 6-7　更换压缩机维修操作方法及流程

序号	操作步骤	操作要求	注意事项及图示
1	维修前检查	首先检查周围环境有无火源，并保持良好的通风，将维修专用设备及配件准备好，检查维修设备及电源的安全性。然后检查排空钳刺针状态，退出排空钳刺针。再检查排空钳导管和胶垫的密封性能，确认密封良好后，将排空钳的排气导管引出到外面	打开 R600a 制冷系统前必须将系统内的 R600a 排放到室外通风的空旷场地
2	高压端排空	将排空钳夹在干燥过滤器上，拧紧刺针，刺破管路，然后退出刺针。电冰箱接通电源，运行 5 min 后停止，轻轻晃动压缩机以便使与冷冻油箱溶解的部分 R600a 排放出来。暂停 3 min 后，再插电运行 5 min，使管路系统内制冷剂降低至最小。拧紧排空钳刺针，拔下电冰箱电源	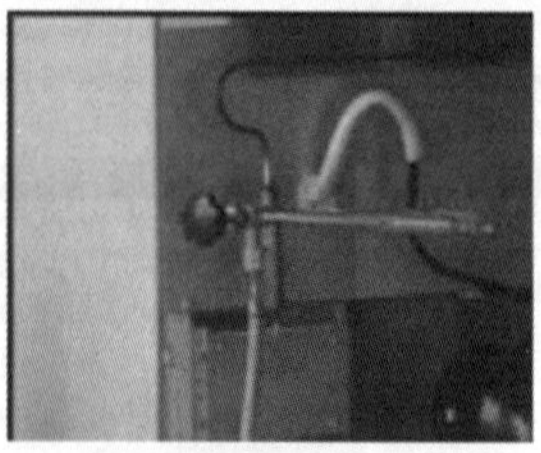

续表

序号	操作步骤	操作要求	注意事项及图示
3	低压端排空	再取另一把排空钳，检查好密封性后，将导管与小型便携式定量制冷剂加注机（简称抽真空充注设备）的 R600a 低压阀连接，并确认抽真空设备的各阀门都已关闭。将排空钳夹在压缩机工艺管上，拧紧刺针刺破管路，然后退出刺针。打开抽真空充注设备电源，依次旋开 R600a 低压阀及真空泵阀、真空表阀，对系统低压侧进行抽真空，10 min 后依次关闭 R600a 低压阀、真空泵阀、真空表阀，关闭抽真空设备电源。卸下压缩机工艺管上的排空钳和干燥过滤器上的排空钳，此时低压端排空完成	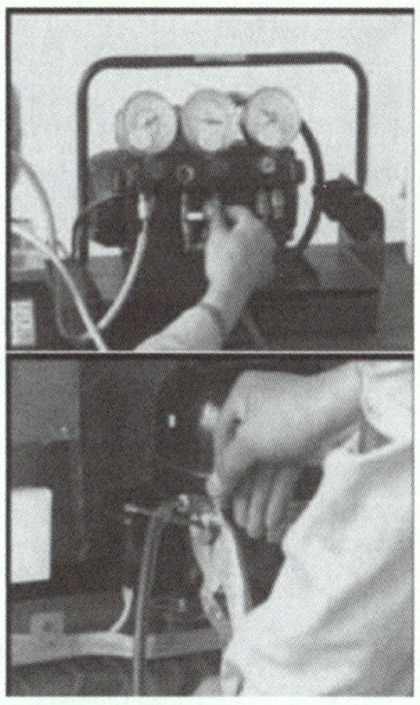
4	更换压缩机和干燥过滤器	拆下故障压缩机、干燥过滤器。对各管路吹氮清洗 5 s 以上，吹氮后为防止过多空气进入，用橡胶塞将各管口堵塞。更换新压缩机，重新焊好与压缩机相连接的各管口，并检查焊点质量。更换 R600a 专用的 XH-9 型干燥过滤器，焊接好与之相连接的管路接口，并检查焊点质量	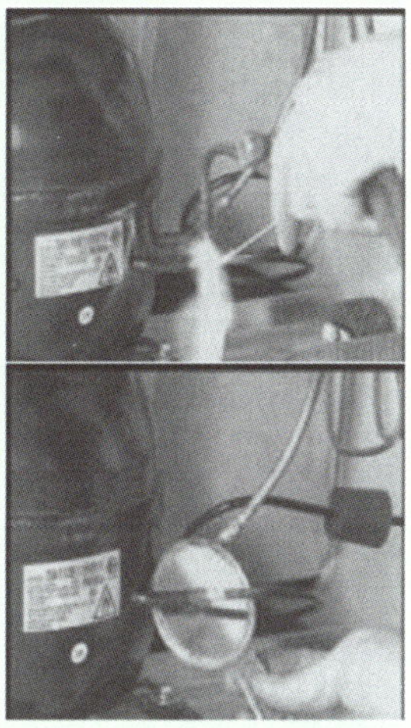
5	打压检漏	在压缩机工艺管口接上快速接头，通过快速接头充入 0.8 MPa 的氮气，用肥皂水检查各焊点是否泄漏，确认无泄漏后拔下快速接头，放掉氮气	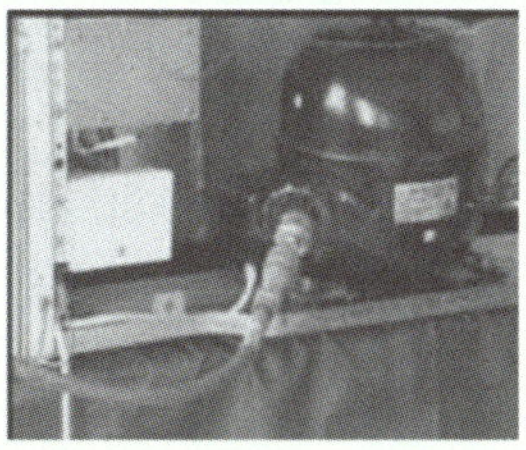
6	抽真空	将制冷剂钢瓶、抽真空充注设备、压缩机用软管连接，依次打开抽真空充注设备的制冷剂阀、R600a 阀、真空泵阀和真空表阀，抽真空 30 min 以上（应将连接制冷剂钢瓶的黄色软管与 R600a 充注蓝色软管一起抽成真空），在真空压力达到 133 Pa 以下要求后，依次关闭抽真空充注设备的制冷剂阀、R600a 阀、真空泵阀和真空表阀，关闭抽真空充注设备电源	

续表

序号	操作步骤	操作要求	注意事项及图示
7	制冷剂的充注	将制冷剂钢瓶倒立于电子秤上，并清零电子秤读数。依次打开制冷剂钢瓶瓶阀、抽真空充注设备的制冷剂阀、R600a 低压阀，插上电冰箱电源，使压缩机运行。此时电子秤读数以负数出现，数值随着压缩机的运行逐渐增大，当数值达到规定的充注量后，迅速关闭抽真空充注设备的制冷剂阀，旋紧制冷剂钢瓶瓶阀，再打开抽真空充注设备的制冷剂阀，将软管内残留的 R600a 充入制冷系统，1 min 后依次关闭抽真空充注设备的制冷剂阀、R600a 低压阀，拔下电冰箱电源插头	
		充注完成后，电冰箱内已充满 R600a 制冷剂，此后严禁明火，封口必须用洛克环工艺管堵头	
8	管口打磨	用封口钳垂直于压缩机工艺管，夹住管路，取下快速接头，用砂纸旋转打磨压缩机工艺管管口部分，最后用棉布擦拭干净	
9	用洛克环封闭管口	滴上洛克环密封液，套上堵头洛克环，旋转洛克环，使密封液充分均匀分布。 用压接钳将堵头洛克环逐步压接到位（压接过程用力要均衡，不能晃动）	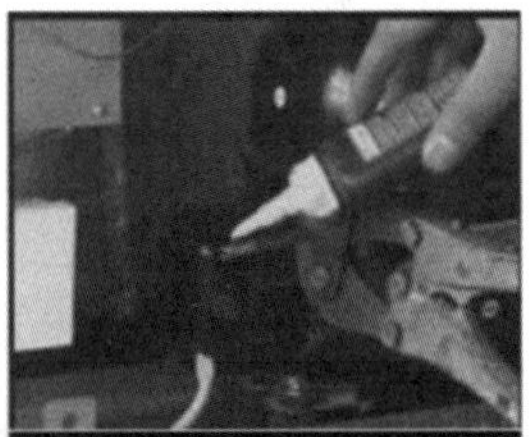 
10	封口后检漏	封口后，用肥皂水对封口处检漏。确认封口处无泄漏后，插上电冰箱电源，检查压缩机与电冰箱运行性能	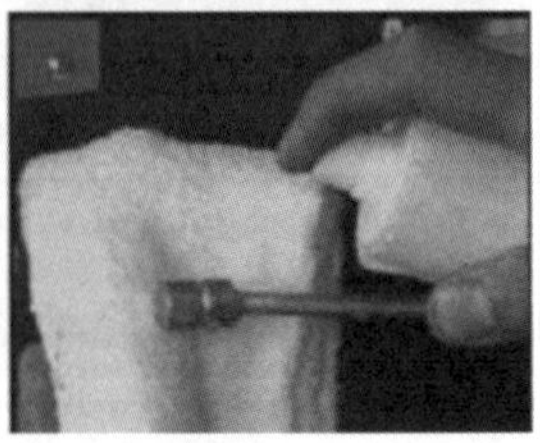

2. 空调器制冷剂的充注操作技能

对于分体式空调器，当制冷系统抽真空结束后，即可充注制冷剂，应注意空调器铭牌上所标注制冷剂的类型和充注量。

（1）充注制冷剂的操作方法

下面以 R410A 制冷剂为例，介绍空调器制冷剂的充注方法

对于采用 R410A 制冷剂的空调器，应注意必须充注 R410A 制冷剂液体，并用称量法（电子秤）定量加液，其操作方法是：先将制冷剂钢瓶放在电子秤上，按图 6-45 所示连接好管路，记录电子秤的读数，并确定要充注的制冷剂的重量。然后稍稍打开制冷剂钢瓶瓶阀后立刻关闭，轻按顶针阀，让气体从顶针处喷出，立刻放开（按顶针阀的时间不能按得太长，轻按一下就放开），重复操作 2～3 次，再打开双表修理阀的低压阀门，然后再打开制冷剂钢瓶阀，进行充注，根据需要充注的制冷剂重量，观察电子秤的读数，当充注的制冷剂足够时关闭制冷剂钢瓶瓶阀和双表修理阀低压阀门开关。充注完成后快速旋下连接维修口的双表修理阀低压软管，以防制冷剂泄漏甚至冻伤皮肤。最后装上截止阀的维修口螺帽。

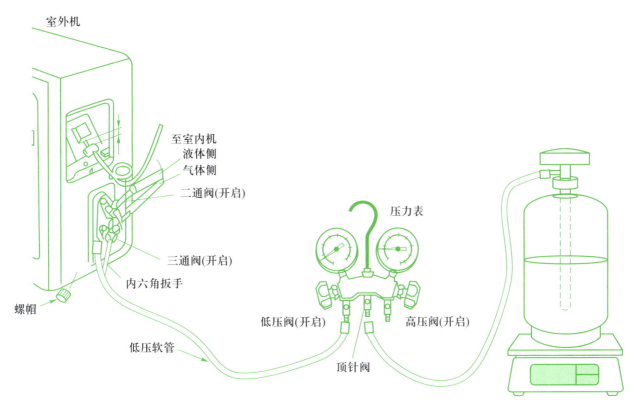

图 6-45　分体式空调器充注制冷剂操作示意图（R410A）

在充注 R410A 制冷剂时，应注意以下事项：一是当发现制冷系统有泄漏时，要将制冷系统中原有的制冷剂全部放掉，并重新抽真空和重新充注制冷剂；二是要注意 R410A 制冷剂钢瓶中是否有虹吸管。对于有虹吸管的制冷剂钢瓶必须正放，千万不能将制冷剂钢瓶倒

放进行充注，对于没有虹吸管的制冷剂钢瓶则必须倒放；三是对有虹吸管的制冷剂钢瓶，由于为保证制冷剂的有效充注，虹吸管是没有接触到制冷剂钢瓶底部的，因此，当钢瓶内的液态制冷剂液面低于虹吸管口时，就不能保证制冷剂的液体充注，而会以气态形式充入制冷系统中，达不到充注的要求。因此，在充注时要确认钢瓶内制冷剂的使用情况，如图 6-46 所示。

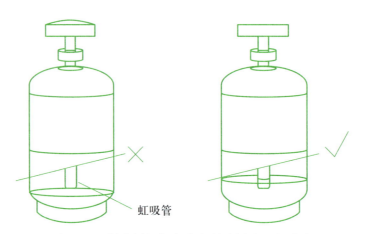

图 6-46　制冷剂钢瓶内液态制冷剂液面的确定

（2）制冷剂充注量的控制方法

空调器通过称重法、定量加注法控制制冷剂充注量，其方法与电冰箱一致。

任务 4　空调器的安装技能

◆ 任务目标

1. 熟悉空调器安装的基本知识、基本规范和注意事项。
2. 掌握分体式空调器、嵌入式空调器的安装方法。
3. 掌握对所安装空调器进行试机与调试的方法。
4. 掌握分析、处理空调器常见安装故障的方法。

▦ 知识储备

一、空调器安装基本知识

1. 安装墙面的选择

空调器室外机安装面有承重墙和非承重墙 2 种。

承重墙是指承受房屋结构重量的实心砖墙和混凝土墙，如多层楼房的外墙。这类墙比较结实，膨胀螺栓容易固定牢靠，安装室外机的机架后比较牢固。安装后，空调器的重量由膨胀螺栓传递给墙体承受。

非承重墙是指砖砌空气墙、多孔砖砌墙。它们的主要作用是分隔房间或填满承重构件下的空隙面积，不支承房屋的重量，因此墙质比较疏松，单靠膨胀螺栓不易把室外机的机架牢固地固定在墙上。这种情况下如要安装室外机，应打对穿螺栓孔，屋内加衬板或扁钢，然后用双头长螺栓固定机架，以便能承受室外机的重量，如图 6-47 所示。

另外，应避免在钢筋混凝土墙上开装窗式空调器的穿墙孔（洞），因为施工面积比较大，可能要截断几根纵向和横向的钢筋，这样会影响墙的结构强度，这是绝对不允许的。如果安装分体式空调器，制冷剂配管束的穿墙孔也最好不要打在有钢筋的混凝土墙上，因分不清钢筋的位置，遇到钢筋很容易损伤钻头刀具，而且打孔特别费力。如果实在无法改变位置，一定要在钢筋混凝土墙上打管子穿墙孔，要慢慢试着钻孔，遇到钢筋时换位置避开，先打小孔，然后慢慢扩大。

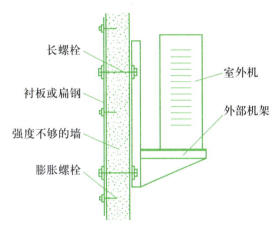

图 6-47 在强度差的墙上安装分体式空调器室外机

2．空调器的接地保护

接地是指电气设备的某部分与大地良好的金属连接，其目的是保护人和设备的安全。空调器安装有接地保护要求，一般要采用专用的接地线，以示区别于其他导线。接地装置由接地体和接地线两部分组成，接地线的尺寸要求见表 6-8。

表 6-8 接地线的尺寸要求

额定电流	接地线线径 /mm			
	一般接地线		移动使用的软线	
	铜	铝	单芯	双芯线的单芯
<20 A	>2.0	>2.6	>1.25	>0.7
<30 A	>2.0	>2.6	>2.0	>1.25

安装空调器时，如果用户的配电板上已有接地线，则空调器的接地线可直接与此相连。如果配电板上没有接地线，则应重新埋设接地线，其方法如下：

①选择埋设接地棒的适当位置。一般选择包含较多水分的土地，以减小接地电阻值。

②用锤子将接地棒敲入地表（应注意不要敲坏接地线）。

③用专用工具测量大地和接地线端之间的电阻。如果接地电阻不大于 4 Ω，可将它接到空调器的接地端；如果大于 4 Ω，可设置更多的接地棒，以减小接地电阻。

注意：切勿将接地线接到水管、煤气管、有腐蚀性气体或酸碱存在的地方和交通繁忙的地方，在离电线杆和电话线附近2 m以内的地方不能设置接地棒；接地线应使用线径为1.6 mm或截面积大于2.0 mm²的黄/绿双色铜导线。

3. 识读安装使用说明书及电气接线图

空调器安装人员在进行安装操作前，必须认真阅读空调器的安装使用说明书，以便更好地进行安装操作，避免不当操作及事故的发生。重点应了解以下几个方面：

①安全注意事项　安装人员在拿到安装使用说明书后，应先了解安装注意事项，避免在安装中违反安全要求，留下安全隐患，并在安装完空调器后向用户进行详细讲解。

②空调器的使用方法　能正确地使用空调器，是每一位安装人员的必备基本技能。

③电气接线图　空调器安装过程中，能否正确地对室内机和室外机间的线路进行连接，直接关系到空调器能否正常运行。严重的线路连接错误，可能会导致空调器电气控制部分损坏，造成不必要的损失。因此，安装人员必须认清电气接线的重要性，并按图示内容严格进行操作。

4. 安装维修服务基本规范

安装服务的基本任务就是对空调器进行安装和售后使用指导。安装维修服务的基本职能如下：一是安装人员应向空调器使用者提供空调器在用途、性能、结构、规格、使用及安装方法等方面的技术指导，有责任回答用户提出的有关维护保养、使用方法等方面的咨询；二是要根据故障现象，进行空调器安装调试，以保证空调器的正常使用。

空调器安装维修服务的基本规范如下：

①安装维修服务人员应根据派工单先与用户联系，约定具体上门服务时间。

②按约定时间准时上门服务。

③上门服务人员必须衣冠整洁，具备从业资格，同时佩戴上岗证。

④服务人员到用户家中应轻轻敲门或按门铃，用户开门后应礼貌问候，向用户出示自己的证件，经用户同意后才能进门。进门前须穿上鞋套。在用户家中不要随意走动，东张西望。

⑤进门后，热情主动地与用户交流。同时在用户在场的情况下，核对发票上空调器的型号与送货空调器型号是否一致，若不一致应由用户通知销售单位更换。再通过室内机包装箱上标签核对室内外机是否匹配，若不匹配，空调器安装后即会出现故障。拆开室内外机包装后，还须核对随机配件及材料是否齐全，若不齐全，须与销售单位联系。

⑥根据用户安装房间环境和面积，核对机型与使用面积是否匹配，若不匹配，应向用户说明，并建议用户调换机型。

⑦根据用户意见，结合使用环境实际情况，设计科学合理的安装位置及配管走向，并再次与用户确认。

⑧ 在开始安装空调前，把安装工具逐样摆放在垫布上，注意工具摆放要整齐干净，要轻拿轻放，避免弄脏、弄坏地板。

⑨ 搬运空调器应轻搬轻拿，不要弄脏或损坏。

⑩ 安装时，不能随便拖拉空调器以免刮花地板；需要移动用户家具时，要和用户协商；如果不能移动，在打孔施工前应用专用盖布将用户不易移动的床、家具等盖严密，以免弄脏；手部应保持清洁，脏手绝不能直接接触用户物品，以及非作业区墙壁等。

⑪ 严格按照空调器安装操作规范进行操作。

⑫ 安装作业结束后，用白毛巾对空调器表面、接触墙面、接触家具进行清洁，帮用户把安装垃圾打扫干净，之后将挪动的家具复位，并向用户介绍空调器的性能、使用和保养常识。

⑬ 安装维修服务人员不准向用户索取额外的费用，若要收取合理的费用，应向用户作出解释，并征得用户的同意。对于用户的特殊要求，应耐心倾听，做出明确答复或合理解释。

⑭ 服务完毕，认真填写安装凭证单，请用户签字，并向用户重申服务电话，然后礼貌告别。

5. 安装维修服务安全知识

空调器安装维修必须保证人身和设备安全，其基本安全要求是：

① 空调器的安装维修必须由经过培训的专业安装维修人员进行安装。

② 进行电气作业时，必须同时参照空调器安装使用说明书及空调器内粘贴的电气接线图，查明实物正确无误后才能进行。

③ 空调器应配有足够容量的专用电源、专用的电源线，线路上应配有断路保护器和总开关。

④ 空调器必须正确接地，接地电阻小于 $4\ \Omega$。

⑤ 凡属于二楼以上空调器室外机安装、维修，均应系安全带。安全带另一端应牢固地固定，以防坠落，如图 6-48 所示。

⑥ 安装空调器时，应注意防止工具和配件跌落，以免砸伤室内物品和室外行人。

⑦ 带电进行线路检查时，应防止人体触及带电部位，发生电击事故。检查电容器时，应先给电容器放电，以防止电容器放电击伤人。

⑧ 更换电器配件时，应断开空调器电源，以防触电。

⑨ 更换室外机制冷系统配件时，应先将制冷剂放出回收；更换室内机制冷配件时，应先将制冷剂收到室外机。

6. 空调器安装维修常用工具

① 空调器安装常用备料清单见表 6-9。

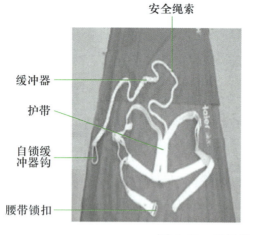

安全绳索

缓冲器

护带

自锁缓
冲器钩

腰带锁扣

图 6-48　系好安全绳、安全带

表 6-9　空调器安装常用备料清单

序号	名称	数量
1	室外机固定安装架	1 副
2	膨胀螺栓 10 mm	4 个
3	底角螺栓（直径 10 mm）（带弹簧垫）	4 个
4	水泥钉	若干
5	白色不粘胶带、防水强力胶带	各 1 卷
6	粘胶带和电工绝缘胶布	1 卷
7	腻子粉	1 袋
8	空调加长电源线、信号线线材、漏电保护开关	若干
9	加长排水管材料	若干
10	包扎带	1 卷
11	制冷剂	1 瓶

②空调器安装维修常用工具见表 6-10。

表 6-10　空调器安装维修常用工具

工具名称	规格、型号	用途
冲击钻		打穿墙孔
一字、十字螺丝刀		拧一字、十字螺钉
活动扳手、呆扳手	14、17、19、27	用于打开连接管螺帽、阀门螺帽、阀杆等
尖嘴钳、平嘴钳、斜嘴钳		切断金属导线等

续表

工具名称	规格、型号	用途
电工刀		
锤子		钉钉子
锉刀		去毛刺
验电笔		测量是否带电
肥皂、海绵块、卤素检漏仪		检漏
安全带		高空作业
割管器		切割铜管
胀管器		胀喇叭口或杯形口
压力表	0～2.4 MPa	测量制冷系统压力
复合压力表	–0.1～1.0 MPa	测量低压压力
真空表	0～–0.1 MPa	抽真空时测真空度
温度计	–30～50 ℃	一般测温
干湿球湿度计	0～50 ℃	测干、湿球温度及湿度
叶轮式风速仪	3 m/s 以下	测风速
热敏电阻温度仪	–50～100 ℃	测温度
万用表	通用型	测电压、电阻、电流等
钳形电流表	0～20 A	测量大电流
兆欧表	直流 500～1 000 V	测量绝缘电阻
电子秤	10 kg 或 20 kg	称量制冷剂重量
垫布、盖布、鞋套、抹布、无尘工具		规范安装

二、壁挂式空调器的安装

空调器安装应遵循相应国家标准，下面以分体壁挂式空调器的安装为例进行介绍，窗式空调器、分体柜式空调器等的安装可参照实施。

图 6-49 所示为某分体壁挂式空调器安装示意图。

1. 安装位置的选择

（1）室外机安装位置的选择

室外机应安装在符合下述条件且得到用户同意的位置上。

①选择坚固、不易产生很大振动和噪声的墙壁或平面，以免噪声及振动传播放大，并能使安装工作安全进行。承重能力应为室外机自重的 4 倍。

②室外机附近不能有阻碍进风、出风的障碍物，排出的风及发出的噪声不应影响近邻，符合环保及市容、消防的有关要求。

③尽量避开周围有恶劣环境（如有强腐蚀性气体、易燃易爆气体、油烟，风沙多，雨

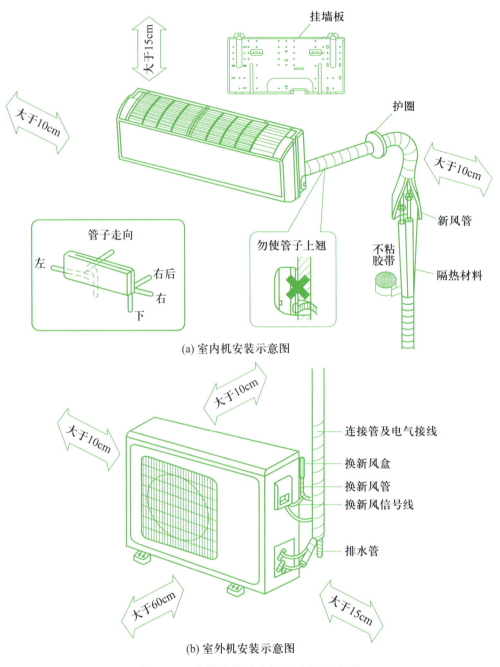

(a) 室内机安装示意图

(b) 室外机安装示意图

图 6-49 分体壁挂式空调器安装示意图

淋，阳光直射及有高温热源）的地方。

④避开人工强电磁场直接作用的地方，如高压输电线路、大型变压器房、高频设备及大功率无线电装置周围。

⑤应选择安装操作方便，强风吹不到且干燥的地方。

⑥应选择儿童不易触及的地方。

⑦应留出足够的空间，便于通风及维修。

⑧临街安装时，室外机离地高度不得低于 2.5 m。

⑨ 连接管最长为 15 m，超过 5 m 时，每超过 1 m 需补充制冷剂（按空调器安装使用说明书中规定）。

⑩ 室内外机允许高度差为 5 m，若室外机高于室内机，在室内机的引入管处应设回水弯管，如图 6-50 所示。

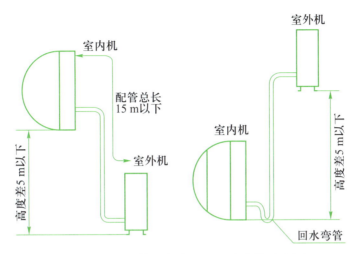

图 6-50　室内外机高度差及回水弯管示意图

（2）室内机安装位置的选择

室内机应安装在符合下述条件且得到用户同意的位置上。

① 选择坚固、不易发生振动、足以承受机组重量的地方。

② 选择不靠近热源、蒸汽源，进出风不会被阻碍，冷暖风能送到室内各个角落的地方。

③ 选择冷凝水容易排出，可进行室外机管路连接的地方。

④ 应选择靠近空调器电源插座的地方，且室内机附近留出足够的空间。

⑤ 室内机与室外机之间的距离应尽可能在配管的范围内。

⑥ 选择远离电视机、收音机、无线电装置和荧光灯的地方。

2. 打穿墙孔和装配保护管

分体式空调器室内外机间用管路、线路连接，因此需要在墙体上进行开孔作业，其方法如下：

① 室内外机连接管可以从室内机的左、右、左后方、右后方、左下方和右下方引出，如图 6-51 所示。室内机左或右两侧距离墙面应大于 65 cm，室内机底部距离地面高度应在 2.1 m 以上，室内机上方与房间顶部预留高度应大于 17 cm。

② 根据选择的安装位置并考虑走管的合理性，测量并确定开孔位置，注意穿墙孔位置应略低于室内机挂墙板。穿墙孔的剖面图如图 6-52 所示。

③ 打孔时，开出的穿墙孔应内高外低，倾斜 5°～10°，孔径与穿墙管合适为宜，一般为 65～70 mm。

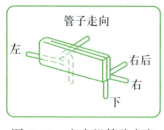

图 6-51 室内机管路走向

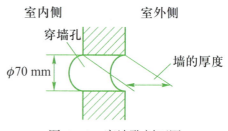

图 6-52 穿墙孔剖面图

④ 水钻无尘工具打穿墙孔操作流程见表 6-11。

表 6-11 水钻无尘工具打穿墙孔操作流程

序号	操作内容	示意图
1	在选择好的穿墙孔位置旁，用电钻打一个孔用以固定无尘工具的固定夹	
2	安装固定无尘工具的固定夹 1	
3	安装固定无尘工具的固定夹 2	
4	固定无尘工具	
5	将水钻、循环水、盛污水的容器固定后进行无尘打孔操作	

续表

序号	操作内容	示意图
6	无尘打孔操作完成后，用抹布将墙面的水分擦干	
7	取下无尘工具	
8	无尘打孔操作完成效果图	

⑤钢筋混凝土墙、金属板张贴面墙、金属板面墙和管道连接用的电缆线、排水管接触，就会造成漏电、漏气、漏水等，所以为防止这些事故的发生，应装配保护管，如图6-53所示。

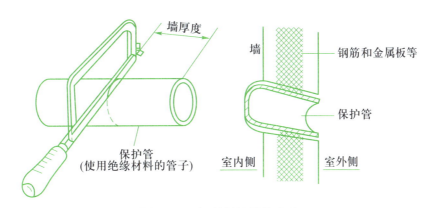

图 6-53　加配保护管的方法

⑥打孔时应将附近的物品、电器等搬走并用布盖好。打孔时应使用防尘罩，并且打孔后立即清扫现场，减少粉尘。

3. 室内机的安装

（1）挂墙板的安装

①确定挂墙板的位置，如图6-54（a）所示。

②先用一个钢钉将挂墙板固定在墙面上，用水平仪或用一根系有螺钉的线从板中心垂下找出水平和固定孔位置，如图6-54（b）所示。如果挂墙板固定不水平，将导致室内机漏

水、异常噪声大等故障。如果是后出管，应用卷尺测出穿墙孔的位置 A（A 的尺寸按空调器安装使用说明书规定）。

③ 按照标出的固定孔印记，在墙上开 $\phi6.4$ mm、深 32 mm 的孔，如图 6-54（c）所示。钻孔时，应咨询用户墙内电路和水管的走向，避免钻破电路或水管，造成触电事故。

④ 在孔里插入插塞，再用自攻螺钉固定，如图 6-54（d）所示。固定完成后，要用手拉一拉，确认固定是否牢固。

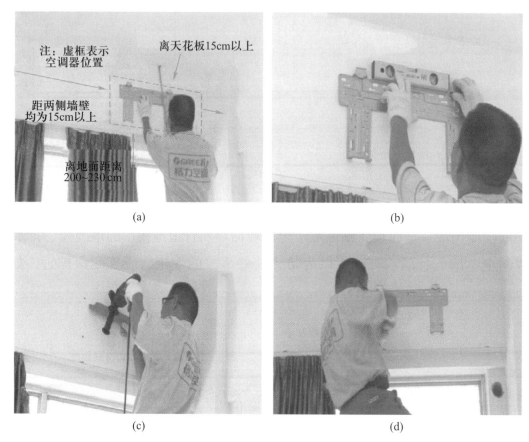

图 6-54　挂墙板的安装示意图

（2）室内机连接管的连接

① 检查室内机保压情况　室内机连接管路前，应对外观进行检查（是否有破损、变形），检查室内机是否有保压气体，可拧开液管螺母或用螺丝刀顶液管接头处，观察有无气体放出，如图 6-55 所示。若无，则应检查原因并向经销商反映。

② 确定出管位置　根据室内机的安装位置、管路走向，用锯条将室内机敲落孔打开。如果管路出口方向与预装方向不一致，需调整，如图 6-56 所示。

图 6-55　室内机保压气体的检查

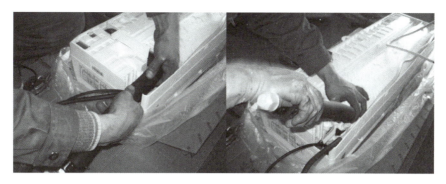

图 6-56　确定出管位置及调整出管方向

注意：敲落孔开口处不能有毛刺，避免划破包扎带及管路；调整管路方向时一只手搬动管路，另一只手要在管路转弯处进行防护。

③展开连接管　连接室内机连接管时，应先将连接管展开，可按图 6-57 所示操作。如果经常弯折、拉直连接管，会使管子硬化，一般不能在同一地方弯折连接管 3 次。

固定管子时，小心别压扁

图 6-57　展开连接管操作示意图

④连接管的连接　连接管连接时，先将室内机配管接头处的螺母拧下，在连接锥头上涂冷冻油，再从连接管上取下管盖，对准连接管喇叭口中心（喇叭口和锥头上涂冷冻油），先用手逐步拧紧螺母，然后用扳手紧固，如图 6-58 所示。

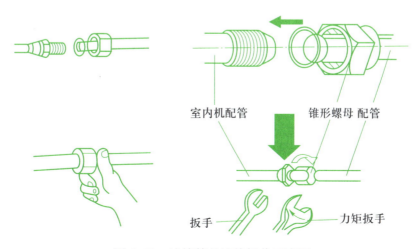

室内机配管　　锥形螺母 配管

扳手　　　　　力矩扳手

图 6-58　连接管的连接操作示意图

在连接管道时要特别注意：用力矩扳手或活动扳手旋紧螺母时，要用另一扳手固定接头，勿损坏管道，连接液管时更应小心；接头处旋不紧，则会造成制冷剂泄漏，如果太紧，会损坏喇叭口，同样会造成制冷剂泄漏，甚至损坏管道。旋紧力矩标准见表 6-12。

表 6-12 旋紧力矩标准

扩口螺母尺寸	旋紧力矩	用力标准（20 cm 扳手）
$\phi6$ mm 或 $\phi6.35$ mm（1/4"）	15～20 N·m	腕力
$\phi10$ mm 或 $\phi9.52$ mm（3/8"）	35～42 N·m	臂力
$\phi12$ mm 或 $\phi12.7$ mm（1/2"）	45～52 N·m	臂力

室内外机连接管连接完成后，连接部分需用隔热套包上，并用包扎胶带缠紧，防止连接部分出现空隙，如图 6-59 所示。

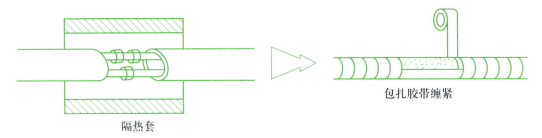

图 6-59 连接管连接部分的隔热处理示意图

（3）排水软管的连接

① 检查排水软管 安装排水软管前，应先检查排水软管根部卡扣是否卡紧，保温棉是否有破损，如图 6-60 所示。

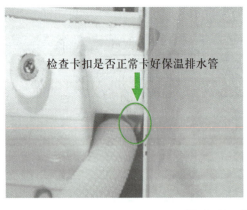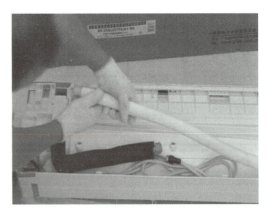

图 6-60 排水软管的检查

② 连接排水软管 排水软管应设置在连接管的下方，将加长的排水软管套在室内机排水管上后，用防水胶带妥善包扎排水软管与加长管路的接口处，如图 6-61 所示。

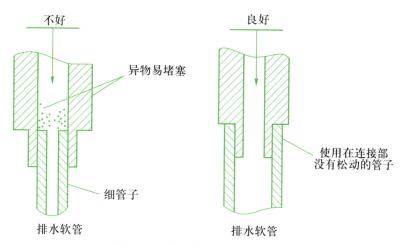

图 6-61　排水软管的连接示意图

连接排水软管的操作过程如下：

a. 打开排水软管包装，如图 6-62（a）所示。

b. 将其卷心侧蘸水，用力将排水管与吹塑排水管卷心侧对接到位，如图 6-62（b）所示。

c. 先从吹塑排水管端绕起，绕到保温管端后再反绕回吹塑排水管端，如图 6-62（c）所示。

d. 根据实际使用环境，选择排水软管方式（左出、右出、后直出），并对排水软管进行整形，如图 6-62（d）所示。

e. 对吹塑排水管在室内部件进行保温，增加隔热保温材料，如图 6-62（e）所示。

f. 对隔热材料进行包扎，要求隔热材料被撕开的一面要朝向机顶方向，如图 6-62（f）所示。

排水软管的任何部位都应低于室内机排水口，一定要布置成流水顺畅的下斜形式，如果出现扭曲、凸起、起伏等，将造成排水困难，甚至室内机会漏水，如图 6-63 所示。同时，也不应将排出软管的出口置于水中。

（4）室内机配线的连接

① 电源测电　所有带电源插头的空调器都是按"左中性线右相线上接地线"设计装配的，如图 6-64 所示。为了保证空调器插座接线的正确性，可用专用的电源检测仪进行检测，如图 6-65 所示。当在插座上插上电源检测仪后，按图示的指示灯亮、灭即可知道插座接线是否正确。若按下电源检测仪上的测试按钮，发现最右边指示灯亮，则说明电源插座中接地线带电，安装服务人员必须马上制止用户再次使用该电源，同时明确告知用户找专业电工排查漏电原因，消除安全隐患后才可使用。

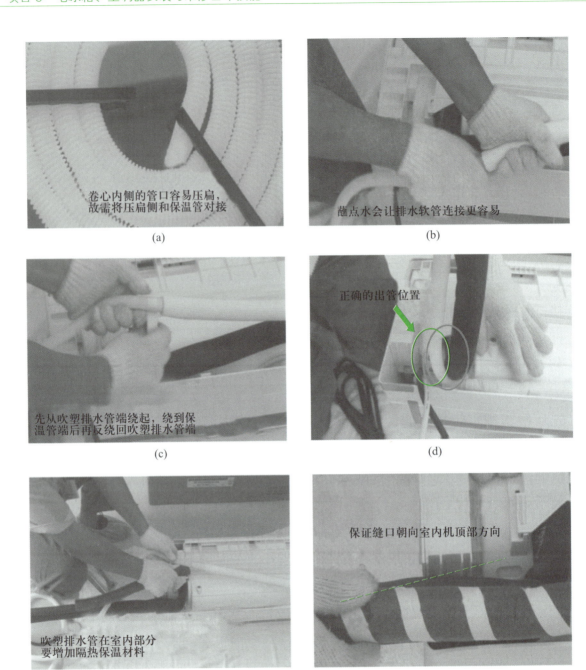

卷心内侧的管口容易压扁，
故需将压扁侧和保温管对接

(a)

蘸点水会让排水软管连接更容易

(b)

先从吹塑排水管端绕起，绕到保
温管端后再反绕回吹塑排水管端

(c)

正确的出管位置

(d)

吹塑排水管在室内部分
要增加隔热保温材料

(e)

保证缝口朝向室内机顶部方向

(f)

图 6-62　连接排水管操作示意图

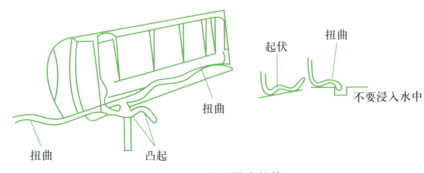

起伏　　扭曲

扭曲

扭曲　　凸起

不要浸入水中

图 6-63　布置排水软管

② 室内机单独通电试机 室内机安装前，必须单独通电试机，观察室内机各部件运转是否良好，如图 6-66 所示。若运行不正常，则应排查原因并向经销商反馈。

③ 室内机配线的连接 空调器出厂时，已配有室内外机配线，分为电源线和信号线两种。图 6-67 所示为某型号分体壁挂式空调器室内外机配线。

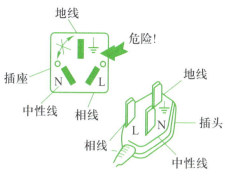

图 6-64 插座与插头接线示意图

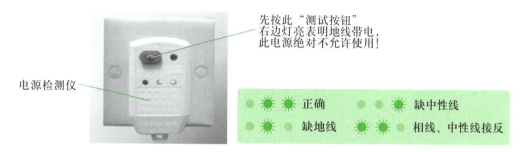

图 6-65 电源检测仪检测电源插座接线正确性

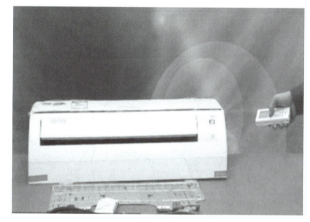

图 6-66 空调器室内机单独试机

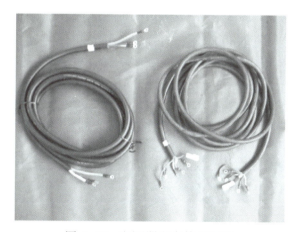

图 6-67 空调器室内外机配线

室内机配线的连接方法是：先打开室内机外罩，将电源连接线按安装使用说明书上规定的要求连接在室内机上（三芯线中的黄/绿双色线为接地线，应接到接地端子"⏚"上；蓝色线应接在"N"端子上；棕色线应接在"1"端子上。二芯线中的蓝色线应接在"2"端子上，棕色线应接在"3"端子上），用固定螺钉固定电源连接线，最后装上外罩即可。

在连接配线时，需要取下室内机的外罩，某 KFR-35WG22 型分体壁挂式空调器室内机的外罩拆卸方法如图 6-68 所示。其操作步骤如下：

a. 拆开室内机外罩，取下螺钉盖，然后拆下 4 颗自攻螺钉。

b. 打开面板，取出空气过滤网。

c. 用手把上、下向调节板调节到水平位置，轻轻用手提起外罩，即可从底座上卸下来。

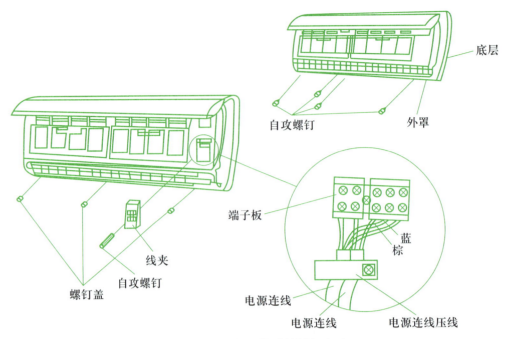

图 6-68　室内机外罩的拆卸方法

（5）换新风部件的安装

对于有换新风功能的分体壁挂式空调器，可将室内机翻转过来，估算好排气管所需长度（排气管长度越短越好），将多余部分剪掉，再将排气体管组件的卡钩卡进换气风扇的相应卡位中，并检查连接是否可靠，如图 6-69 所示。

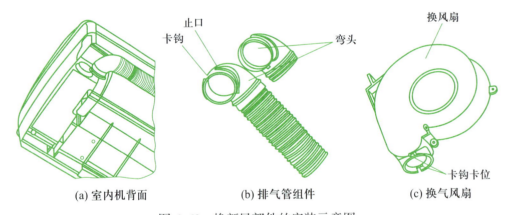

(a) 室内机背面　　　(b) 排气管组件　　　(c) 换气风扇

图 6-69　换新风部件的安装示意图

（6）连接管的包扎

根据所选择的室内机、室外机安装位置以及穿墙孔的位置，布置连接管、排水管、电源线、信号线、新风管等，按配线在上、排水管在下的方式，用胶带将已套上隔热管的连接管、信号线、电源线、排水管等包紧，如图 6-70 所示。

注意：当空调器室外机高于出墙孔时，应从室内机往室外机方向包扎；当空调器室外机低于出墙孔时，从反方向包扎。包扎应均匀，绕叠宽度为包扎带的 1/3 为宜；同时不可过

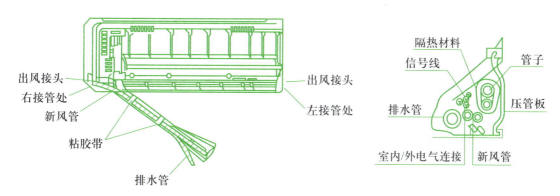

图6-70 管路的布置与包扎示意图

紧，以紧绷而富有弹性为准。包扎过程中，电源线与信号线相互间不应交叉缠绕，一定要保证水管不能出现扭曲、缠绕情况，如图6-71所示。

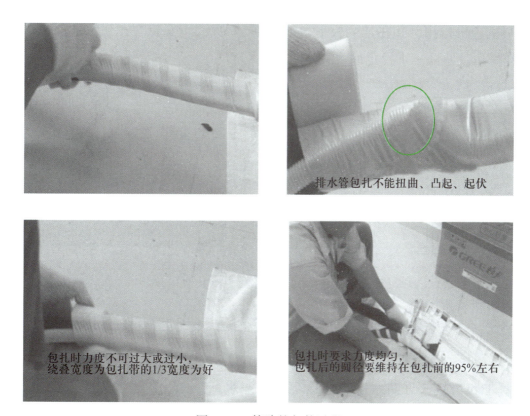

排水管包扎不能扭曲、凸起、起伏

包扎时力度不可过大或过小，绕叠宽度为包扎带的1/3宽度为好

包扎时要求力度均匀，包扎后的圆径要维持在包扎前的95%左右

图6-71 管路的包扎过程

（7）室内机的固定

室内机的固定步骤如下：

① 将连接管管口盖封好，避免穿墙时灰尘落入，如图6-72（a）所示。顺着室内机背部连接管槽整形后，用连接管压块将配管固定在室内机背部。

② 顺着墙孔将连接管（液管和气管）和连机线穿出室外，如图6-72（b）所示。

注意：可两人协作将连接管穿出墙外，如果需要变换管道方向，一定要用手在弯曲管道处压紧，以免管道摆动、弯管压扁造成裂漏。

(a) 将连接管管口盖封好   (b) 将连接管穿出墙孔

图6-72 连接管穿出墙孔

③将室内机挂在挂墙板上部的挂钩上，然后将室内机压向挂墙板，听到"啪""啪"两声响，说明室内机搭扣已扣在挂墙板上，如图6-73所示。安装时，须保证室内机各挂扣安装到位，挂好后应验证一下稳定性。

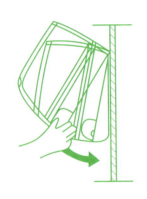
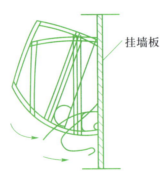

挂墙板

图6-73 室内机固定示意图

（8）室内机排水试验

检查室内机冷凝水排水是否顺畅，可用矿泉水瓶等容器存装清水从室内机蒸发器轻轻倒入接水盘内，如图6-74所示。同时检查接水盘应无存水且室外侧排水管出水口排水顺畅，检查排水管加长管接头处防水胶带粘接牢固无漏水现象。

4. 室外机的安装

（1）安装室外机安装架

室外机安装架一般由空调器生产企业提供，由安装人员根据示意图进行安装组合，图6-75所示为某空调器生产厂家提供的安装架，适用于坚固墙壁或混凝土安装面。

室外机支架的安装步骤如下：

图6-74 室内机排水试验方法

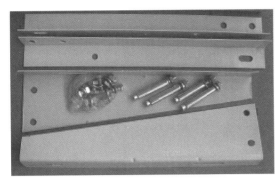

图 6-75 　厂家提供的安装架

① 测量室外机尺寸，确定好安装架第一个固定螺孔位置，如图 6-76（a）所示。

② 用冲击钻装上 ϕ12 mm 或 ϕ14 mm 的钻头，对准标记，打好孔后装上膨胀螺栓，挂好第一个安装架。

③ 根据室外机底脚间的间距，测量安装架间的距离，如图 6-76（b）所示。

④ 用水平仪找好安装架间的水平，通过孔做好标记，如图 6-76（c）所示。

⑤ 用冲击钻依次打好另外 3 个孔，装入膨胀螺栓加上弹簧垫，打紧螺栓，将安装架固定在外墙上，如图 6-76（d）所示。

(a) 测量室外机尺寸　　　　　　　　　　(b) 测量安装架水平间距

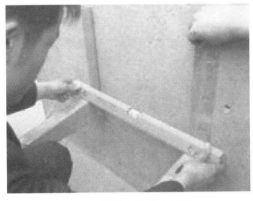

(c) 测量安装架水平度　　　　(d) 用膨胀螺栓将安装架固定在外墙上

图 6-76 　安装室外机安装架示意图

指点迷津　安装室外机安装架注意事项

① 高空作业时，安装人员必须系好安全带，并检验安全带另一端连接无误后，方可进行户外作业。

② 安装架要留安装及维修人员脚、手活动的空间，以便安全操作与维修。

③ 安装架应安装在稳固处，例如坚固的墙壁上或混凝土构件上等。

④ 安装架的承受重量应不低于空调器自重的 4 倍，并应进行除锈和涂防锈漆处理。

⑤ 固定安装架的膨胀螺栓至少要用 $\phi 10\ mm \times 100\ mm$（规格）6 个以上，4 500 W 以上的空调器应不少于 8 个膨胀螺栓。

⑥ 空调器室外机安装面为建筑物的墙壁或屋顶时，其固定安装架的膨胀螺栓必须打在实心砖或混凝土内；如果安装面为木质、空气砖，表面有一层较厚的装饰材料时，其强度明显不足，应另采取加固措施，必须将螺栓打牢，内外固定。

（2）固定室外机

在室外机底脚上安装减振胶垫，再使用 4 个底脚螺栓将室外机底脚与安装架紧固，螺栓应加防滑垫片，防止螺母松动造成室外机坠落引发事故，如图 6-77 所示。图 6-78 所示为空调器室外机安装实例。

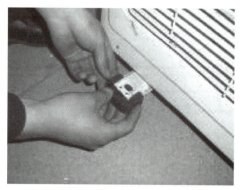

(a) 将减振胶垫套在室外机底脚上　　　　(b) 将4个底脚螺栓固定牢固

图 6-77　室外机底脚螺栓的固定方法

指点迷津　室外机安装时的注意事项

① 由于室外机比室内机重量大，安装场所与零件强度上都应留有余量。如果是室外安装，会受到风等影响，要特别注意。

② 室外机在分体式空调器中是最会产生噪声与振动的部分，安装时应采取能使噪声与振动控制在最小限度的安装方法。安装室外机安装架时，一定要用水平尺校正水平。

③ 如果阳光直射在室外机上，会降低制冷能力，所以室外机应安装遮阳篷。

(a) 安装固定在飘台上

(b) 安装固定在墙体上

(c) 安装固定在墙体上

(d) 安装固定在屋顶面上

图 6-78　室外机安装实例

（3）室外机排水接头安装

热泵型空调器制热时，室外机形成的化霜水可以通过室外排水管排放。其安装方法是：把套好垫圈的室外排水接头卡进底座上的 $\phi 20$ mm 孔（用户也可以另外加装排水管连接到室外排水接头，以便将水排到合适的地方），如图 6-79 所示。

（4）连接管与室外机连接

先根据室外机的安装位置和连接管路的长短，对连接管进行成形加工，将多余部分根据需要盘起放在不影响外观的地方，使连接管路的长度刚好能连接到室外机阀上。再把室外机液阀（二通截止阀）和气阀（三通截止阀）的接头螺母取下，锥头上涂冷冻油，将连接管喇叭口中心对准锥头中心，用手指拧紧连接管螺母，最后用力矩扳手拧紧连接管螺母，直到扳手发出"咔嗒"声为止，如图 6-80 所示。

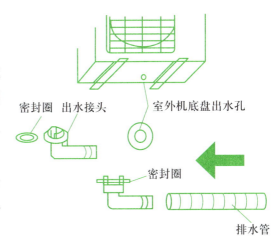

图 6-79　室外机排水管安装示意图

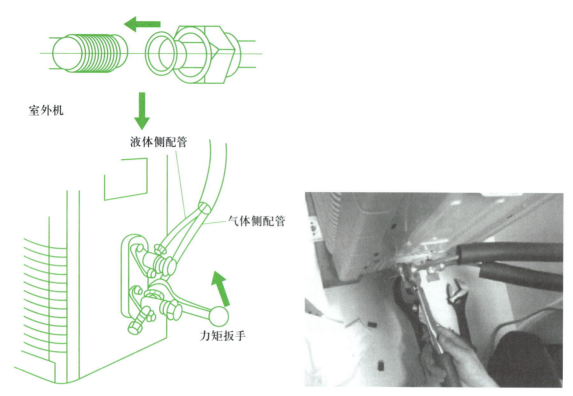

图 6-80　连接管与室外机的连接示意图

指点迷津　空调器连接管连接注意事项

①连接管的连接从室内侧开始，临时进行整形后，可在室外机附近进行长度调整。

②整形管道应用左右手的拇指，一点点进行弯曲整形。

③整形管道时应尽可能形成大的弯曲半径，防止管路弯成死弯。若弯曲管路半径过小，将造成管路严重弯瘪，导致空调器压缩机回油、回气不畅，长期高热而损坏。

④连接管加长时，无论采用何种管路连接方法，在中间连接部分必须卷紧隔热材料，以防止结露。

⑤当室外机安装在屋顶上等处（比室内机高）时，高度差应确保为安装使用说明书所记载的尺寸。

⑥连接管与室内外机连接时，所使用的扳手应规范，要求用一把呆扳手和一把力矩扳手。使用呆扳手不会将螺母边角损坏，而用力矩扳手时，力矩值已事先定好，不会导致因用力过小而产生泄漏，也不会导致因用力过大而损坏喇叭口。

⑦连接管连接时，必须检查喇叭口是否有脏物，若有，必须清除干净。

⑧当需要加长连接管时，加长段的连接管必须套保温管，穿管时要有防止喇叭口损伤及防止泥沙进入连接管的防护措施，如图 6-81 所示。

⑨连接管连接完成后，应用和好的腻子粉或随机带的油灰将内外墙的孔堵好，防止雨水和风进入室内，并使其尽量与周边协调。

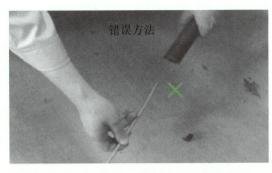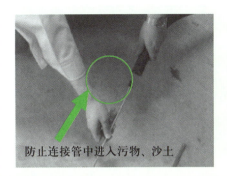

图 6-81　连接管穿保温管时的保护措施

（5）室外机配线的连接

先打开压线盖，松开压线夹，将配线穿过压线夹，按照安装使用说明书上的接线方法及接线图接好配线（可按配线颜色、标记符号对应接线）。在确认接线无误后，按配线压线方法压好配线，装好压线盖。图 6-82 所示为某空调器室内外机配线接线图。

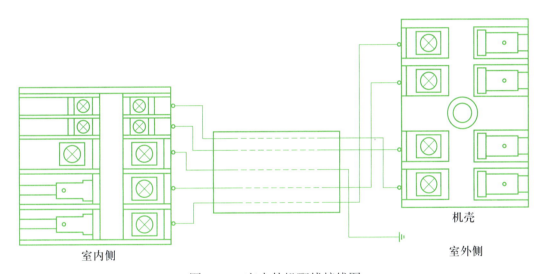

图 6-82　室内外机配线接线图

指点迷津　空调器配线的连接方法及注意事项

1. 配线的连接方法

①U 形端子的接线方法　松开接线螺钉，将配线 U 形端子插到端子排和接线螺钉之间，然后拧紧螺钉，将配线轻轻向外拉，确认接线端子被压紧。

②圆环端子的接线方法　取下接线螺钉，将螺钉穿过连接导线末端的圆环，然后接到端子排中，拧紧螺钉。

③直端子接线方法　可先松开接线螺钉，将配线末端完全插入端子排中，拧紧螺钉，将配线轻轻向外拉，确认已被压紧。

2. 配线的压线方法

配线连接完成后，必须用压线夹将配线压紧，压线夹应压在配线的外护套层上，如图 6-83 所示。

图 6-84 所示为某空调器室外机配线连接实物图。

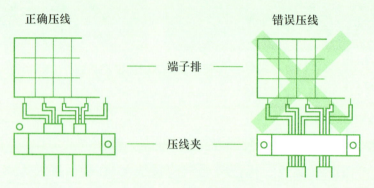

图 6-83　配线的压线方法

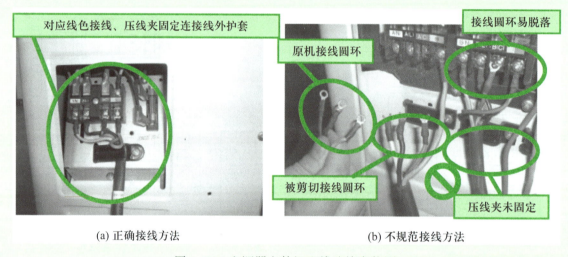

(a) 正确接线方法　　　　　　　　　(b) 不规范接线方法

图 6-84　空调器室外机配线连接实物图

3. 配线连接注意事项

① 加长配线　电源线加长时，应按照相关国家标准的规定，使用或选择空调器随机出厂配送的整根电源线，不得接驳，线材规格、颜色应与空调器出厂随机配送的线材相同，不允许使用比随机配送的连接线细或已老化的电源连接线，使连接线符合空调器使用标准。

信号线（控制线）加长时，必须采用相同材料、相同规格的导线，必须采用"十字"缠绕连接法连接，并用焊锡焊接牢固，防止接头处接触不良出现发热、打火、短路起火隐患。通常电源线和信号线材料为氯丁橡胶铜芯软线。

配线加长时，各条线的接头位置必须相互错开 10～30 cm。配线一侧必须进行 S 形弯折后包扎固定。接头处用防水胶布和电工绝缘胶带包扎（也可用热塑管套），长度不低于 5 cm，如图 6-85 所示。

配线加长操作流程见表 6-13。

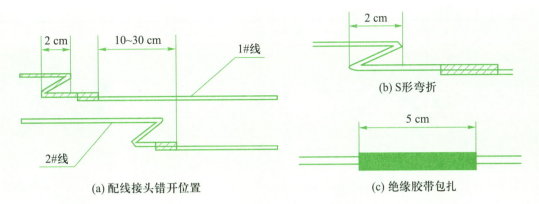

图 6-85　配线加长连接示意图

表 6-13　配线加长操作流程

序号	操作项目	操作要求	操作示意图
1	划开导线绝缘层	用电工刀沿线径划开，长度要求为三芯线 20 cm、四芯线 25 cm、五芯线 30 cm	
2	剪切导线长度	用斜口钳将导线按照等 5 cm 间距切断，依次错开	
3	剥除绝缘层	在距离导线端口大约 5 cm 处轻轻用斜口钳将导线绝缘剥除，注意用力不要过大以免剪断芯线	
4	穿热塑管套	各子线及总线外侧都要有热塑管套，其长度比剥削的绝缘层总长长 3~6 cm，以保证可以覆盖到两端为准（也可在剥除导线绝缘层前穿热塑管套，但必须保证在线头接驳之前穿装到位，否则将因线路闭合无法穿装）	
5	导线分缕	先将导线线头根部 1/3 处拧紧，在 2/3 处将铜丝均分为 3 缕，互成伞骨状，每缕也应拧紧	
6	导线分叉对接	将两端伞骨状导线均匀对插，保证每侧有 3 缕导线进行对接	

续表

序号	操作项目	操作要求	操作示意图
7	导线连接 1	先将其中 1 缕导线扳至和接头垂直，围绕接头缠绕 2~3 圈后扳倒，与接头方向一致；然后将第二缕导线扳至和接头垂直，接着第一缕导线缠绕部位后面继续缠绕 2~3 圈后扳倒，与接头方向一致；同样，第三缕也重复与第一、二步同样动作，一直缠绕至芯线根部	
8	导线连接 2	缠绕完一侧后缠绕另一侧，要特别注意接头两侧缠绕方向相反（如一侧为顺时针，则另一侧一定要为逆时针），两头都缠绕完后用斜口钳将突出铜丝剪去	
9	接头焊锡	用电烙铁锡焊接头处，注意控制温度和方位，以保证锡液能均匀渗透至线头接头处	
10	绝缘层恢复	先将热塑管套移到接头处；再用手持风筒（也可使用打火机）从热塑管套中间向两侧反复喷烤，使热缩管套受热紧贴在导线上；最后用绝缘胶带从线头的一边在绝缘层离切口 2~3 cm 处开始包缠，使绝缘胶带与导线保持 55° 倾斜角，后一圈叠压在前一圈 1/2 的宽度上	

②配线不能触及连接管和压缩机、风扇等运动部件。

③不能随意改动内部接线。

④如果空调器安装在易受电压波动或电磁干扰的地方，信号线最好加磁环或用双绞线，以免空调器受到干扰而失误。对于变频空调器，必须使用机器本身自带的信号线，不得自行加长线或不使用机器自带线。

⑤接线螺钉要拧紧，松动会导致过热或部件失灵，还会有起火等危险。

⑥多余的配线应包扎在连接管组件上，禁止把多余的线缠绕塞压，以免造成涡流发热，发生意外。

（6）管道的整形

当连接管、连接用电缆线、排水软管等连接完成后，需要对管道束进行整形，并用胶带固定在墙面上，如图 6-86 所示。

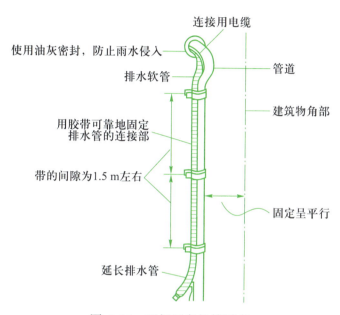

图 6-86　理想固定的管道束

5. 排空气和检漏

排空气是空调器安装的一项重要内容。空调器安装时，连接管及室内换热器中会存留大量空气，空气中含有水分、杂质，会造成空调器制冷系统压力升高、电流增大、噪声增大、耗电增加、脏堵、冰堵及制冷（制热）效果差甚至不制冷（制热）等不良后果。

对于使用 R410A、R407C 等新型混合型制冷剂的空调器，需要用真空泵进行抽真空。

图 6-87 所示为采用真空泵抽真空排空气操作示意图，其操作方法如下。

①确认室内外机连接管已接好，喇叭口接头螺帽已拧紧，卸下三通截止阀上维修口阀帽。

②将双表修理阀低压软管（蓝色）与三通截止阀维修口连接，再将公共软管（黄色）与真空泵连接，并检查各连接是否上紧。

③关闭双表修理阀的高压阀，打开低压阀。开启真空泵电源，开机抽真空 10 min 以上，将压力抽至 –0.1 MPa，关闭双表修理阀的低压阀，再停止真空泵运转。

注意：在抽真空过程中，应确认低压表指示压力是否在下降。如果抽真空 10 min 后还没有形成真空状态，则应考虑喇叭口加工不良，务必重新进行管道的连接；抽真空结束后，应静待 10～15 min，观察压力表上压力是否回升，若回升，则应检查管路连接情况。

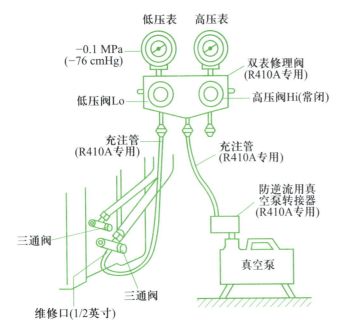
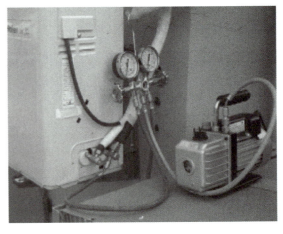

图6-87　用真空泵抽真空排空气操作示意图

④用内六角扳手打开三通截止阀或二通截止阀1/4圈，时间为2～3 s，将制冷剂充到室内机和连接管路中。

⑤用肥皂水对连接管接头等位置进行检漏，确认无泄漏后，全部打开三通截止阀和二通截止阀，让制冷剂形成循环回路。

⑥快速拆下抽真空的低压软管，盖好维修口阀帽。拆卸低压软管时应注意：由于系统压力会将很少量的制冷剂、压缩机机油从三通截止阀维修口处排出，因此操作应迅速。

⑦用内六角扳手将二通截止阀和三通截止阀阀芯逆时针方向旋转，直至完全打开。

注意：抽真空时，必须使用R410A专用的双表修理阀、充气软管和真空泵，且在真空泵上必须装防逆流用转接器（止回阀），以防止真空泵中冷冻油逆流到空调器制冷系统中。

6. 制冷剂的追加

如果在安装过程中，对连接管路进行了加长，则必须按空调器安装使用说明书中规定的量追加。

注意：使用R410A制冷剂的空调器追加制冷剂时，应根据液管管路规格进行追加。例如，采用ϕ6.35 mm规格液管的定频空调器超过5 m以上时，每米追加R410A制冷剂20 g；对于变频空调器，连接管路在10 m以内不追加制冷剂，当超过10 m以上，但在规定允许的最大长度范围以内时，每米应追加20 g。

指点迷津　空调器安装工作结束后检查要求

1. 安装工作完成后的电气安全检查要求

安装工作完成后，必须再次按安装使用说明书的要求，对空调器进行全面的电气安全检查，排除隐患。主要电气安全检查要求如下：

①检查电源电压和频率是否符合要求。

②检查电源相线、中性线、接地线是否接错（漏接、接反），信号线有否接错。

③检查空调器是否已经安全接地，是否已经安装合适的漏电保护器或低压断路器。

④检查电源线型号规格是否符合要求。

⑤检查所有电线是否都与接线端子连接良好，电线是否整理好、是否牢固地固定好。

⑥在不通电的情况下，测量相线、中性线对接地线之间的绝缘电阻，应大于 2 MΩ。

⑦如果经过检查没有发现问题，先插上电源插头，用验电笔检查空调器室内外换热器等金属部件表面是否漏电，若漏电，则必须排除故障后再试机；然后操作遥控器进行通电试运行，并同时用验电笔检查空调器室内外换热器等金属部件表面是否带电，若漏电，则必须排除故障。

2. 安装牢固度、安装安全性的检查

①检查室外机的水平度及垂直度是否符合要求。

②检查排水软管的流水是否通畅，即不要有排水上升的障碍。

③检查连接管的连接处有无异常。

④检查室外机安装架是否牢固，不要有松动、左右摇摆等现象，更要保证水平。

⑤检查室内外机连接线和室内机插座及压线卡之间是否可靠接触，具体方法是：在不开机情况下，用十字螺丝刀逐个对连接头重新紧固，直到确认可靠接触为止。

⑥检查室内机的结构件是否复位，面板与空调器整体是否浑然一体，结构是否紧凑，缝隙是否均匀。在目测的同时，还要用螺丝刀逐个检查各螺钉是否拧紧。

⑦检查室外风机和压缩机的牢固性，用活动扳手检查室外风机的螺钉有无松动，检查压缩机的橡胶垫脚是否一致，压缩机是否水平，紧固螺钉是否固定到位。

⑧检查二通截止阀、三通截止阀的阀芯是否全部拧开，连接管螺母紧固是否适中。

⑨检查室内外连接管的包扎带是否会松开。

7. 试机运行

空调器安装工作结束，在全部电气安全检查和检漏完成后，应按相关国家标准中规定的项目，对空调器进行试机运行，以检验空调器的运行效果。开机试运行的时间不得小于 30 min。

在试机过程中，如果环境温度超过 21 ℃，则试空调器制冷运行情况；如果环境温度低于 18 ℃，则试空调器制热运行情况；如果需要试验制冷效果，可按压控制板上的"试运行"（应急开关）按键即可进入强制制冷运行。在试机过程中，应同时用验电笔对空调器外壳进行漏电检查，以确保空调器不漏电。试机过程中所需测量的参数值和检查内容如下。

（1）数值判定类

①工作电压　用万用表检测，应在 220 V（±10%）范围内。

② 系统压力　制冷运行时，当环境温度为 30 ℃ 左右时，使用 R410A 制冷剂的空调器低压侧压力为 0.6～1.2 MPa；制热运行时，环境温度为 0 ℃ 左右时，使用 R410A 制冷剂的空调器高压侧压力为 2.8～3.5 MPa。

③ 温差　空调器运行 15～20 min 后，用测温表感温探头在距离室内机进出风口 3～5 cm 位置测量空调器进出风口的温度。在制冷运行时，室内机进出风口的温差为 8 ℃ 以上；在制热运行时，室内机进出风口的温差为 15 ℃ 以上。其测量方法如图 6-88 所示。

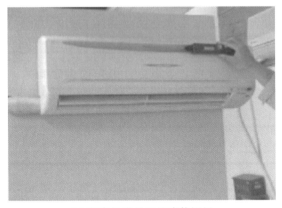

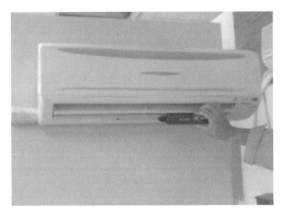

(a) 室内机进风口温度的测量　　　　　　(b) 室内机出风口温度的测量

图 6-88　室内机进出风口温度测量方法

④ 工作电流　用钳形电流表测量空调器电源进线部分的工作电流，应比额定电流值略低（各种机型的额定电流值可参考空调器铭牌上参数）。测量时应注意钳形电流表的钳口只能夹住一根导线，并使导线与钳口平面垂直。

对于变频空调器则可通过调节设定温度与室内温度的差值，使其运转电流接近正常电流范围的上限（视各厂家产品而定）。如果所检测到的电流过大，则说明空调器压缩机处于过载状态下，制冷系统局部有问题；如果运行电流过小，则压缩机在轻载状态下，功率未充分发挥。

（2）直观判定类

① 检查室内外机有无异常振动和噪声。

② 检查室内机有无滴水现象，观察冷凝水是否流畅。

③ 检查遥控器各项功能模式选择键是否正常。

④ 检查室内机显示屏（或各个指示灯）显示是否正常。

⑤ 检查导风板是否可以正常摆动。

⑥ 检查室外机所产生的声音和吹出的气流是否会影响邻居。

（3）观察类

① 室内外机进出风口温差是否符合要求。

② 房间温度变化是否符合要求。

③ 空调器运行时，换热器中有无制冷剂流动的声音。

④ 空调器制冷运行时，室内换热器表面是否结满露水，有无结霜现象；室外机二通截止阀、三通截止阀上是否结有露水。

⑤ 空调器制热运行时，室外换热器表面是否结霜。

⑥ 空调器进行制冷与制热工作模式切换时，室外机中电磁四通换向阀是否有切换声音。

注意：在试机过程中，开机后或进行模式转换后，室外机中的压缩机需延时 3 min 保护后才能起动；制热运行时，室内机有防冷风保护功能时，室内机需要延时一定时间才会吹出热风。

8．安装完后的工作

① 用干净的毛巾对室内机表面进行清洁，将安装过程中使用的物品全部移归原位。

② 安装人员将安装过程中所有需要有用户确认的步骤全部填写在安装卡中，经用户确认并由用户和安装人员签字备案，同时在室内机粘贴服务卡并告知用户其用途的同时向用户说明该品牌家用空调器的保修政策。

③ 向用户介绍和讲解空调器的使用、维护、保养的必要知识，并向用户说明用户所具有的权利和责任。

三、嵌入式空调器的安装

嵌入式空调器作为分体式空调器的一种，由于室内机的特殊结构，安装方法与分体壁挂式空调器存在较大的差异，下面主要介绍嵌入式空调器室内机的安装方法。

1．安装位置的选择

嵌入式空调器的室内机安装往往要结合建筑施工一并进行，位置选择时应满足以下要求。

① 气流通道无障碍，以确保理想的气流分布。

② 安装使用环境的相对湿度应不大于 80%，否则出风口处可能会凝露，甚至滴水。

③ 凝结水可妥善排出。

④ 安装面强度足以承受室内机的重量，天花板应无明显倾斜且高度不小于 300 mm。

⑤ 能提供维修保养所需要的足够空间。

⑥ 应确保室内外机间高度差、配管长度在相应的最大允许范围之内（以厂家安装使用说明书为准）。

⑦ 应尽量远离各类干扰源，如高压变电站、通信设施和 CT 机房等，同时空调器的连接线路距电视机、收音机等至少 1 m，以免干扰图像或产生噪声。

2．电气施工

嵌入式空调器的电气施工应由具有电气施工资格证的电工进行，操作时应注意以下事项：

① 所提供的零件、材料和电气作业都必须符合当地法规。

② 必须安装可切断整个系统电源的低压断路器。

③ 连接室外机的电源线规格、低压断路器和开关的容量以及线路等，可参阅厂家的电源配置说明。

3. 安装前的准备工作

① 明确天花板开口和室内机以及吊装螺杆之间的位置关系，如图 6-89 所示（具体尺寸以各厂家实际产品为准）。其中，天花板开口尺寸可以调整，但必须保证天花板和装饰面板的重叠部分不小于 20 mm。

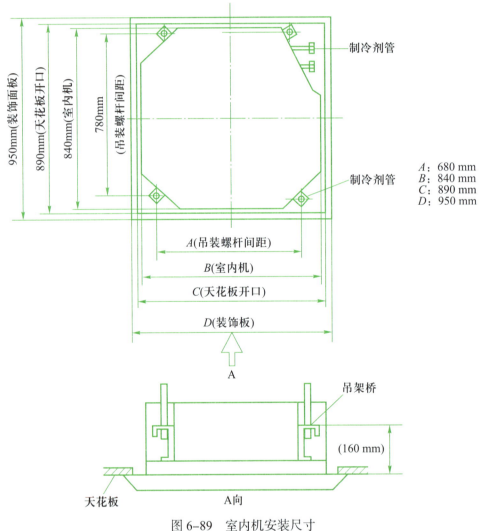

图 6-89 室内机安装尺寸

② 如在已安装天花板的场所进行安装施工，需要在天花板上打出安装开口。天花板开口的尺寸可参阅随机附带的安装图纸。开口时，可能要加固天花板以保持平整，并防止天花板振动。

③ 安装前先完成要与室内机连接的所有管道（制冷剂管道、排水管）和电线（线控器连线、室内外机连接线）的穿墙施工，以便安装后马上能与室内机连接。

④ 安装吊装螺杆，如图 6-90 所示。为了承受室内机的重量，已有天花板的场合用地脚螺栓，新天花板的场合用埋嵌式螺栓、埋入式螺栓或现场提供的其他零件。埋设螺栓的孔必须钻在可靠承受重量的地方，直径为 $\phi 12\,mm$ 或以各厂家提供的配件为准，深为 $50 \sim 55\,mm$，在继续安装之前调整与天花板之间的间隙。

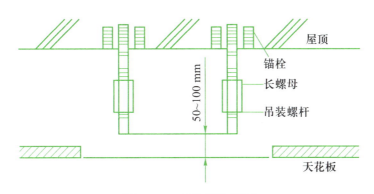

图 6-90　安装吊装螺杆

⑤ 确认室内机搬运路线后，把室内机搬到安装位置，在此之前不允许拆掉包装。不得不拆掉包装时，用一软质材料或保护板加上绳子抬起室内机，以免损伤室内机或碰出擦痕。安装结束前不要扔掉任何随机附件。

4. 室内机的安装

① 暂时安装室内机　把吊架附在吊装螺杆上。务必在吊架座的上下两头分别使用螺母和垫圈，确保吊架座固定牢靠。

② 制冷剂管道的连接　管道与机组连接时，呆扳手和力矩扳手并用，锥形螺母在连接时里外都应涂冷冻油。先用手拧至拧不动，再用扳手拧紧。

③ 安装排水软管

a. 排水软管的直径应大于或等于连接管的直径。排水软管下垂坡至少应为 1/100，以防形成气堵。

b. 若无法使排水软管有足够的坡度，应安装排水提升管。排水提升管的安装高度要小于 280 mm，且要与机组成直角，离机组不超过 300 mm，如图 6-91 所示。

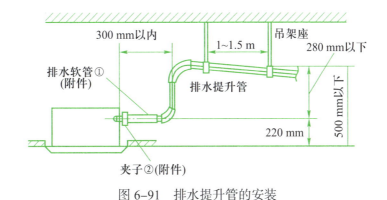

图 6-91　排水提升管的安装

注意：排水软管的倾斜应在75 mm以内，使排水插口不必承受过大的力。

c. 为使排水软管不打弯，吊架之间应保持1～1.5 m的距离，如图6-92所示。

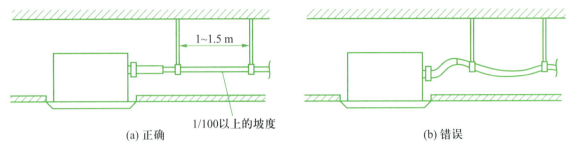

图6-92 排水软管吊架的布置

d. 若多台室内机排水软管汇合，可参考图6-93安装。

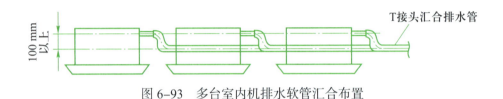

图6-93 多台室内机排水软管汇合布置

e. 排水软管安装完成后，从排气口或检验孔慢慢注入600 mL的水，检查排水是否顺畅、连接处是否渗漏。

④ 电气线路安装

电气线路安装如图6-94所示。

a. 室内外机连机线连接。去掉电气盒盖，把连机线从预留的橡皮衬套中穿过，用夹子将线路夹在一起，然后按照电气接线图将线路与端子板对应连接。接妥后拉紧夹子，以起到固定作用。

b. 线控器线路连接。将线控器连接线穿过橡皮衬套，将连接线端子与印制电路板上对应的端子销紧，用夹子进行固定。把密封圈缠到电线上（务必缠上，以防凝露）。

c. 安装完毕，复原电气盒盖。

注意：不能把线控器连接线与连接室内外机的电线夹在一起，否则会造成故障；线控器连接线和机组间线路至少应距离其他电线50 mm。

⑤ 用螺钉把安装纸板装在室内机上，天花板开口的中心、机组的中心以及天花板的开口尺寸在安装纸板上都有标记。

⑥ 把室内机调整到正确的安装位置。

a. 检查室内机是否水平。室内机配有内置式排水泵和浮子开关。用水平仪或充水的聚乙烯管逐个检查机组的4个角是否水平。若室内机向凝结水流动的相反方向倾斜，浮子开关可能出现故障，造成滴水。

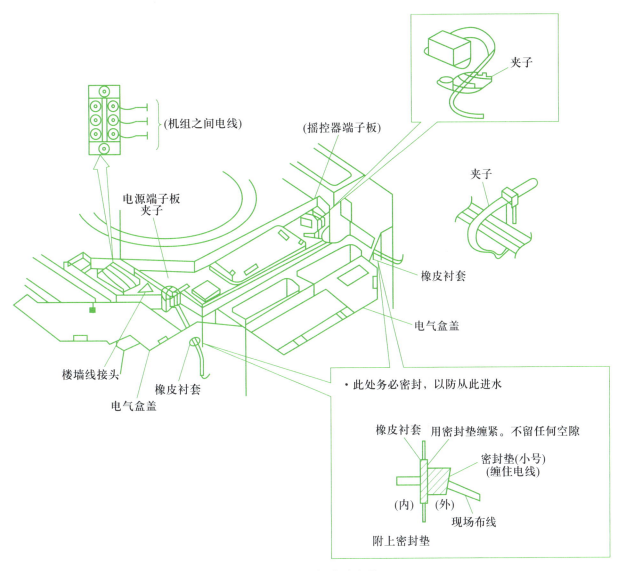

（机组之间电线）

（摇控器端子板）

夹子

夹子

电源端子板
夹子

橡皮衬套

电气盒盖

楼墙线接头

橡皮衬套

电气盒盖

·此处务必密封，以防从此进水

橡皮衬套　用密封垫缠紧。不留任何空隙

密封垫(小号)
(缠住电线)

(内)　(外)

现场布线

附上密封垫

图 6-94　电气线路安装

b. 为保证安装完后装饰面板能紧贴天花板，应根据厂家提供的尺寸调节主体位置，一般应使主体的下底面凹进天花板底面 10～12 mm。

c. 调整完毕，拧紧垫圈上的螺母，固定室内机。

⑦ 依据纸板的相关尺寸，进行天花板施工，具体细节可向建筑商或相关施工人员咨询。施工结束后，拆除安装纸板。

⑧ 安装装饰面板　安装前，注意装饰面板的保护，不可面朝下放置，不可靠在墙上，不可挤压摆动挡板，否则摆动挡板会出现故障。安装装饰面板的步骤如下：

a. 拆下进风格栅、空气过滤器及螺钉固定口的封盖。

b. 将面板上摆动电动机的位置与室内机体上相应的位置对正，从而把装饰面板装上室内机主体。

c. 调整面板位置，使之完全覆盖天花板开口，用挂扣将面板挂于室内机主体上。

d. 将摆动电动机的导线端子连接到室内机的印制电路板上。

e. 拧紧固定螺钉，使装饰面板与室内机主体间密封材料的厚度压缩到5～8 mm。注意：一定要拧紧螺钉，以防装饰面板脱落。

f. 恢复进风格栅、固定封口盖。

⑨ 安装遥控器

目前，遥控器的设置普遍采用有线遥控（即线控）及无线遥控并行的方式。线控器的安装步骤如下：

a. 拆下线控器后盖，按照后盖上螺钉孔的位置，在墙上钻孔，然后将其牢靠固定于墙上。

b. 将遥控线从线孔引入，将遥控线端子连接到线控器的端子板上。

c. 复原线控器盒盖。

5. 室外机的安装

嵌入式空调器室外机的固定及管线连接操作可参考分体壁挂式空调器。

6. 排气检漏

可参考分体壁挂式空调器，当连接管长度超出规定值时，需补充制冷剂，其追加的总量为单位长度的充注量 ×（实际连接管长度 – 连接管规定长度）。

7. 试机与调试

嵌入式空调器试机与调试方法与分体壁挂式空调器类似。

指点迷津　空调器常见安装故障及处理方法

1. 空调器常见安装故障分析

（1）室内外机安放、固定不当

① 室内机位置选择不当　例如安装于高温多湿或有粉尘、油烟场所，易产生电磁干扰的场所，安装位置与室外机间距离过远，安装位置影响空气流动，安装不水平等。

② 室外机位置选择不当　例如安装于受强风吹的地方、靠近热源的场所，安装位置不当引起气流短路，安装于强度低、不能充分吸收振动的位置。此外，室外机安装位置选择必须确保连接管长度不超过规定值，以及室内外机高度差符合要求。

③ 室内外机固定不当　安装时，室内外机的固定必须牢固可靠。若出现壁挂式空调器室内机挂接不牢、室外机底脚螺栓未拧紧等问题，可能会因为运行过程中的振动而造成机体坠落。

（2）电气线路连接失误

① 端子排线错误　安装人员在配线连接时必须严格按照电气接线图进行作业，分清端子序号（符号）及配线颜色，将端子正确接入端子排。如果出现接线错误，空调器可能无法正常工作，甚至可能造成电气部件烧毁。

② 端子接线操作失误　例如配线护套层剥离部分太长；配线插入量过短，连接不牢固；加

长线路连接不牢固、接头处绝缘处理不当等。

（3）连接管操作失误

例如连接管内混入杂物，连接管施工不当，安装了尺寸不合适的配管等。

（4）电源施工不良

例如电源匹配不当，相线、中性线、接地线接错；线路过长，接头过多；断路器容量不足等。

（5）排水管施工不当

例如排水管接头处理不当、排水管保温不良、排水管路设置不当等。

（6）其他安装失误

例如开墙孔位置选择不当、开墙孔操作不当，排空操作不当，忘记打开截止阀等。

2. 空调器常见安装故障处理方法

（1）制冷、制热效果不佳

故障现象：安装后的空调器通电运行约 1 h，房间温度下降不明显，测量室内机进出风口温差过小。

故障原因：

① 所安装的空调器制冷量不足

如果房间面积过大或存在其他热源，施工人员未充分考虑，将导致房间实际热负荷大于所选空调器制冷量。

② 制冷剂不足

a. 排空气操作时，排空时间过长，机体内制冷剂放出量超过了必要量。

b. 截止阀没有完全打开，使制冷剂流量不足。

c. 喇叭口加工不当或粘有杂物或没有拧紧，造成制冷剂泄漏。

d. 出厂时，制冷剂就不足。

③ 室外机散热不良

a. 室外机周围有遮挡物，造成气流短路，不能充分散热

b. 室外机周围有热源，造成散热不良。

④ 排空气不够彻底，使制冷系统内有空气。

处理方法：

a. 重新考虑房间内的热负荷，排除因制冷量选择有误而造成的空调器效果不佳。

b. 仔细观察室内外机周围情况，清除遮挡物、热源。若遮挡物、热源不能移动，则必须考虑移机进行重新安装。

c. 检查截止阀是否已完全打开。确认无误后，在三通截止阀维修口接压力表，检测制冷系统压力是否正常，以判定制冷系统内制冷剂是否缺少。如果在检测时发现压力表指针出现异常抖动，则说明系统内有空气混入，此时需将系统内全部制冷剂排出、抽真空后再定量充注制冷剂。

d. 对各处连接管进行检漏。如果有泄漏点，应将制冷剂排空后，重新连接或焊接，确认不泄

漏后再定量充注制冷剂。

（2）有异常噪声

故障现象：空调器运行时，室内机发出除正常风声外的其他声音，室外机有振动和噪声。

故障原因：

① 选择的安装面强度不足，墙面老化或安装于不能充分吸收振动的位置。

② 机组固定不牢，螺栓松动。

处理方法：

① 检查各处螺栓是否紧固，对未拧紧的螺栓应加防松垫片后用扳手拧紧。

② 检查安装面周围墙体情况，如有强度不足或安装于承重梁及金属面的情况，则必须进行减振处理或移机后重新安装。

（3）排水不畅

故障现象：空调器制冷运行时，室内机周围有水流出，连接管表面有水滴凝结或穿墙孔周围有水渗出。

故障原因：

① 室内机安装倾斜，造成室内机积水。

② 排水软管阻塞、松弛及连接不良，坡度设置不当。

③ 连接管的连接头部分及排水软管隔热不充分，引起结露。

处理方法：

① 对于室内机安装倾斜，必须重新安装或调整。操作前应将已连接的制冷剂连接管断开，防止操作过程中引起管路折损。再次调整时必须使用水平仪严格测定。

② 调整排水软管的坡度至 1/100 以上，排水软管松弛部分应重新整理包扎，确保冷凝水的自然流出。对于嵌入式空调器的室内机，可能要加装提升水管。

③ 检查排水软管是否有破损或阻塞，各处接口连接是否牢固、有无脱落现象。对破损的排水软管必须更换，其他问题可采取相应的补救措施。

④ 对连接的接头处及排水软管进行有效的隔热处理，管路包扎不可过紧，否则降低隔热材料的保温效果。

（4）空调器无法正常起动

故障现象：合上电源开关，遥控开机后，室内机开机，压缩机始终不起动；或者压缩机起动后，立即停机，低压断路器频繁动作。

故障原因：

① 电源施工不当

a. 电源引出点电压偏低。

b. 电源线路接头过多，接头处绝缘不良以及接地线与中性线接反。

c. 低压断路器容量选择不足。

② 配线连接错误

a. 端子排接线顺序及操作错误。

b. 加长线操作不当。

处理方法：

① 用万用表测量电源引出点的电压情况，如超出空调器的电源电压变化范围，应考虑从其他引出点引出电源，或在空调器的电源供给电路上接入稳压电源。

② 检查端子排连接处的接线情况，根据电气接线图纠正端子排上接线错误，并对相应的操作失误进行处理，检查接地线与中性线是否存在接反错误。

③ 检查线路接头处的绝缘情况，进行可靠的绝缘处理。同时在任何线路的加长操作中，均应尽量减少接头数量。

④ 选择合适的低压断路器。

（5）无电源显示，整机不工作

故障现象：合上电源开关，显示屏无显示，遥控器操作不能开机。

故障原因：

① 用户电源不正常，如低压断路器损坏、熔断器熔体熔断、插座损坏等。

② 空调器安装后接线松动、脱落等。

处理方法：

① 用万用表测量供电电源电压，若不正常，应请专业电工维修。

② 检查空调器室内机各插件是否松动、脱落，线路是否断路，内机板上熔断器是否松动、烧毁等。有的空调器是室外机供电，必须检查室内外机信号线连接是否正常。

任务 5　空调器的移机操作技能

◆ 任务目标

1. 掌握空调器移机时拆机操作的步骤和方法。

2. 掌握空调器移机后装机操作的步骤和方法。

▦ 知识储备

用户装修、改建房屋或搬迁时，空调器需要搬迁移位。对于分体式空调器必须将室内机及连接管内的制冷剂回收到室外机中，才能卸下连接管和配线以及室内外机，待空调器搬运到新地点后按新空调器安装的方法进行安装，有时还可能需要补充制冷剂。下面以分体壁挂式空调器为例介绍移机操作流程。

一、空调器的拆机操作

1. 试机

空调器移机前，必须对空调器进行试机，以确定空调器工作是否正常。若空调器试机时发现存在问题，须向用户说明并进行维修，以确保移机后空调器能正常运行。

2. 制冷剂的回收

在确认空调器试机运行正常后，应将室内机和连接管路中的制冷剂回收到室外机中。制冷剂回收的操作过程如下：

① 使空调器进行 10～15 min 的制冷运行。

② 运行停止后，取下二通截止阀、三通截止阀及维修口的阀帽，将双表修理阀的低压软管接到维修口（须关闭双表修理阀低压阀）。

③ 将双表修理阀低压阀稍微打开，排出低压软管中的空气。

④ 用内六角扳手插入二通截止阀，按顺时针方向将阀关闭。

⑤ 使空调器进行制冷运行，当双表修理阀上的低压表指示为 –0.1 MPa 时，用内六角扳手关闭三通截止阀。

⑥ 停机并拔下电源插头，卸下双表修理阀，装上二通截止阀、三通截止阀及维修口的阀帽。至此，制冷剂回收完毕，可卸下室内外机连接管和配线。

在冬季，由于环境温度较低，回收制冷剂时空调器若不能进行制冷运行，可采用下述方法使空调器运行在制冷状态。

① 按下室内机上的应急开关（也称试机按钮）开机。

② 对室内温度传感器人为加热（如用温热的毛巾盖住温度传感器探头），使传感器检测到的温度达到制冷运行的要求，然后用遥控器设定制冷状态运行。

③ 对于热泵型空调器，可将电磁四通换向阀的电源线断开，然后用遥控器设定制热状态运行（空调器制冷系统其实按制冷运行状态运行）。

3. 拆除室外机连接管、配线

确认拔掉电源插头后，用扳手拆下室外机上的连接管，并在连接管和二通截止阀、三通截止阀管接口上加保护塑料帽，以防止灰尘、脏物进入管路。特别是在下雨天拆除连接管时，应防止雨水进入连接管内。用螺丝刀拆下配线并做好相应的标记，防止在装机时接错配线从而引起故障。

4. 拆除室内机

① 拆除室内机前，先将室内外机连接管束整形，以便拆除室内机时能顺利地使连接管通过穿墙孔。

② 用力向上托起室内机下部，使搭扣脱离，然后将室内机下部向外轻提，再斜向上提

起室内机，使室内机脱开挂墙板上部的挂钩，如图 6-95 所示。

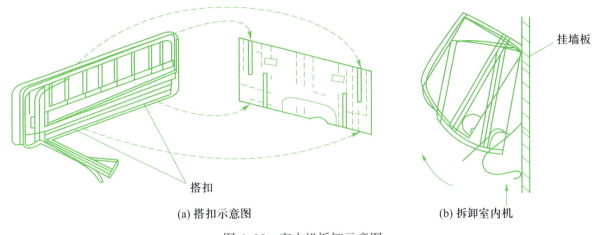

(a) 搭扣示意图　　　　　　　　　(b) 拆卸室内机

图 6-95　室内机拆卸示意图

③ 用力抬起室内机，由两人配合，将室内机和连接管束慢慢从穿墙孔中缓慢拉出。操作时，不能硬拉连接管束，以免造成弯扁室内外机连接管、拉断配线，使连接管、配线损坏而不能再次使用。

④ 将室内机和连接管束平放在地面上，在连接管口装上保护塑料帽，并将管束弯盘成直径为 1 m 左右的圆圈，以便搬运。

5．拆除室外机

拆除室外机时需两人操作。先用尼龙绳一端系好室外机，另一端系在牢固处；然后一人扶住室外机，一人用扳手拧下固定室外机的底脚螺栓；最后两人合力将室外机搬入室内。

二、空调器的重新安装操作

1．装机、试机

搬迁过的空调器的装机、试机过程与安装新空调器相同，但安装技术要求比新空调器的高。因此，在安装时应注意以下几个方面。

① 要重新检验连接管的喇叭口。连接管上的喇叭口由于长期被挤压，有些喇叭口可能变形或损伤，甚至有裂纹，继续使用会造成制冷剂泄漏。因此，要仔细检查喇叭口，对不合格的一定要割掉重扩，消除隐患。

② 要检查连接管是否有弯扁。连接管由于几经弯折，有可能出现弯瘪，甚至出现裂纹等。因此，要逐段检查连接管，对有弯瘪、裂纹等的管段，应割掉后重新连接或换新管。

③ 要检查截止阀橡胶圈是否损坏。由于空调器的长期使用，截止阀内部阻气的橡胶圈可能老化损坏。因此，应重新更换，以防阀杆处泄漏制冷剂。

④ 要检查排水软管。对出现老化的排水软管要更换，以防漏水。

⑤ 要检查配线是否损坏。长期使用的空调器，配线绝缘层可能老化，也可能在移机过程中损坏绝缘层。因此，对有问题的配线一定要更换。

⑥ 要检查空调器的绝缘电阻。通过检查，防止空调器出现漏电现象。

⑦ 排除连接管及室内机的空气后，应打开二通截止阀和三通截止阀，并对各个接口进行检漏。检漏时要认真、细心，观察有无气泡冒出，特别要重视新制作的喇叭口、阀杆处有无泄漏。确认无泄漏后，拧紧阀帽。

2．补充制冷剂

整个移机过程只要操作无误，就能保证空调器开机后制冷、制热效果良好，一般不需要补充制冷剂。

对于使用中有微漏的空调器，移机过程中截止阀漏气或回收制冷剂操作不当的空调器，连接管路加长的空调器，制冷系统中的制冷剂会有所减少，必须补充制冷剂。

补充制冷剂的方法见前述空调器安装时追加制冷剂的方法。在补充制冷剂时，要一边补充一边观察空调器的运行情况，避免多加或少加制冷剂，使空调器达到最佳运行状态。

任务 6　空调器的拆卸组装操作技能

◆ 任务目标

1．掌握空调器拆卸的步骤和方法。
2．掌握空调器组装的步骤和方法。

知识储备

在维修空调器时，有时需要将空调器室内机、室外机进行拆卸，待维修完成后再进行组装，这就需要掌握空调器的拆卸、组装技能。下面以分体壁挂式空调器为例介绍拆卸流程，其组装流程与拆卸流程相反。

一、室内机的拆卸

1．拆卸面板
① 将吸气栅两侧的卡扣打开后掀起吸气栅，如图 6-96 所示。
② 将空气过滤网取下后，即可将位于其下的清洁滤尘网取出，如图 6-97 所示。
③ 使用一字螺丝刀将 3 个卡扣撬起取下后拧下固定螺钉，如图 6-98 所示。

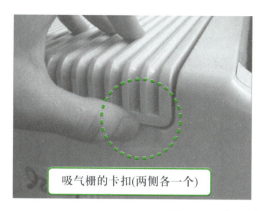
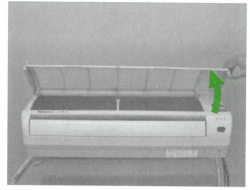

吸气栅的卡扣(两侧各一个)

图 6-96　打开卡扣，掀起吸气栅

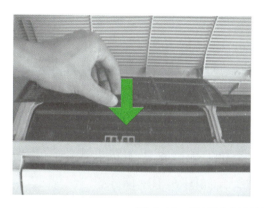
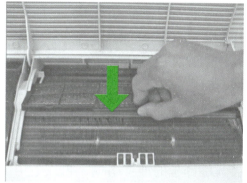

图 6-97　取下空气过滤网，取出清洁滤尘网

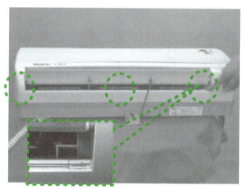
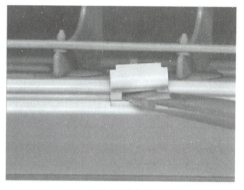

(a) 卡扣位置

(b) 撬起卡扣

(c) 固定螺钉

(d) 拧下固定螺钉

图 6-98　撬起卡扣，取下固定螺钉

④ 取下空调器的前盖，如图 6-99 所示。

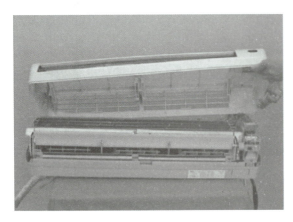
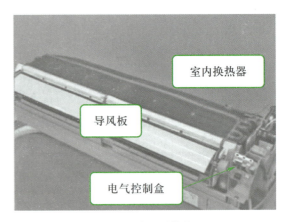

(a) 取下前盖　　　　　　　　　　　(b) 室内机卸下前盖后的外观

图 6-99 取下空调器前盖

2. 拆卸电路板

室内机电气控制部分如图 6-100 所示。

① 拆卸遥控接收电路板和指示灯电路板　其方法是：先从塑料卡槽中松开指示灯电路板与遥控接收电路板的连接引线，再拔下引线插头，如图 6-101 所示。

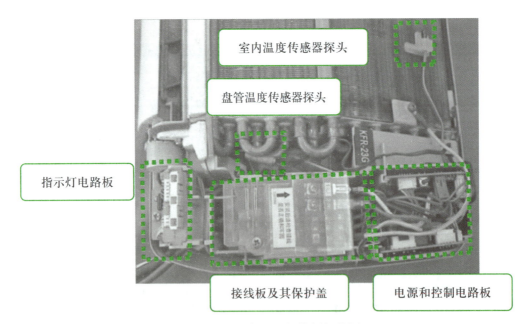

图 6-100 室内机电气控制部分图

② 拆卸电源电路板和控制电路板模块　其方法是：取下室内温度传感器、盘管温度传感器，拔下垂直风向风扇电动机引线插头，然后将电路板固定模块的 4 个固定螺钉拧下，固定电路板的固定模块和电路板即可提起，再拔下送风风扇电动机与控制电路板的连接引线，然后取下电路板固定模块，如图 6-102 所示。

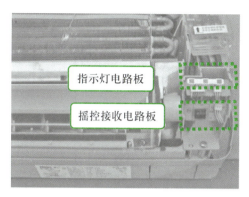

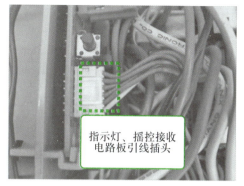

(a) 电路板位置

(b) 引线插头位置

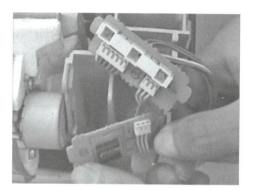

(c) 拔下引线插头

(d) 取下电路板

图 6-101　拔下指示灯、遥控接收电路板引线插头

(a) 拔下导风板电动机引线插头

(b) 拧下固定电路板模块螺钉

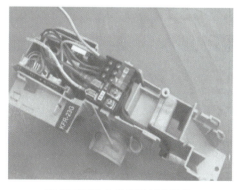

(c) 提起固定电路板模块

(d) 拆下后的电路板及固定模块

图 6-102　拆卸电源电路板和控制电路板模块

③取出电源电路板、控制电路板和变压器，如图 6-103 所示。

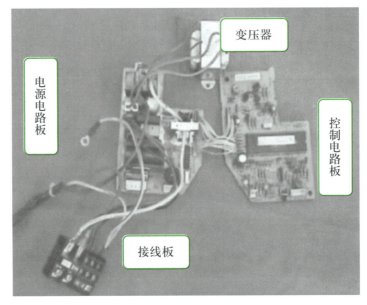

图 6-103　取出电源电路板、控制电路板和变压器

3. 拆卸导风叶片组件

①使用十字螺丝刀拧下导风叶片支架的两个固定螺钉，如图 6-104 所示。

②将导风叶片组件及与其相连的排水管取出，如图 6-105 所示。

4. 拆卸室内换热器

拆卸掉电路板、导风叶片组件后的室内机如图 6-106 所示。

①使用十字螺丝刀将管路固定挡板的固定螺钉拧下，并将挡板取下，如图 6-107 所示。

②拆卸室内换热器　其方法是：先卸下室内换热器的两个固定螺钉，从没有卡扣的一侧推动室内换热器，使卡扣与机壳分离，将室内换热器从机壳中取出，如图 6-108 所示。

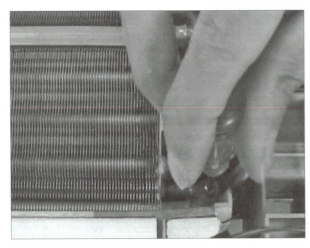
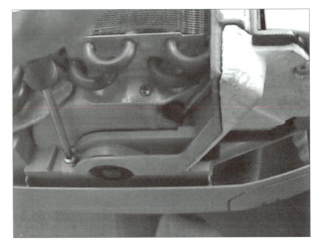

图 6-104　拧下导风叶片支架固定螺钉

(a) 提起导风叶片组件

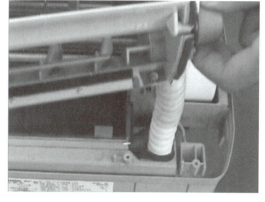

(b) 抽出排水管

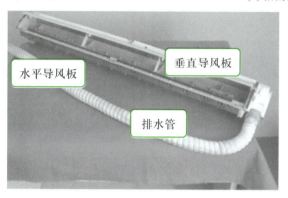

(c) 导风叶片组件

图 6-105　导风叶片组件的拆卸

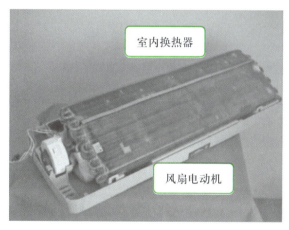

图 6-106　拆卸掉电路板、导风叶片组件后的室内机

图 6-107　取下管路固定挡板螺钉

5. 拆卸室内机风扇组件

室内风扇组件如图 6-109 所示。

① 松开送风风扇驱动电动机与贯流式风扇的固定螺钉，再将贯流式风扇另一侧的支撑帽拔下，如图 6-110 所示。

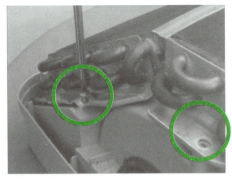

(a) 卸下室内换热器固定螺钉

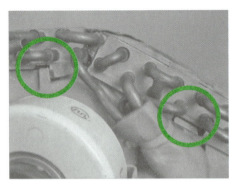

(b) 室内换热器卡扣

(c) 推动室内换热器，松开卡扣

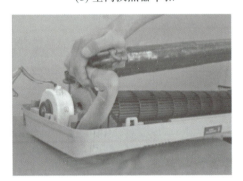

(b) 室内换热器的拆卸

图 6-108　室内换热器的拆卸

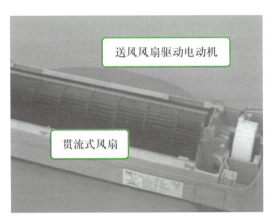

图 6-109　室内风扇组件

图 6-110　松开固定螺钉，取下支撑帽

② 拆除送风风扇驱动电动机，将贯流式风扇从机壳中取出，如图 6-111 所示。

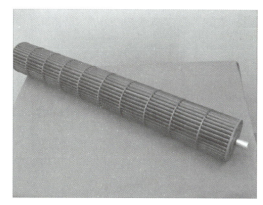

图 6-111　拆除电动机，取出贯流式风扇

二、室外机的拆卸

1. 拆卸顶盖

先用螺丝刀旋下顶盖上的固定螺钉，再向上掀顶盖的前部，使后面的卡扣松开，再将顶盖向上掀一定角度后，向背面平行推动上盖，即可将顶盖取下，如图 6-112 所示。

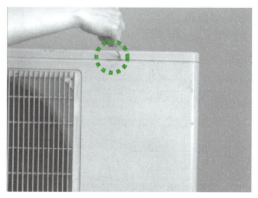

(a) 拧下固定螺钉　　　　　　　　　(b) 向上掀起顶盖

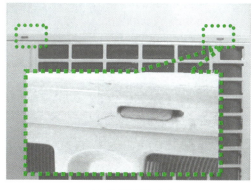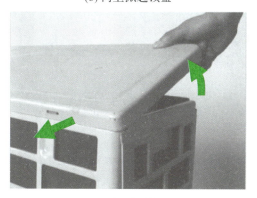

(c) 松开顶盖卡扣　　　　　　　　　(d) 卸下顶盖

图 6-112　拆卸顶盖

2．拆卸室外机外框架（如图 6-113 所示）

(a) 拆卸外框架左侧两颗螺钉

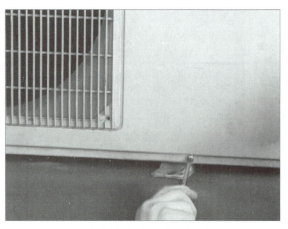

(b) 拆卸外框架底部两颗螺钉

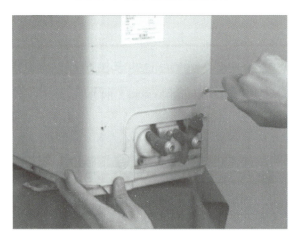

(c) 拆卸外框架右侧两颗螺钉

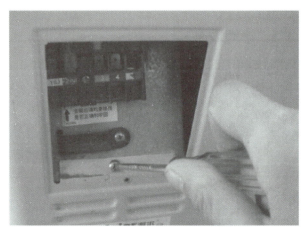

(d) 卸下外框架右侧接线板外螺钉

(e) 取下室外机外框架

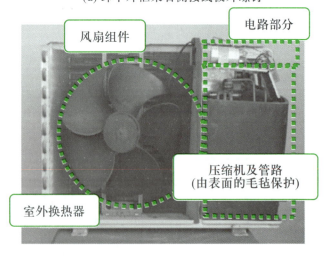

(f) 室外机内部结构

图 6-113　室外机外框架的拆卸

3. 拆卸室外机电控部分（如图 6-114 所示）

压缩机电容器

风扇电动机起动电容器

接线端子排

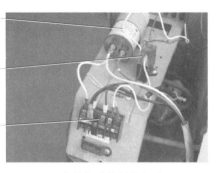

(a) 电控部分的结构组成

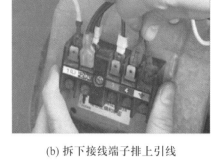

(b) 拆下接线端子排上引线

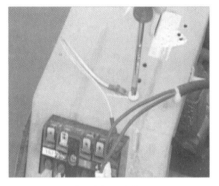

(c) 拆下接地线螺钉

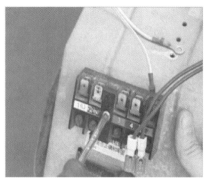

(d) 拆下接线端子排固定螺钉

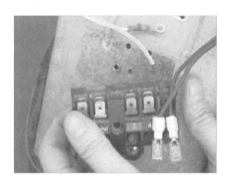

(e) 取下接线端子排

(f) 拆下半圆形卡子固定螺钉

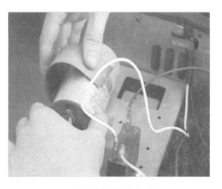

(g) 取下半圆形卡子

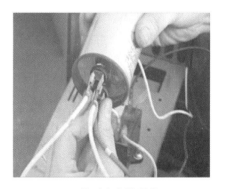

(h) 拔下电容器引线

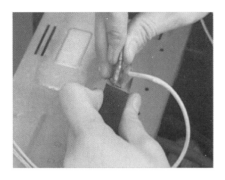

(i) 拔下风扇电容器引线

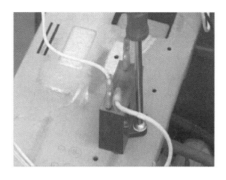

(j) 取下风扇电容器固定螺钉

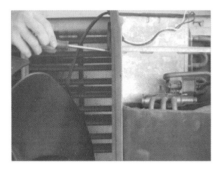

(k) 取下金属板固定螺钉

(l) 拆下金属板

图 6-114 室外机电控部分的拆卸

4. 拆卸室外机制冷系统部件（如图 6-115 所示）

(a) 取下毛毡

(b) 拆下挡板上部固定螺钉

(c) 拆下挡板下部固定螺钉

(d) 拆下挡板

图 6-115 室外机制冷系统部件的拆卸

5. 拆卸室外机风扇组件（如图 6-116 所示）

(a) 拆下风叶固定螺钉

(b) 取下风叶

(c) 拆下风扇电动机固定螺钉

(d) 取下风扇电动机

(e) 拆下支架螺钉

(f) 取下支架

图 6-116　室外机风扇组件的拆卸

分体壁挂式空调器室内机、室外机的组装方法及流程与拆卸方法刚好相反。

项目 7

电冰箱、空调器控制电路分析与检修技巧

【项目描述】

在本项目的学习中，要在熟悉典型电冰箱、空调器控制电路及组成等知识的基础上，学会分析电冰箱、空调器控制电路工作原理，具备分析、判断、检修电冰箱、空调器控制电路常见故障的能力，为以后从事电冰箱、空调器等制冷设备售后维修服务打下基础。

任务 1　电冰箱控制电路分析与检修技巧

◆ 任务目标

1. 掌握电冰箱控制电路及组成。
2. 掌握电冰箱控制电路的工作原理。
3. 掌握电冰箱控制电路常见故障的分析与检修方法。

▨ 知识储备

电冰箱的电气控制系统是通过专门装置和部件所组成的各种电路，进行电冰箱的温度控制、化霜控制、压缩机的起动与保护、门灯照明控制和电加热控制等。因此，电冰箱的控制电路是根据电冰箱的性能指标来确定的。一般来说，电冰箱性能越复杂，其对应的控制电路就越复杂，不同的产品和不同厂家生产的电冰箱控制电路也有所不同，但就其控制电路的基本组成部分而言，则是大同小异，可归纳为下列几种典型的控制电路。

一、单门直冷式电冰箱控制电路的分析

单门直冷式电冰箱控制电路是一种最基本的电冰箱控制电路，由于采用的起动元件不同，可分为重锤式起动继电器控制的电路和 PTC 起动继电器控制的电路两种。

1. 重锤式起动继电器起动的单门直冷式电冰箱控制电路分析

图 7-1 所示为重锤式起动继电器起动的单门直冷式电冰箱控制电路原理图，该电路具有过电流、过温升保护。电路由压缩机电动机、起动电容、重锤式起动继电器和碟形过载保护器等组成起动保护电路；由机械式温控器、照明灯开关（门触式开关）和照明灯组成温控和照明电路。在压缩机的起动绕组电路中串联一个电容，主要作用是增大电动机的起动转矩，

提高起动性能。

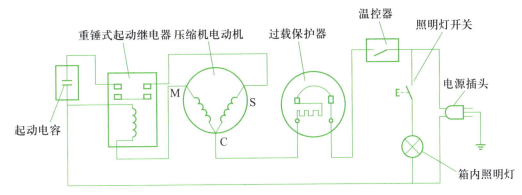

图 7-1　重锤式起动继电器起动的单门电冰箱控制电路原理图

　　该控制电路的工作过程是：电冰箱接通电源时，温控器触点接通，起动继电器触点断开。电源经过载保护器、起动继电器的电流线圈、电动机运行绕组形成回路。由于电动机还不能起动，其运行绕组中的电流迅速增大，起动继电器的电流线圈产生较强的磁场力，吸动重锤带动 T 形架上移，使起动触点接通，这时电动机起动绕组和运行绕组中均有电流通过，在定子中形成旋转磁场，使电动机开始运转。随着电动机转速的提高，起动电流下降，当电动机转速达到额定转速的 80% 左右时，起动继电器电流线圈中的电流值小于释放电流，此时的磁场力变小，重锤带动 T 形架下落，将起动继电器的动静触点断开，电动机进入正常运转。当电动机在起动或运行过程中，电路出现过载或压缩机因某种原因造成外壳温升过高时，紧贴在压缩机外壳上的过载保护在通过本身电流热量或外壳热量的作用下，发生弯曲变形，达到一定程度后跳起，切断电路，对压缩机进行过电流、过温升保护，以免造成压缩机电动机的烧毁。

2．PTC 起动器起动的单门直冷式电冰箱控制电路分析

　　这种控制电路的原理图如图 7-2 所示。控制电路由压缩机电动机、过载保护器、PTC 起动器、温控器、箱内照明灯和照明灯开关等组成。

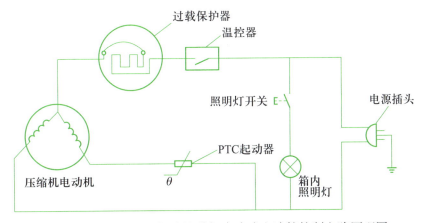

图 7-2　PTC 起动器起动的单门直冷式电冰箱控制电路原理图

该控制电路的工作过程是：电冰箱接通电源，温控器触点接通，由于 PTC 起动器在室温条件下的阻值很小，处于导通状态，在电流通过 PTC 起动器的瞬间，电流顺利通过起动绕组和运行绕组，电动机定子获得旋转磁场，所以电动机开始转动。此时，由于 PTC 起动器因通电被加热，温度迅速上升到居里点以上，进入高阻状态，电流急剧减为极小的维持电流，电动机起动绕组电路近乎断开，电动机进入正常运转。

二、双门、多门直冷式电冰箱控制电路的分析与检修

1. 具有温度补偿的直冷式双门电冰箱控制电路分析与检修

图 7-3 所示为具有温度补偿的直冷式双门电冰箱控制电路原理图，它与单门直冷式电冰箱的电路结构相似，不同之处是温控器采用的是定温复位型，该温控器有 3 个接线端子，在其 L、C 两个端子间连接了温度补偿加热器，用于冬季温度补偿。当冬季环境温度较低时，闭合温度补偿加热器开关，给温控器感温头加热，可使温控器触点断开时间不至于过长，以缩短压缩机的停机时间，从而保证电冰箱冷冻室在环境温度较低情况下有正常的冷冻工作能力。

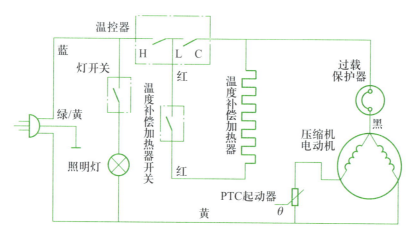

图 7-3　具有温度补偿的直冷式双门电冰箱控制电路原理图

2. 双温双控直冷式电冰箱控制电路分析

图 7-4 所示为双温双控直冷式电冰箱控制电路原理图。当冷藏室、冷冻室温度达不到设定要求时，冷藏室温控器的触点（H-L）和冷冻室温控器的触点（H-C）闭合（并联），使电磁阀线圈断电，压缩机运行后使冷冻室和冷藏室同时制冷，只有当冷冻室和冷藏室温度均达到设定要求时，两个温控器的触点均断开，压缩机才会停止运行；若冷冻室温度升高，则冷冻室温控器触点闭合（H-C），冷藏室温控器触点（H-C）闭合，使电磁阀线圈通电，压缩机运行后单独给冷冻室制冷，使冷冻室温度达到设定要求后停机；若冷藏室温度升高，则冷藏室温控器触点（H-L）闭合，压缩机起动后使冷冻室和冷藏室同时制冷，直到冷藏室温度达到要求后停机。

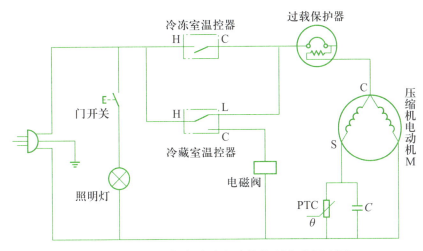

图 7-4　双温双控直冷式电冰箱控制电路原理图

3. 双门间冷式电冰箱控制电路分析

双门间冷式电冰箱控制电路由压缩机电动机、重锤式或 PTC 起动器和过载保护器组成压缩机起动保护电路；由化霜定时器、双金属化霜温控器、化霜加热器和化霜温度熔断器组成全自动化霜电路；由冷冻室温控器组成压缩机运行控制电路；由接水盘加热器、排水管加热器和风扇扇叶孔圈加热器组成加热防冻电路；由冷冻室温控器、化霜定时器、冷冻室和冷藏室门开关组成风扇电动机电路。

① 压缩机控制电路　压缩机的控制电路包括温控器、化霜定时器、起动继电器、过电流过温升保护器、压缩机电动机等部件。当温控器触点接通以及化霜定时器的触点 a、b 接通（即不在化霜状态）时，压缩机电动机起动工作。

② 箱内照明电路　箱内照明电路是供存取食物照明之用。当电冰箱门打开后，照明灯开关（冷藏室箱门开关）的触点接通，这时电源与照明灯构成回路，照明灯亮。当箱门关闭后，照明灯开关的触点断开，箱内照明灯不亮。

③ 自动化霜电路　自动化霜电路包括温控器、化霜定时器、双金属化霜温控器、化霜加热器和化霜温度熔断器等部件。当电冰箱压缩机运行时，化霜定时器的时钟电动机、化霜加热器和化霜温度熔断器也接入电源。但是由于化霜定时器时钟电动机的电阻远大于化霜加热器、排水加热器的并联电阻，这几个加热器并不加热，而化霜定时器中的时钟电动机与压缩机电动机同步运行，电冰箱处于制冷状态。当制冷压缩机累计运行 8 h，化霜定时器的触点 a、b 断开，触点 a、c 接通，压缩机和风扇电动机停止运行。但化霜定时器的时钟电动机由于被双金属化霜温控器短路，所以化霜加热器等与电源接通，开始加热化霜。随着蒸发器温度的上升，其上面的霜融化，经排水管排出。

当蒸发器表面的温度被加热到 13 ℃时，蒸发器上的霜全部融化，致使化霜温控器的双金属片产生形变，触点断开，将化霜定时器的时钟电动机重新接入电路。在化霜定时器恢复运转约 2 min 以后，化霜定时器的触点 a、b 重新接通，触点 a、c 恢复断开，制冷压缩机又起动运转，重新开始制冷。当蒸发器表面温度降到 -5.5 ℃左右时，化霜温控器触点复位闭合，为下一个化霜周期做好准备，这样就完成了一个自动化霜的过程。

电路中接入的化霜温度熔断器能在双金属化霜温控器失灵时，防止因化霜加热器持续工作使蒸发器表面温度过高而造成盘管爆裂。

④ 风扇电动机电路 间冷式电冰箱是靠风扇强制送风使冷气循环的，风扇电动机与压缩机电动机并联，工作过程受温控器与照明灯开关（冷藏室箱门开关）双重控制。当温控器触点接通，压缩机工作，且箱门关闭时，风扇电动机压缩机同步运行。此时，若打开冷冻室或冷藏室箱门，为防止箱内冷气外流，箱门上的门开关触点断开，使风扇电动机暂停工作。待箱门关闭后，风扇电动机随即起动运转。

⑤ 其他电路 为了防止温感风门温控器壳体、底面出水管、风扇扇叶孔圈等部件因冻结而影响工作，在这些部件附近放置了加热器（电热丝），以达到防止冻结的目的。

三、微型计算机控制电冰箱控制电路的分析与检修

随着电子技术的不断发展，电冰箱电气控制系统从机械温控式发展到电子温控式，然后发展到微型计算机控制式。微型计算机控制电冰箱的电气控制系统是以微型单片机（又称主芯片，简称 CPU）为控制核心，结合变频技术、数字电子技术、传感器技术、液晶显示技术等，实现电冰箱的智能化控制，达到精确控温、超级节能等效果。微型计算机控制系统采用液晶显示触摸按键，人机界面友好，使温度设定灵活，还具有自动模式运行、深冷速冻、自动除霜、实时时钟、定时报警、超温报警、重新起动延时保护、过电压和欠电压保护等功能。

下面以某变频电冰箱为例，分析其控制电路的特点和工作原理。

1. 控制特点

该电冰箱具有全频控制功能，集变频、降噪、速冻等技术于一身，且互相促进，使箱内温度与设定温度进行比较，自动调节变频压缩机的工作效率，使电冰箱一直处于最佳工作状态；无氟无霜，采用全风冷制冷系统，达到深冷速冻功能；能在化霜前判断箱内的温度，并进行预制冷，使化霜前后箱内温度没有较大幅度的改变，利于食品保鲜；具有故障自动显示功能、开门报警功能、触摸按键、大屏幕 LCD 显示和光波保鲜功能；冷藏室设有"007区"，其温度可根据所存放食品的不同进行调节。图 7-5 所示为该电冰箱的结构图。

2. 控制电路的组成

该变频电冰箱的控制电路由主电源电路、辅助电源电路、主控芯片（CPU）电路、晶振电路、复位电路、操作显示电路、接口电路、风机电路、温度传感器电路、开关电路、加热器电路、照明灯电路、阀门电路、蜂鸣器电路、变频控制电路及变频压缩机等组成。在微处理器控制下，输出驱动信号，通过变频控制电路板来调节变频压缩机的转速，进而实现精确

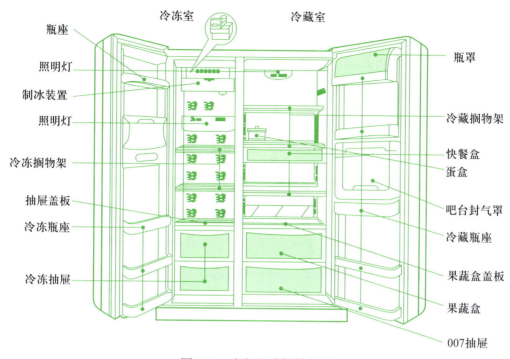

图 7-5　变频电冰箱结构图

控制电冰箱冷藏室、冷冻室、变温室及制冰机的温度。图 7-6 所示为该电冰箱的控制电路接线图。

3. 控制电路分析与检修

该变频电冰箱的控制电路采用微型计算机智能控制，采用整块智能控制电路板设计方式进行控制电路的集成设计。

（1）主电源电路分析与检修

主电源电路如图 7-7 所示，由主电源板插件输入的 220 V 交流电压，经熔断器 FU1、压敏电阻 R_{Zl} 的过电流、过电压保护后输出两路 220 V 交流电源。一路经智能控制电路板插件 CN200（N）和 CN201（L）两端，为智能控制电路板提供 220 V 交流电源；另一路经电感 L_1 和电容 $C_1 \sim C_4$ 的高频滤波、二极管 VD1～VD4 的整流后，输出约 300 V 直流电压到变频控制电路板，再经电感 L_2、电容 C_{El} 滤波后，送到变频模块电路。

主电源电路出现故障，将导致整机不工作或压缩机工作不正常。可用万用表检测电源电压、智能控制电路板电源电压是否正常，接变频电路板的直流 300 V 电压是否正常来判断故障的部位。

（2）辅助电源电路分析与检修

辅助电源电路如图 7-8 所示。由主电源电路输入的 220 V 交流电压，经压敏电阻 R_{V200}、电感 L_{202}、电容 C_{202}、二极管 VD208～VD211、保险电阻 R_{T200}、电容 C_{E201} 和 C_{E202} 后，输出 +300 V 直流电压。其中压敏电阻 R_{V200} 起过电压保护作用，电感 L_{202}、电容 C_{E202} 起高频滤波和防干扰作用，二极管 VD208～VD211、电容 C_{E201} 和 C_{E202} 起整流滤波作用，保险电阻

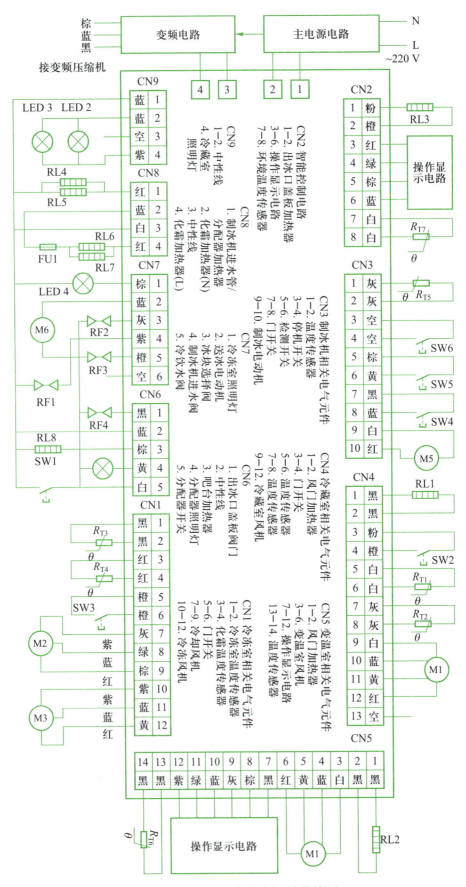

图 7-6　变频电冰箱控制电路接线图

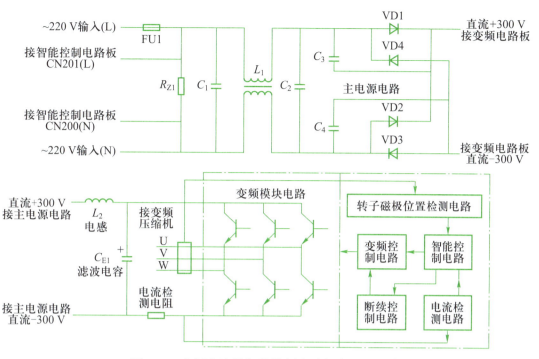

图 7-7　变频电冰箱智能控制电路板主电源电路

R_{T200} 起过电流保护作用。+300 V 直流电压一路经电阻 R_{215}～R_{218} 送到开关电源芯片 IC201（NCP1200P100）的⑧脚；另一路经开关电源变压器 B201 ①、②脚绕组送到大功率场效晶体管 MOS200（FPQF5N60C）的 D 极。

当开关电源芯片 IC201 起动振荡后，IC201 的⑤脚输出一个开关脉冲，经电阻 R_{206} 等送到场效晶体管的 G 极，起动开关电源。同时 B201 的③、④脚绕组产生的感应电压，经 VD201、R_{202}、C_{E203}、VD205 整流、滤波、稳压后送到 IC201 的⑥脚，作为 IC201 的维持电源。

开关电源起动工作后，B201 的⑨脚输出的脉冲电压经 VD202、L_{200}、C_{E208}、C_{E200} 等整流、滤波后，输出 +16 V 电压，一路给冷冻室风机驱动电路供电；另一路经 R_{227}、VD206、光电耦合器 IC203（PC817A）等组成的取样反馈电路，通过 IC201 的②脚实现 DC/DC 误差控制功能。

B201 的⑤脚输出的脉冲电压经 VD207、L_{201}、C_{E206} 和 C_{E207} 等整流、滤波后，输出 +12 V 电压，一路给电气控制系统控制接口电路中的继电器驱动电路、冷藏室风扇电动机驱动电路、变温室风机驱动电路、蜂鸣器电路等供电；另一路经 R_{226}、VD206、光电耦合器 IC203 等组成的取样反馈电路，由 IC201 的②脚实现 DC/DC 误差控制功能。

B201 的⑧脚输出的脉冲电压经 VD203、C_{E204}、C_{212}、三端稳压块 IC202（MC7805CT）等整流、滤波、稳压后，输出稳定的 +5 V 电压，分别给智能控制电路板主控芯片 ICl（CPU）电路、晶振电路、复位电路、温度传感器电路、门开关电路、驱动电路、操作显示电路等供电。

由以上分析可知，辅助电源电路的主要功能是产生 +16 V、+12 V、+5 V 的直流电压。辅助电源电路工作不正常，将导致整机工作不正常，可用万用表检测 +16 V、+12 V、+5 V 的

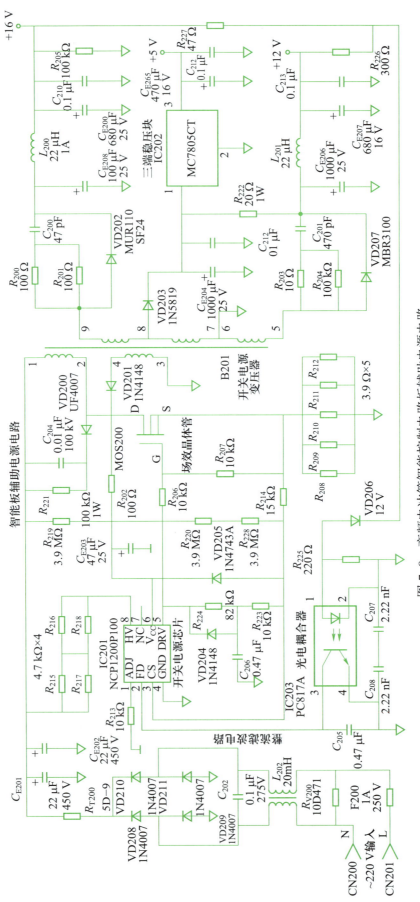

图7-8 变频电冰箱智能控制电路辅助电源电路

直流电压是否正常来判断辅助电源电路是否正常。

（3）主控芯片（CPU）电路分析与检修

智能控制电路板的主控芯片电路如图 7-9 所示，主要由晶振电路、复位电路、蜂鸣器电路等组成，其核心是主控芯片 IC1，各引脚的功能见表 7-1。

表 7-1　主控芯片 IC1 各引脚功能

引脚序号	引脚功能
22、44、54、55	接 +5 V 电源
21、45、56	接地
62	发光二极管 LED1 驱动信号端口，低电平有效
26	强制开机信号端口
39、40	冷藏室温度传感器信号端口
35、36	冷冻室温度传感器信号端口
38	制冰机温度传感器信号端口
37	操作显示电路环境温度传感器信号端口
41	变温室温度传感器信号端口
3	复位信号输入端口
58、59	晶振信号输入端
23、24、25	电子开关 SIP5 转换信号输入端口
5、15	蜂鸣器信号输出端口
33、34	CPU 功能转换输入端口
63	分配器开关信号输入端口
1、4、8、10、12、64	IC5 和 IC6 控制信号输出端口
53、60、61	IC8 控制信号输出端口
42、43、46	冷藏室风机控制信号输出端口
48	冷藏室开关信号输入端口
6、7、16、17	冷冻室冷冻风机和冷却风机控制信号端口
20	冷冻室开关信号输入端口
30、31、32	制冰机电动机驱动信号输出端口
27、28、29	制冰机开关信号输入端口
18、19	操作显示电路控制信号端口
47	冷藏室风门加热器、变温室风门加热器和出冰口盖板加热器控制信号端口
52	变温室操作显示电路控制端口
49、50、51	变温室风机控制信号输出端口
11	变频电路控制信号输出端口

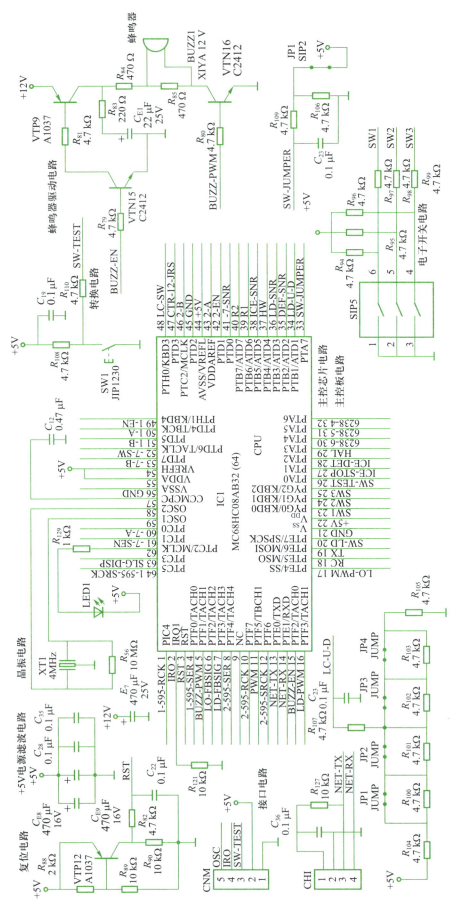

图 7-9　主控芯片电路

① 主控芯片电路的分析与检修

主控芯片电路简图如图 7-10 所示。主控芯片正常工作，除 CPU 自身良好外，还必须供电正常、有时钟振荡脉冲及正确的复位信号，这 3 个基本条件缺一不可。因此，主控芯片工作电路由供电电源电路、晶振电路和复位电路 3 部分组成。

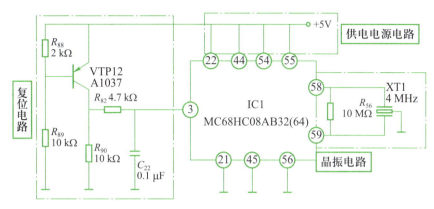

图 7-10　主控芯片电路简图

晶振电路由主控芯片 IC1 的 ⑧、⑨ 脚内部电路与石英晶体 XT1 组成，产生 4 MHz 主振荡频率信号，为主控芯片 IC1 提供时钟脉冲信号；复位电路由三极管 VTP12、电阻 $R_{88}\sim R_{90}$、R_{82}、电容 C_{22} 等组成，主要是为主控芯片 IC1 提供复位电平信号。当复位电路得到 +5 V 电源时，电路进行比较，并给主控芯片 IC1 ③ 脚提供复位电平，高电平有效（复位）。

当主控芯片电路出现故障时，将导致整机不能工作。其检查方法如下：

a. 检查 +5 V 供电电源　可用万用表检查主控芯片 IC1 的 ㉒、㊸、㊴、㊵ 脚 +5 V 电压是否正常，若无电压或电压过高、过低，则应查辅助电源电路的 +5 V 输出是否正常，同时应检查各引脚有无虚焊、电路板铜箔有无断裂及相关支路的负载是否短路等故障。

b. 检查晶振电路中主控芯片 IC1 的 ⑧、⑨ 脚或石英晶体 XT1 两引脚对地电压，正常值应分别为 1 V 和 2 V，若电压异常，说明晶振电路停振或偏离正常振荡频率，可选用同型号的石英晶体代换。

c. 检查复位电路电阻 R_{82} 与主控芯片 IC1 的 ③ 脚电压，在主控芯片 IC1 通电瞬间，③ 脚应有 0～4.8 V 的跳变电压，若无则可判定复位电路工作异常，可检查复位电路相关元器件是否良好，通常三极管 VTP12 和电容器 C_{22} 不良引起的复位电路故障较多。

d. 在确认 +5 V 供电、晶振和复位信号均正常后，再查主控芯片 IC1 各脚对地电阻及电压，如有明显异常，在检查相关引脚无虚焊、脱焊或短路及外围元器件良好后，可考虑主控芯片 IC1 自身损坏或不良。

由于主控芯片 IC1 为大规模贴片式集成电路，其电路板线路和集成电路引脚排列密集，拆装难度大，所以在检修时一定要检查外围电路及元器件是否正常，并通过收集检测数据与实测数据加以比较。基本确定主控芯片 IC1 故障后，再更换主控芯片 IC1。

② 蜂鸣器电路分析与检修

蜂鸣器电路如图 7-11 所示。它由主控芯片 IC1、三极管 VTN15、VTN16、VTP9、电阻 $R_{79}\sim R_{85}$、电容 C_{E1}、蜂鸣器 BUZZ1 等组成。VTN15、VTP9 组成两级放大电路，当主控芯片 IC1 的⑮脚输出信号为高电平时，蜂鸣器 BUZZ1 接通电源，此时 IC1 的⑤脚输出幅度为 5 V、频率约为 3.8 kHz 的脉冲信号电压，并通过 VTN16 使蜂鸣器 BUZZ1 发出声音。

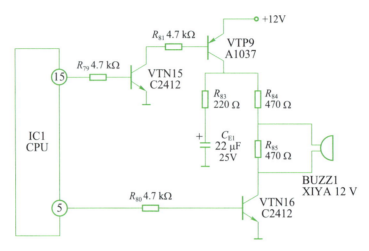

图 7-11 蜂鸣器电路

蜂鸣器电路的故障主要是蜂鸣器不响或发声异常等。首先检查蜂鸣器是否正常，该蜂鸣器为方波脉冲驱动型，可将其从线路板上焊下来，用指针式万用表 $R\times 1k$ 挡进行测量判断，以两表笔碰触蜂鸣器两电极瞬间能发出轻微的"咔嚓"声为正常，否则蜂鸣器损坏应换新。其次是操作任意按键时，检查主控芯片 IC1 的⑤脚是否为高电平，检查三极管 VTN16 是否导通。再次是检查驱动电路中三极管 VTP9 的 e 极电压是否为 +12 V，如果⑮脚为高电平（幅度约 5 V，频率 3.8 kHz），VTP9 的 b 极为低电平使其导通，BUZZ1 两端电压幅度应有明显变化。否则应检查 VTN15、VTN16、VTP9 等相关元器件。

（4）温度传感器电路分析与检修

该电冰箱中共有 7 个温度传感器，其中 R_{T1} 为冷藏室温度传感器、R_{T2} 为冷藏室化霜温度传感器、R_{T3} 为冷冻室温度传感器、R_{T4} 为冷冻室化霜温度传感器、R_{T5} 为制冰室温度传感器、R_{T6} 为变温室温度传感器、R_{T7} 为环境温度传感器。温度传感器的位置如图 7-12 所示，温度传感器电路如图 7-13 所示。

以冷藏室相关温度传感器电路为例，它由电阻 R_{30}、R_{33}、电容 C_3 和电阻 R_{29}、R_{34}、电容 C_4 及温度传感器 R_{T1}、R_{T2}（负温度系数热敏电阻）分别组成分压取样电路，将随温度变化的电平值分别提供给主控芯片 IC1 的㊴、㊵脚，与设定的冷藏室温度值进行比较，自动调节变频压缩机的运转频率，控制冷藏室的温度在设定范围之内。其他几个温度传感电路工作原理与此类似，其中冷冻室相关温度传感器供给主控芯片 IC1 的㊱、㉟脚，制冰室温度传感器供

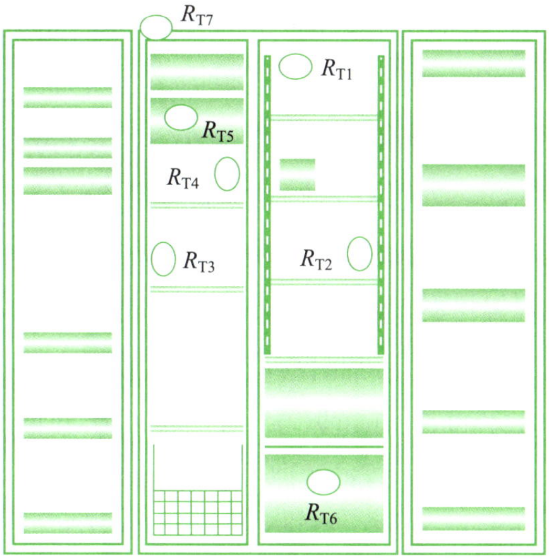

名称	符号	安装位置
冷藏室温度传感器	R_{T1}	冷藏室风门总成处
冷藏室化霜温度传感器	R_{T2}	冷藏室右侧壁
冷冻室温度传感器	R_{T3}	冷冻室左侧壁
冷冻室化霜温度传感器	R_{T4}	冷冻室蒸发器上
制冰室温度传感器	R_{T5}	制冰盒下面
变温室温度传感器	R_{T6}	变温室
环境温度传感器	R_{T7}	冷冻室铰链盒下

图 7-12　温度传感器位置图

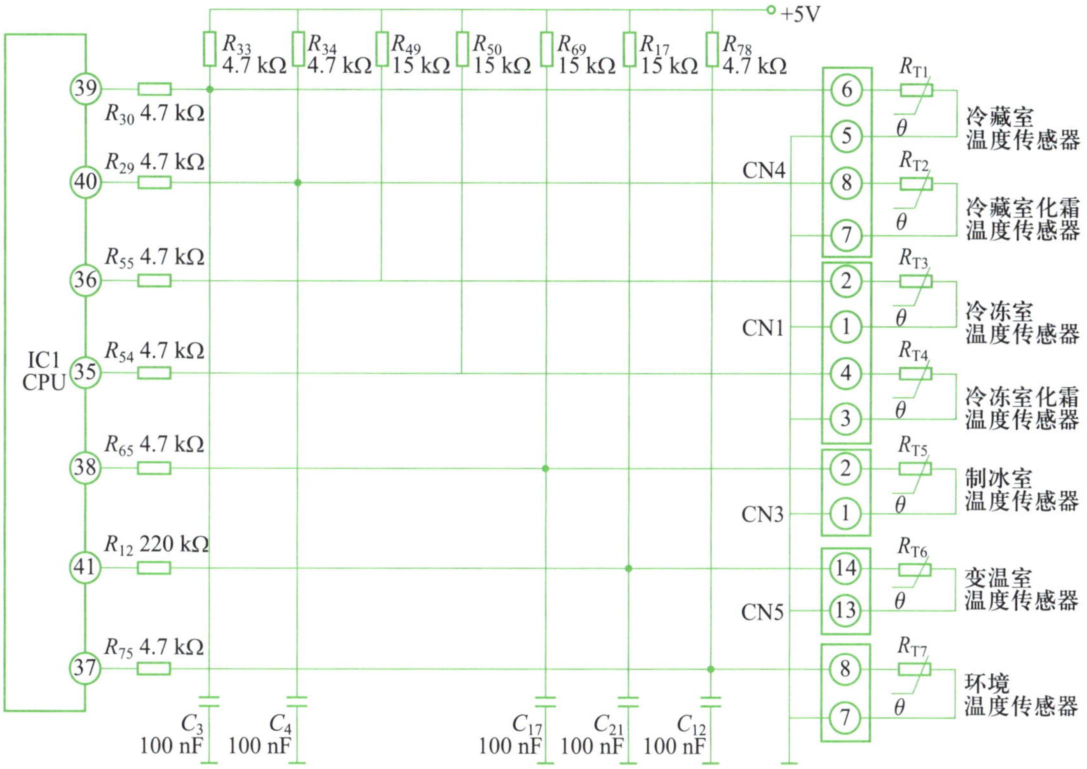

图 7-13　温度传感器电路

给主控芯片 IC1 的㊳脚，变温室温度传感器供给主控芯片 IC1 的㊶脚，环境温度传感器供给主控芯片 IC1 的㊲脚。

温度传感器电路发生故障时，因其安装位置及作用的不同，故障现象也不相同，如冷藏室、冷冻室、变温室和制冰室工作温度过高或过低，风机、加热器及变频压缩机工作异常，达不到或超过预设温度，显示温度不正常等。仍以冷藏室相关温度传感器电路故障为例，可分两步进行检查。

① 检查温度传感器 拔掉怀疑有问题的温度传感器 R_{T1} 或 R_{T2} 接插件 CN4，用万用表检测 R_{T1} 或 R_{T2} 两引线间的阻值，正常时应为当时环境温度下对应的电阻值。也可通过改变传感器温度，测量其两端阻值变化情况来进行判断。温度越高阻值读数越小，反之亦然。在常温（25 ℃）下读数若为其标称阻值，说明性能良好。如存在短路、开路、阻值不符及感测温度不敏感等现象，均属传感器故障，应选用同型号的热敏电阻更换。

② 检查温度传感器信号采集电路 如果检测温度传感器 R_{T1}、R_{T2} 基本正常，可对传感器加温或降温，再测主控芯片 IC1 对应的㊴、㊵脚电压，正常时应有一定幅度的电压变化过程。若无电压或电压不变化，则先检查接插件 CN4 的⑤、⑥或⑦、⑧脚有无引线断脱及接触不良，相关印制电路铜箔是否断裂；再检查 +5 V 供电是否正常；最后检查 R_{30}、R_{33}、C_3 及 R_{29}、R_{34}、C_4 等元器件是否存在脱焊开路、短路漏电或变值等情况，若发现不良元器件应及时更换。

（5）加热器电路分析与检修

加热器电路如图 7-14 所示。该电冰箱中共有 8 个加热器，加热器供电分为直流 +12 V 供电和交流 220 V 供电两种，但均由电磁继电器控制其开 / 停。

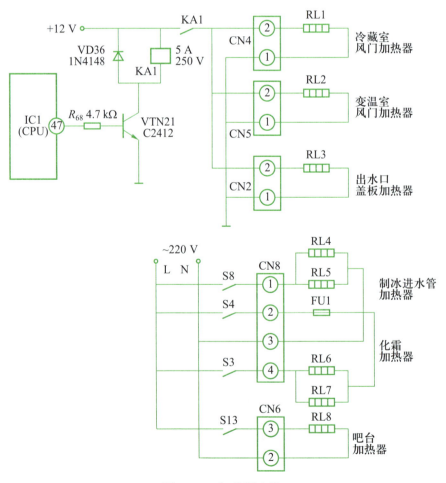

图 7-14 加热器电路

① 冷藏室、变温室风门加热器和出水口盖板加热器的控制

由主控芯片 IC1 的㊼脚输出高电平控制三极管 VTN21 导通，电磁继电器 KA1（触点容量 5 A/250 V）通电吸合，其动合触点闭合后接通 +12 V 电源，分别经 CN4、CN5、CN2 的②脚，为冷藏室风门加热器 RL1、变温室风门加热器 RL2、出冰口盖板加热器 RL3 供电。

② 制冰室进水管加热器、化霜加热器和吧台加热器的控制

制冰室进水管加热器 RL4 和 RL5（并联）、化霜加热器 RL6 和 RL7（并联）、吧台加热器 RL8 由 220 V 交流电源供电，分别由电气控制系统控制接口电路（见后述）中的电磁继电器 KA8、KA4 和 KA3 及 KA13 动合触点控制，其中 RL6 和 RL7 由 KA4、KA3 共同控制（串联关系），在电路中增加了温度熔断器 FU1，起超温保护作用。

加热器发生故障后的表现各异，通常为电冰箱风门、出冰口盖板、吧台及化霜工作异常，压缩机运转异常，制冷或制冰温度异常，制冰机工作异常等。其检查方法是：

a. 检查加热器。拔掉怀疑有问题的加热器插件，测加热器两插脚间电阻，若阻值为∞，说明加热器烧断开路，应选同型号的更换。

b. 检查加热器控制电路。确认加热器无问题后，检查相应的插件有无接触不良或断线，电磁继电器触点有无氧化、锈蚀、积垢等导致的接触不良或触点电蚀烧结在一起不能释放。再查 +12 V 或交流 220 V 供电是否正常。若 KA1 不吸合，一般为 R_{68} 脱焊开路、VTN21 开路损坏、VD36 击穿漏电、KA1 线圈烧断引起，此时 RL1~RL3 均断电不工作。若是电磁继电器 KA8、KA4、KA3、KA13 不吸合，除检查继电器外，还应查电气控制系统控制接口电路是否工作失常。

（6）风机控制电路分析与检修

M1~M5 分别为冷藏室风机、冷冻室风机、冷却风机、变温室风机及制冰室风机。

① M1、M4 控制电路分析

M1 和 M4 分别为冷藏室风机和变温室风机，它们的控制电路如图 7-15 所示，两者电路结构相同，只是元器件标号和主控芯片 IC1 输出的驱动引脚不同，这里介绍 M1 的控制电路。M1 为 4 极 12 V 直流电动机，当主控芯片 IC1 的㊸脚输出高电平信号时，三极管 VTN8、VTN9、VTP4 导通，三极管 VTN10、VTP2 截止。㊸脚输出低电平信号时，三极管 VTN8、VTN9、VTP4 截止，三极管 VTN10、VTP2 导通。M1 的 A+、A– 端可获得不同的工作电压而改变其转速；同理，主控芯片 IC1 的㊻脚输出高或低电平控制信号时，通过控制三极管 VTN11~VTN13、VTP6、VTP8 的导通或截止，加至 M1 的 B+、B– 端，使其获得不同的工作电压而改变转速。主控芯片 IC1 的㊷脚为总控制端（EN），只有㊷脚输出高电平使 VTN14 导通时，㊸、㊻脚所驱动的电路才对地形成通路，否则当㊷脚输出低电平使 VTN14 截止时，㊸、㊻脚输出不能对 M1 实施变速控制。

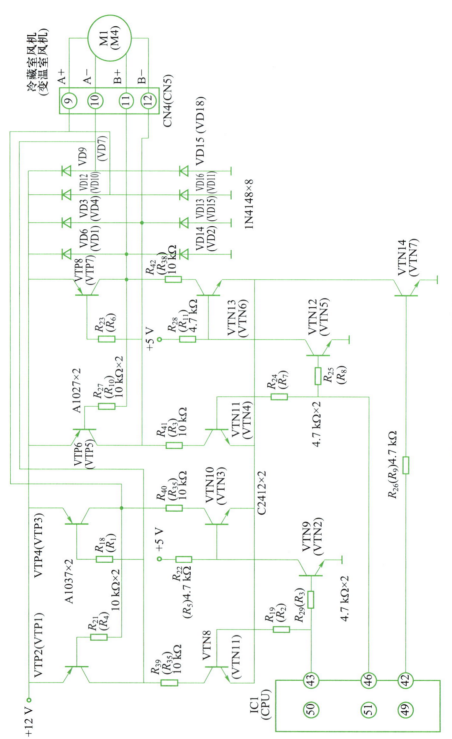

图 7-15 M1、M4 控制电路

② M2、M3 控制电路分析

M2 和 M3 分别为冷冻室风机和冷却风机，它们的控制电路如图 7-16 所示。主控芯片 IC1 的⑰脚输出冷冻室风机控制信号，并通过三极管 VTN18、VTP11 等组成的驱动电路为 M2 提供工作电压（最大 16 V）。同时，主控芯片 IC1 的⑥脚用来检测 M2 的反馈信号，监视 M2 工作是否正常。类似地，M3 由主控芯片 IC1 的⑪脚经三极管 VTN11、VTP10 驱动，主控芯片 IC1 的⑦脚为 M3 反馈信号检测端。

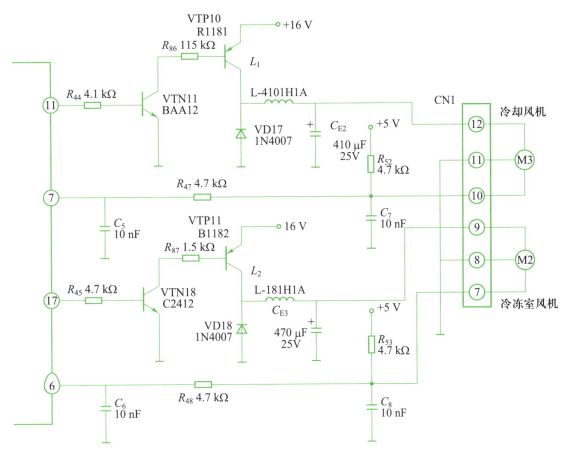

图 7-16　M2、M3 控制电路

③ M5 控制电路分析

M5 为制冰室风机，它的控制电路如图 7-17 所示。由主控芯片 IC1 的㉚~㉜脚输出控制指令，控制反相驱动器 IC2（BA6238）及制冰电动机工作状态。IC2 采用⑩脚单列直插式封装，①脚接地；②、③脚为 M5 驱动端；④~⑥脚为指令输入端（④、⑥脚分别输入正、反相指令）；⑦、⑨脚为 +12 V 电源端；⑧脚为功能控制端；⑩脚为电动机驱动公共端。C_{16}、R_{43} 组成风机消噪网络。

风机控制电路的故障通常表现为风机电动机不运转、风速异常、转速变慢、时转时停、噪声大，从而引起电冰箱制冷或制冰温度异常等。其故障检查方法是：

a. 检查 M1~M5 的电动机　先拨动风机扇叶或制冰电动机转轴，观察转动是否灵活，

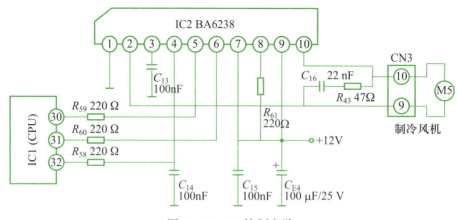

图 7-17　M5 控制电路

如感觉卡滞或转动不灵活，可进行轴承清洗、注油处理。再测电动机绕组电阻值，判断绕组是否正常，若绕组存在开路、短路、碰壳或绕组烧损，则作更换电动机处理。

b. 检查电动机供电　检查 M1~M5 驱动电压，正常时 M1、M4、M5 的驱动电压为 +12 V，M2、M3 的驱动电压为 +16 V。若无电压，可分别检查 CN4 的⑨~⑫脚（M1），CN1 的⑦~⑫脚（M2、M3），CN5 的③~⑥脚（M4），CN3 的⑨、⑩脚有无接触不良或引线断开。再查驱动电路的 +12 V、+16 V 供电是否正常。

c. 检查驱动电路　M1（或 M4）驱动电路有故障时，先测主控芯片 IC1 的㊸、㊻、㊷脚电压，当电路正常工作时，被测引脚按程序设计输出相应的高或低电平，说明主控芯片 IC1 的输出控制信号正常。再检查 CN4 的⑨~⑫脚接插是否牢靠，+12 V 电源电压是否正常，以及驱动电路三极管 VTN8~VTN14、VTP2、VTP4、VTP6、VTP8 和二极管 VD3、VD6、VD9、VD12~VD16 等元器件是否存在开路、短路、性能不良或烧损。

M2 或 M3 驱动电路有故障时，先测主控芯片 IC1 的⑪、⑰脚驱动电压，如为高电平说明主控芯片 IC1 的输出控制信号正常。再检查 CN1 的⑦~⑫脚是否存在断线或接触不良，检查 +16 V 供电是否正常。再测主控芯片 IC1 的⑦脚反馈电压，如不正常可检查 +5 V 供电及 C_5~C_8、R_{47}、R_{48}、R_{52}、R_{53} 有无脱焊开路或短路漏电。最后检查驱动电路 VTN11、VTP10、R_{44}、R_{86}、VD17、L_1、C_{E2} 或 VTN18、VTP11、R_{45}、R_{87}、VD18、L_2、C_{E3} 等是否开路、短路、性能不良或烧损。

M5 驱动电路有故障时，先测主控芯片 IC1 的㉚、㉛脚电压，正常时应输出相应的高或低电平。再检查 CN3 的⑨、⑩脚有无接触不良或断线，以及 +12 V 供电情况。最后检查驱动电路 IC2、R_{58}~R_{61}、R_{43}、C_{13}~C_{16}、C_{E4} 等元器件是否存在开路、短路、性能不良或烧损。

（7）操作显示电路分析与检修

操作显示电路分为变温室操作显示电路和面板操作显示电路两部分。

① 变温室操作显示电路

变温室操作显示电路如图 7-18 所示。主控芯片 IC1 的⑫、⑬、⑥、⑥脚输出控制信号，通过 8 位移位寄存器 IC8（CD74HC595）进行功能扩展后，完成变温室的操作显示功能。主控芯片 IC1 的⑫脚为控制键信号输入端。IC8 各脚功能是：⑯和⑧脚为电源（+5 V）和接地端；⑮、①～⑦及⑨脚为移位数据输出端；⑬脚为使能端，加电时间由 C_{E5}、R_{57} 设置；⑩脚为复位端，但由于该电路不需要对其进行复位，所以直接将其接 +5 V 电源；⑫、⑭脚为数据、时钟信号端。

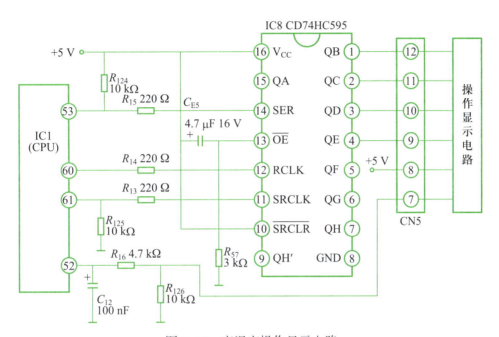

图 7-18　变温室操作显示电路

② 面板操作显示电路分析

该电冰箱的控制屏如图 7-19 所示，面板操作显示电路如图 7-20 所示。

该电路由 2 片贴片式集成电路、1 只晶振、4 只轻触开关、1 个 LED 显示屏及若干贴片式阻容元件等组成。该电路板上有一个插件，通过排线与智能控制电路板对应插件相连接，该电路的输入或输出控制信号经电阻 R_{76}、R_{77}、R_{66}、R_{67}、三极管 VTN19、VTN20 等分别送到主控芯片 IC1 的⑲、⑱脚，并在主控芯片 IC1 控制下，实现操作显示功能。

操作显示电路的故障通常表现为操作键失效、失灵及 LED 显示屏不显示、显示紊乱、显示字形缺笔画（段）等。应重点进行如下检查：

a. 检查 +5 V 供电　首先测量操作显示板上 +5 V 电源电压是否正常，如果无电压、电压过低或时有时无，可检查智能控制电路板和显示板上插件是否存在断脚、插脚氧化锈蚀、脱焊、排线虚焊、断脱或严重腐蚀等情况，应进行清洁和重焊处理。

b. 检查操作键　由于操作键按压动作频繁，较易产生故障。主控芯片 IC1 判断操作键

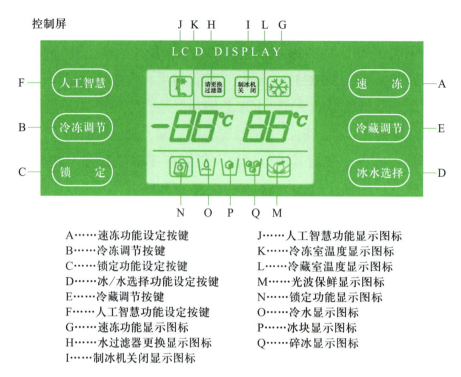

图 7-19 控制屏

A……速冻功能设定按键　　　　J……人工智慧功能显示图标
B……冷冻调节按键　　　　　　K……冷冻室温度显示图标
C……锁定功能设定按键　　　　L……冷藏室温度显示图标
D……冰/水选择功能设定按键　　M……光波保鲜显示图标
E……冷藏调节按键　　　　　　N……锁定功能显示图标
F……人工智慧功能设定按键　　O……冷水显示图标
G……速冻功能显示图标　　　　P……冰块显示图标
H……水过滤器更换显示图标　　Q……碎冰显示图标
I……制冰机关闭显示图标

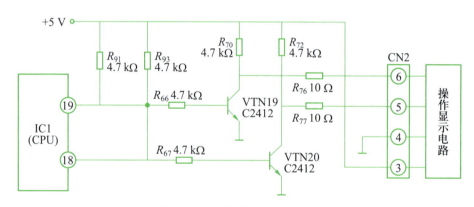

图 7-20 面板操作显示电路

是否有效的原则是：一个按键单独接通电路视为肯定，两个以上按键同时接通电路则判为否定。因此应逐一检测每个按键是否接触不良或短路漏电，必要时应进行清洗或更换。

c. 检查主控芯片 IC1 的信号传输电路　重点检查主控芯片 IC1 的⑱、⑲、㊾、㊿、⑥、⑥脚有无开焊或相关印制线路铜箔断裂，IC8、VTN19、VTN20 及相关电阻、电容元件是否存在开路、短路、变质及烧损等。

（8）接口电路分析与检修

接口电路如图 7-21 所示。该电路由 8 位移位寄存器 IC5、IC6，反相驱动器 IC3、IC4，继电器 KA2~KA15 及主控芯片 IC1 等组成。

IC5 和 IC6 的①~⑦脚为控制信号输出端，⑩脚为复位端（高电平复位），⑪、⑫、⑭脚为信号输入端，⑧脚为接地端；⑯脚为电源端。

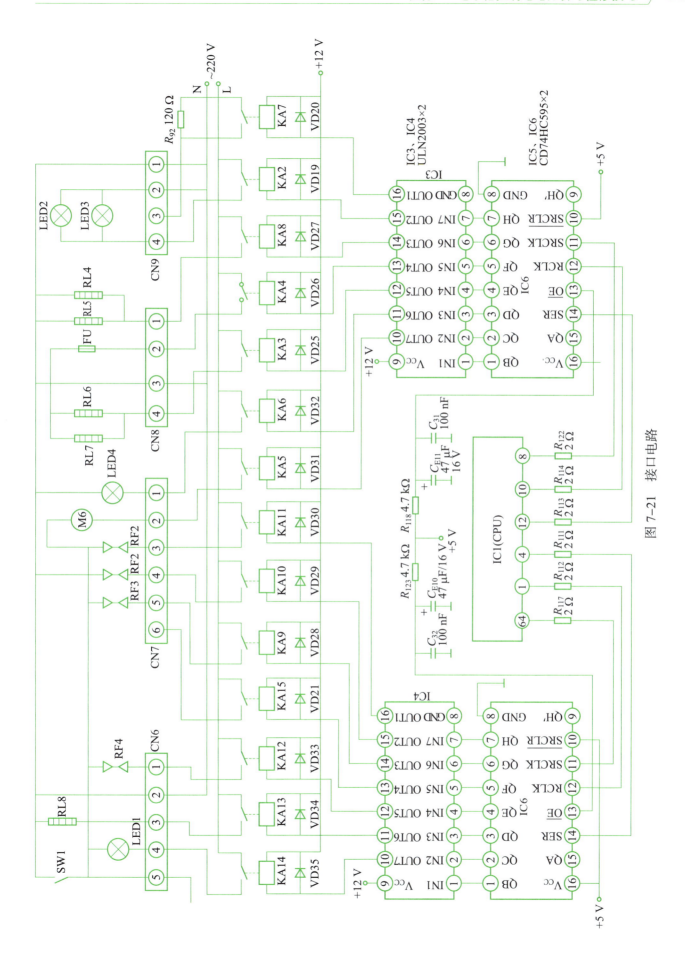

图 7-21　接口电路

　　IC3、IC4 的⑨、⑧脚为 +12 V 电源和接地端，⑦～①脚为控制信号输入端，与其一一对应的⑩～⑯脚为反相驱动输出端，分别控制 14 个继电器的吸合或释放。控制指令信号由主控芯片 IC1 的①、④、⑧、⑩、⑫、⑭脚输出送至 IC5、IC6，经 8 位移位寄存器进行功能扩展后，由 IC3、IC4 反相驱动 KA2～KA15 中不同继电器吸合，进而控制对应电气控制系统执行元件工作。

　　主控芯片 IC1 的①、④、⑭、⑧、⑩、⑫脚输出控制信号，分别送到 8 位移位寄存器 IC5 和 IC6 的⑪、⑫、⑭脚，通过 IC5 和 IC6 进行功能扩展后，由①～⑦脚输出控制信号，分别送到 IC3 和 IC4 的①～⑦脚。当 IC3 和 IC4 对应信号输入端为高电平时，对应输出端为低电平，对应继电器通电吸合，进而控制对应电气控制系统进行工作。

　　其中插件 CN6 的①～⑤引脚分别接出冰口盖板阀门、中性线、吧台加热器、指示灯 LED1 和分配器开关 SW1；插件 CN7 的①～⑥引脚分别接冷冻室照明灯 LED4、送冰电动机 M6、冰块选择阀、制冰机进水阀、冰饮水机进水泵；插件 CN8 的①～④引脚中，①脚接制冰机进水管加热器 RL4 和 RL5、③脚接中性线、②脚和④脚接温度熔断器和化霜加热器 RL6 和 RL7；插件 CN9 的①～④引脚中，①、②脚接中性线、③脚为空、④脚接冷藏室照明灯 LED2 和 LED3。

　　① 冷藏室接口电路分析

　　冷藏室接口电路如图 7-22 所示，该电路分为温度传感器电路、门开关电路、风门加热器 RL1 电路和冷藏室风机 M1 控制电路。

　　a. 温度传感器电路、风门加热器 RL1 电路和冷藏室风机 M1 控制电路分析见前述。

　　b. 门开关电路　由电阻 R_{31} 和 R_{32}、电容 C_2 及门开关 SW2 组成冷藏室门开关电路，门开关控制信号送到主控芯片 IC1 的㊽脚，进而通过电气控制系统接口电路控制冷藏室照明灯及风机等的工作状态。

　　② 冷冻室接口电路分析

　　冷冻室接口电路如图 7-23 所示，该电路分为温度传感器电路、门开关电路和风机控制电路。

　　a. 温度传感器电路、风机 M2 和 M3 控制电路的分析见前述。

　　b. 门开关电路　由 R_{46}、R_{51} 及门开关 SW3 组成冷冻室门开关电路，门开关控制信号送到主控芯片 IC1 的⑳脚，进而通过电气控制系统接口电路控制冷冻室照明灯及风机等的工作状态。

　　③ 变温室接口电路分析

　　变温室接口电路如图 7-24 所示，该电路分为温度传感器电路、风门加热器电路、风机控制电路和操作显示电路。其电路分析见前述。

　　④ 制冰室接口电路分析

　　制冰室接口电路如图 7-25 所示，该电路分为温度传感器电路、门开关电路、出冰口盖

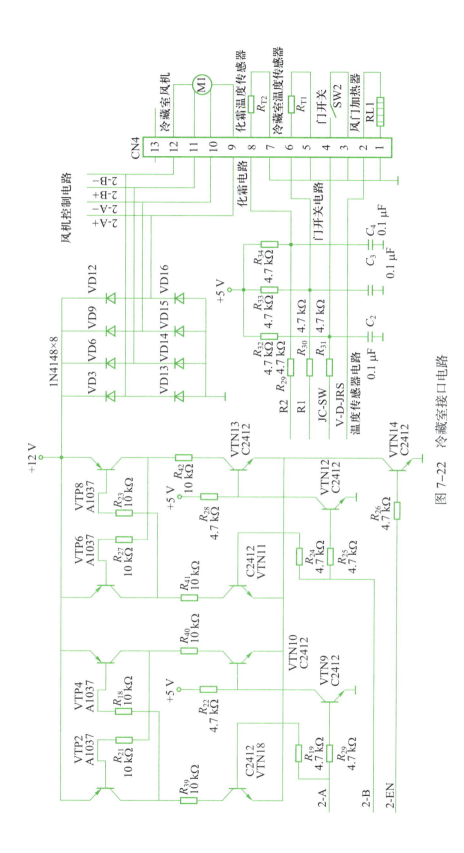

图 7-22　冷藏室接口电路

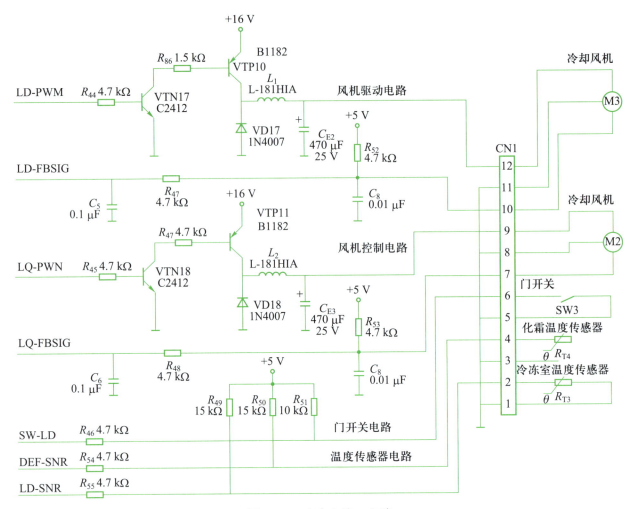

图 7-23 冷冻室接口电路

板加热器电路和制冰电动机控制电路。其中温度传感器电路、制冰电动机控制电路、出冰口盖板加热器电路分析见前述。

门开关电路由电阻 R_{62}、R_{74} 及门开关 SW4 组成，门开关（I/O）控制信号送到主控芯片 IC1 的㉙脚，进而通过电气控制系统接口电路控制制冰机的工作状态。

由电阻 R_{63}、R_{73} 及检测开关 SW5 组成制冰机检测开关电路，检测开关控制信号送到主控芯片 IC1 的㉘脚，进而通过电气控制系统接口电路控制制冰机的工作状态。

由电阻 R_{64}、R_{71} 及停机开关 SW6 组成制冰机停机开关电路，停机开关控制信号送到主控芯片 IC1 的㉗脚，进而通过电气控制系统接口电路控制制冰机的工作状态。

⑤ 接口电路故障检修方法

电气控制系统控制接口电路故障通常表现为电冰箱照明灯不亮、化霜加热器工作异常、电磁阀工作异常、吧台分配器工作异常、制冷及制冰温度异常、制冰机工作异常等。检查方法如下：

a. 检查相关元器件是否良好 这些元器件包括照明灯 LED1～LED4、电磁阀 RF1～

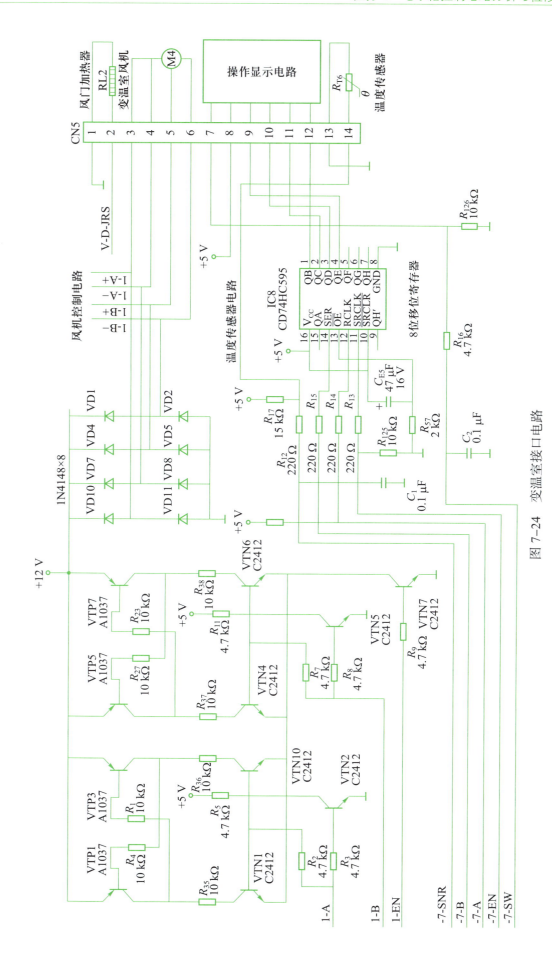

图 7-24　变温室接口电路

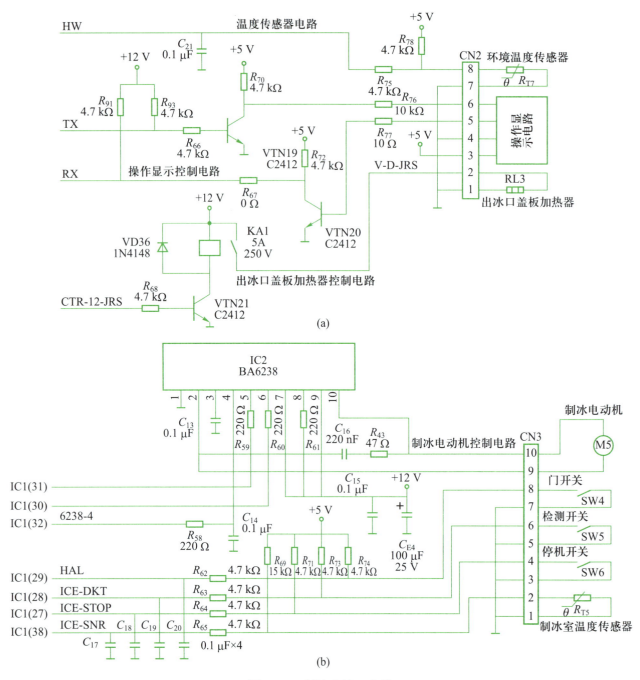

图 7-25 制冰室接口电路

RF4、加热器 RL4～RL8、送冰电动机 M6 及温度熔断器 FU1 等。检测元器件两端电阻值，如阻值为 ∞ 说明开路或烧损，如阻值为 0 Ω 或很小，说明短路或漏电。

b. 检查控制电路 如遇到冷藏室、冷冻室、分配器照明灯故障，在确认相关元器件完好后，先检查插件 CN9 的②、④脚，插件 CN7 的①脚及插件 CN6 ④脚是否存在开路、短路、引线断开或接触不良。接着查继电器 KA2、KA6、KA14 线圈是否烧断开路及其触点是否接触不良、烧结不释放等。然后检查交流 220 V 电源的 L（相线）、N（中性线）供电是否通畅。最后检查集成电路 IC3～IC6。检查 IC3、IC4 时，先断开①～⑦脚，通电后用 +5 V 电压依次触碰①～⑦脚，⑯～⑩脚应分别输出低电平，对应继电器若有吸合声，则为正常，否则反相驱动电路 IC3、IC4 损坏。检查 IC5、IC6 时，如 IC5 的②脚、IC6 的③、⑦脚始终为高电平或低电平，检查⑯脚 +5 V 供电正常时，再测 IC5、IC6 的⑪、⑫、⑭脚输入信号电压或波形，若正常则为 IC5、IC6 损坏，应更换。如不正常，可检查主控芯片 IC1 的①、④、⑧、⑩、⑫、⑭脚有无脱焊开路，若主控芯片 IC1 上述引脚输出不正常，可参考前述检查 +5 V 供电电路、时钟脉冲及复位信号，如均无问题，就是主控芯片 IC1 内部局部电路损坏，更换主控芯片 IC1 可排除故障。如遇到分配器加热器、化霜加热器、吧台加热器、分配器开关、送冰电动机 M6、出冰口盖板电磁阀、冰块选择电磁阀、制冰机进水电磁阀、冷饮电磁阀等故障时，可以此类推。

（9）变频控制电路及变频压缩机

① 变频控制电路　该电路由 +300 V 直流电源滤波电路、辅助电源电路、若干集成电路、6 只大功率三极管及其他元器件等组成，集成电路均为贴片式。该电路板上有控制信号输入插件、变频压缩机三相电源输出插件和变频压缩机转子磁极位置检测反馈插件。由主控芯片 IC1 的⑪脚发出变频控制指令，经变频板控制信号输入插件送到变频板集成电路进行处理，变频控制电路采用脉宽调制（PWM）方式，用来改变各路控制脉冲的占空比，从而对变频压缩机实现变频控制。主控芯片 IC1 的⑪脚发出的变频控制命令，通过变频板上的一块大规模集成电路和外围几块小集成电路进行处理后，分别控制变频板上 6 只大功率三极管的通断，并由变频板插件输出端 U、V、W 输出相位差 120° 的变频正弦波电压，控制变频压缩机运转。变频控制电路设有欠电压、过电流、过热、短路保护电路及压缩机转子磁极位置检测电路等。当变频控制电路或变频压缩机出现某种故障时，由检测电路反馈的故障信号送到主控芯片 IC1 的⑪脚，CPU 作出判断后发出控制命令。

② 变频压缩机　变频电冰箱通常采用变频直流无刷电动机，为了实现变频工作，需要上述专用的变频控制电路，即变频功率控制电路，将直流电逆变成交流电，控制变频压缩机工作。变频直流无刷电动机的转子为对称排列的双 S、N 转子磁钢，定子线圈分为 U、V、W 三组，分别接到变频控制电路的 U、V、W 输出插件上，由变频控制电路按顺序为定子线圈供电，使之形成旋转磁场。变频压缩机设有霍尔元件检测转子磁极的旋转位置，通过该电路将变频压缩机转速的相关信息传送到变频控制电路及主控芯片电路进行处理，进而使变频压缩机定子线圈的电流相位保持一定关系，并由变频控制电路的 6 个大功率三极管进行控制，按特定的规律和频率转换，控制变频压缩机的转速。

压缩机的开机条件是：初次上电或化霜后冷冻室温度高于关机点、冷冻室温度达到开机点、速冻工作模式、冷藏室温度达到开机点、"TEST MODE1"（强制化霜）；压缩机的关机条件是：化霜后冷冻室温度不高于关机点、冷冻室温度达到关机点、化霜状态、冷藏室温度达到关机点、"TEST MODE1"。在化霜中或化霜结束后 7 min 内、压缩机停机后 7 min 内和从强制状态手动恢复到初始状态 7 min 内，压缩机会出现强制停机状态。

变频控制电路和变频压缩机的检修方法见后述变频空调器维修相关内容。

任务 2 定频壁挂式空调器控制电路分析与检修技巧

◆ 任务目标

1. 熟悉定频壁挂式空调器控制电路及组成。
2. 掌握定频壁挂式空调器控制电路的工作原理。
3. 掌握定频壁挂式空调器控制电路常见故障的分析与检修方法。

▨ 知识储备

本任务以单元电路为起点，对某定频壁挂式空调器的控制电路由易到难进行详细分析。

室内机电气接线图如图 7-26 所示，室外机的电气接线图如图 7-27 所示。该空调器控制电路以 TMPX7PU146N 主芯片（又称为单片机、CPU）为控制核心。控制电路主要由电源电路、上电复位电路、晶振电路、过零检测电路、室内风扇电动机控制电路、温度传感器电路、显示电路、应急控制电路、步进电动机驱动电路、室外风扇电动机 / 压缩机 / 电磁四通换向阀控制电路等组成。

一、电源电路分析与检修技巧

电源电路原理图如图 7-28 所示。

电源电路的作用是为空调器电气控制系统提供所需的直流工作电源，如为主芯片、驱动芯片、继电器、蜂鸣器、晶闸管等元器件提供所需的直流电源。交流 220 V 电源经熔断器（0.15 A）到达电源变压器的①、③脚和②、④脚，经降压输出 12.5 V 交流电，经过 VD101、VD102、VD103、VD104 桥式整流后，再经 VD105 检波，通过高频滤波电解电容 C_{E101} 平滑滤波后得到一较平滑的 12 V 直流电（此电压为 TD62003AP 驱动集成电路及蜂鸣器、继电器提供工作电源），再经 7805 稳压及 C_{E102} 滤波后，得到稳定的 5 V 直流电（此电压为主芯片及一些控制检测电路提供工作电源）。本电路的关键元器件是变压器和 7805 三端集成稳压器。

在电源电路的故障诊断中，可以从电源的后一级向电源的前一级进行测量，首先可以用万用表直流电压挡测试 IC101 7805 稳压器是否有 +5 V 电压输出，如果没有 +5 V 电压，可能前一级出现问题，可以用万用表的电阻挡分别测试二极管 VD105 是否开路。如一切正常，可能是变压器 T1 绕组开路或短路。具体测量方法是：用万用表的电压挡测量 T1 的二次侧电压是否为 12 V，如果不是，则断开电源测试变压器的一次、二次绕组是否存在断路或短路故障。

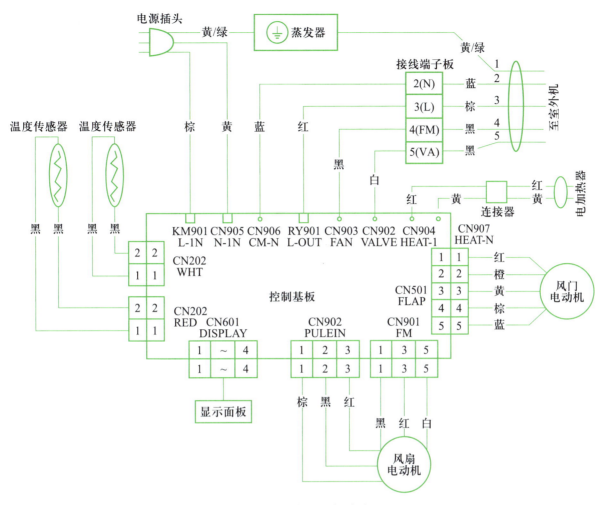

图 7-26   室内机电气接线图

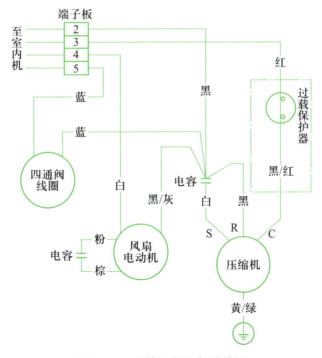

图 7-27   室外机的电气接线图

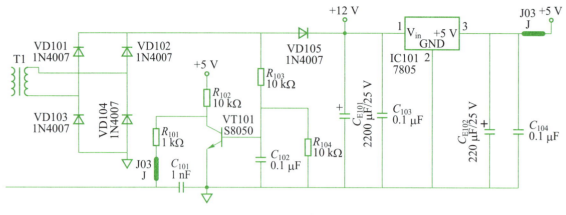

图 7-28 电源电路原理图

二、上电复位电路分析与检修技巧

上电复位电路原理图如图 7-29 所示。

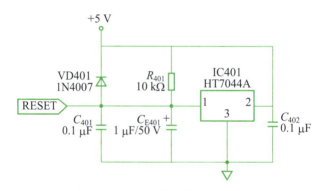

图 7-29 上电复位电路原理图

室内机主芯片⑦脚接收上电复位信号，是为保证主芯片能正常工作的。通过在电源上电时延时输出，以及在正常工作时若电源电压异常或干扰时给主芯片输出一个复位信号，可以消除因电源不稳定给主芯片带来的不利影响。

+5 V 电源通过电源监视器 HT7044A 的②脚输入，二极管 VD401（1N4007）作为钳位二极管，在平时让主芯片的⑦脚电压为高电平，在上电时或在空调器受到干扰的情况下输出一个上升沿脉冲，触发主芯片的复位脚。其原理是 +5 V 电压通过电阻 R_{401} 对电容 C_{E401} 充电，电容 C_{E401} 电压由 0 V 逐渐上升到 +5 V，触发芯片的复位脚，其复位时间由 R_{401} 和 C_{E401} 的 RC 常数决定。

上电复位电路的一般故障出现在 HT7044A 的电源监视器上，如果复位不正常，可能是 HT7044A 不能输出低电平，这时可在复位情况下，用示波器测试①脚的输出波形。如果要用万用表检测，其检测步骤是：在直流 1.2 V 量程内，将万用表的红表笔接在主芯片的㉔脚，黑表笔接于 0 V（接地线），然后接通电源，如果指针在瞬时摆动后又恢复到 0 V 位置，则复位电路正常。

三、晶振电路分析与检修技巧

晶振电路原理图如图 7-30 所示。由晶体的①、③脚接入主芯片的⑧、⑨脚，②脚接地，这样便可提供一个 8 MHz 的时钟频率，为主芯片工作提供时钟脉冲。

在晶振电路中，如晶振不良，则空调器的正常运行就要出现故障，其至整机不能工作或者出现紊乱。此时可用示波器进行测量，判断晶振的好坏。由于时钟频率为 8 MHz，时钟周期为 0.125 μs，晶振 X1 的①脚和③脚测得的波形如图 7-31 所示。如果用万用表进行检测，主芯片⑧脚、⑨脚的电压分别为 2.31 V 和 2.46 V。

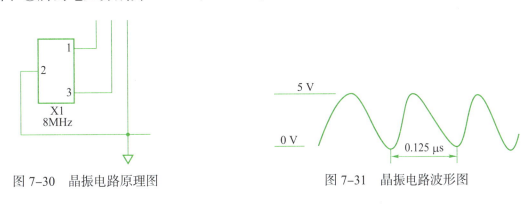

图 7-30　晶振电路原理图　　　　　　　图 7-31　晶振电路波形图

四、过零检测电路分析与检修技巧

过零检测电路原理图如图 7-32 所示。电源变压器输出的 12.5 V 交流电，经 VD101、VD102、VD103、VD104 桥式整流输出一脉动的直流电，经 R_{103}、R_{104} 分压后提供给三极管 VT101，当 VT101 的基极电压小于 0.7 V 时，VT101 不导通；而当 VT101 的基极电压大于 0.7 V 时，VT101 导通。这样主芯片的⑫脚便可得到一个 100 MHz 的过零触发信号。其主要作用是检测室内机供电电压是否异常。若过零检测电路有故障，可能会引起室内风扇电动机不工作或室外压缩机不工作。

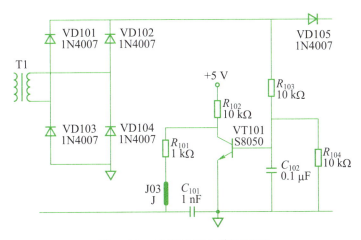

图 7-32　过零检测电路原理图

　　过零检测电路中的三极管 VT101 容易损坏，将导致空调器室内机风扇电动机不能正常工作。此时可用示波器检测主芯片㉜脚的波形，如果风速与电源电压正常，则可得到一个 100 Hz 的方波；如果检测不正常，说明过零检测电路有故障。

五、室内风扇电动机控制电路分析与检修技巧

　　室内风扇电动机控制电路控制室内风扇电动机的转速，其原理图如图 7-33 所示。室内风扇电动机采用晶闸管平滑调速，有高、中、低 3 挡速度，并可根据室内温度与设定温度的温差自动进行调节。主芯片在一个过零信号周期内通过控制⑮脚（即风扇电动机驱动）为低电平的时间，即通过控制晶闸管导通角，改变加在风扇电动机绕组上的交流电压的有效值，从而改变风扇电动机的转速。通过风扇电动机的转速（即主芯片⑬脚）检测风扇电动机运转状态，以便准确地控制室内风扇电动机的风速。

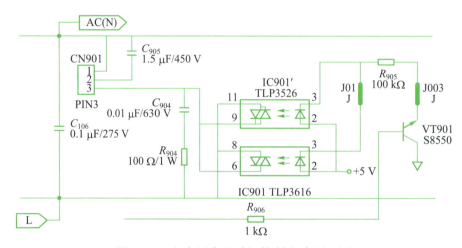

图 7-33　室内风扇电动机控制电路原理图

　　本电路的关键元器件是 TLP3526、TLP3616 光电耦合晶闸管。如果光电耦合晶闸管损坏，风扇电动机就不能进行调速或只能一挡速度运行。如果风扇电动机调速不正常，可以用万用表的电阻挡粗略测试一下光电耦合晶闸管的一次侧是否开路（相当于二极管），如果开路，可能是晶闸管已烧坏，此时可换一只晶闸管排除。

六、步进电动机控制电路分析与检修技巧

　　步进电动机控制电路原理图如图 7-34 所示。由主芯片输出的信号通过反相驱动器 TD62003AP 驱动步进电动机工作。驱动芯片的输出电流为 10 mA 左右，供给电压

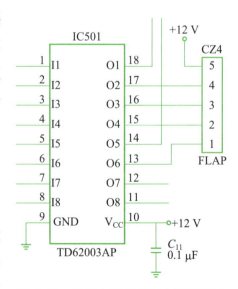

图 7-34　步进电动机控制电路原理图

为 +12 V。

本电路的关键元器件是反相驱动器 IC501，如果反相驱动器某一脚出现故障，步进电动机就不能正常运转，这时可用万用表的电压挡进行检测，看在输入端有信号的情况下输出端是否有信号电压。

步进电动机常见故障及检测方法如下：

① 控制电路的检测　将电动机插件插到控制板上，测量电动机电源电压及各相之间的相电压（额定电压为 12 V 的电动机相电压约为 4.2 V，额定电压为 5 V 的电动机相电压约为 1.6 V），若电源电压或相电压有异常，说明控制电路损坏。在此控制电路中，关键元器件为驱动芯片 TD62003AP，如果步进电动机不能正常工作，可以用万用表直流电压挡测试芯片各脚的电压，即可判定芯片的好坏。

② 绕组检测　拔下步进电动机插件，用万用表测量每相绕组的电阻值（额定电压为 12 V 的电动机每相电阻为 260~400 Ω，额定电压为 5 V 的电动机每相电阻为 80~100 Ω）。若某相电阻太大或太小，则说明步进电动机绕组已损坏。

七、温度传感器电路分析与检修技巧

温度传感器电路原理图如图 7-35 所示。室内机有两个温度传感器，用来检测室内温度和室内换热器盘管温度，温度数据反馈到主芯片的㉔、㉕脚。主芯片根据此进行温度调节，以便给用户带来舒适的感觉。在此电路中，+5 V 电压经室内温度传感器和室内换热器盘管温度传感器与 R_{201}、R_{202} 分压取样，提供一随温度变化的电平值，供主芯片检测用。电感 L_{201} 是为防止电压瞬间跳变引起主芯片误判断而设置的。该机型的温度传感器在 25 ℃时的标称阻值为 5 kΩ。

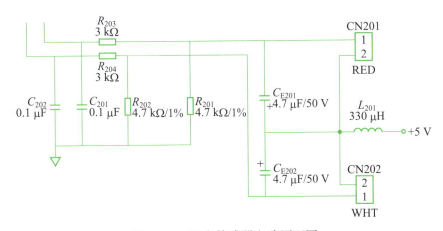

图 7-35　温度传感器电路原理图

温度传感器在空调器温度信号采集方面非常重要，如果传感器或者分压电阻 R_{201}/R_{202} 不准确，就可能导致空调器温度检测不准。此时可以用万用表电阻挡测量分压电阻值或传感器

的阻值，再与标准值进行对比分析，判断故障原因。

八、EEPROM 电路分析与检修技巧

EEPROM 电路原理图如图 7-36 所示。EEPROM 通过两条数据线 SDA（⑤脚）和 SCL（⑥脚）与主芯片进行数据交换，存储空调器运行的信息。

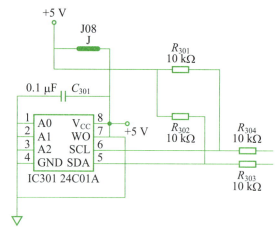

图 7-36　EEPROM 电路原理图

本电路的关键元器件为 EEPROM，它存储着风扇电动机转速、显示屏亮度、温度保护值等信息。如果 EEPROM 电路有问题，可能导致空调器运行紊乱或者不能开机，此时可更换 EEPROM 来解决。

九、蜂鸣器驱动电路与检修技巧

主芯片的⑪脚、驱动三极管 VT601 组成了蜂鸣器的驱动电路。当主芯片接收到遥控器或人工送来的指令时，置主芯片的⑪脚为高电平，蜂鸣器通电，发出预先录制好的音响信号。其常见故障是蜂鸣器不响或声音不正常，可用万用表检测 VT601 各极电压和蜂鸣器来判断故障。

十、压缩机、室外风扇电动机、电磁四通换向阀驱动电路分析与检修技巧

压缩机驱动电路：当主芯片接收到压缩机工作指令时，主芯片经过分析和诊断，置㉓脚为高电平，并经过 IC501 驱动器反相为低电平，使得主继电器 KM901 吸合，接通室外压缩机相线电源，使压缩机通电工作。

室外风扇电动机驱动电路：主芯片的㉑脚置为高电平时，经过 IC501 驱动器反相为低电平，使得 KM903 继电器吸合，室外风扇电动机通电工作。

当空调器接收到制热信号后，主芯片的㉒脚置为高电平，经过 IC501 驱动器反相后为低电平，使得继电器 KM904 吸合，电磁四通换向阀通电工作。

驱动电路的常见故障是压缩机、风扇电动机、电磁四通换向阀不工作，除它们本身的故障外，主要原因是驱动器 IC501 损坏、继电器损坏。驱动器 IC501 可用万用表检测其输入、输出电压是否正常，继电器可用代换法检查。

任务 3　变频壁挂式空调器控制电路分析与检修技巧

◆ 任务目标

1. 熟悉变频壁挂式空调器控制电路及组成。

2．掌握变频壁挂式空调器控制电路工作原理。

3．掌握变频壁挂式空调器控制电路常见故障的分析与检修方法。

▦知识储备

本任务以单元电路为起点，对某变频壁挂式空调器的控制电路由易到难进行详细分析。

一、室内机控制电路的分析与检修技巧

室内机控制电路主要包括电源电路、上电复位电路、晶振电路、过零检测电路、室内风扇电动机控制电路、温度传感器电路、EEPROM 电路、显示驱动电路、应急控制电路、通信电路等。主芯片 IC08（ST324）是控制电路的核心。室内机控制基板电路原理图如图 7–37 所示，室内机电气接线图如图 7–38 所示。

1．电源电路分析与检修技巧

电源电路原理图如图 7–39 所示。它为空调器室内机电气控制系统提供所需的直流工作电源，如为主芯片、VFD（荧光屏）、驱动芯片、继电器、蜂鸣器、晶闸管等元器件提供所需的直流电源。

交流 220 V 电源经电源变压器 TR01 的⑤脚和⑥脚降压输出 12 V 交流电，经过 VD02、VD08、VD09、VD10 二极管桥式整流后，经 VD07 二极管检波，通过高频滤波电容 C_{08}、电解电容 C_{11} 平滑滤波后得到一较平滑的 12 V 直流电（此电压为 TD62003AP 驱动集成电路及蜂鸣器提供工作电源），再经 LM7805 稳压及电容 C_{09}、C_{12} 滤波后，得到一稳定的 5 V 直流电（此电压为主芯片及一些控制检测电路提供工作电源）。电源变压器⑦、⑨脚输出一交流电压，此电压经过 VD12、VD05、VD06、VD11 整流后输出 22 V 直流电，为显示屏提供工作电源。电源电路一旦出现问题，空调器控制电路就无法正常工作，其故障检测与判断方法可参考前述。

2．上电复位电路分析与检修技巧

上电复位电路如图 7–40 所示。其工作原理和故障检测与判断方法可参考前述。

3．晶振电路分析与检修技巧

晶振电路原理图如图 7–41 所示。其工作原理和故障检测与判断方法可参考前述。

4．过零检测电路分析与检修技巧

过零检测电路原理图如图 7–42 所示。电路的工作原理和故障检测与判断方法可参考前述。

5．室内风扇电动机控制电路分析与检修技巧

室内风扇电动机转速是通过晶闸管进行平滑调速，有高、中、低 3 挡速度，并根据室内温度与设定温度的温差而自动进行调节，其控制电路原理图如图 7–43 所示。

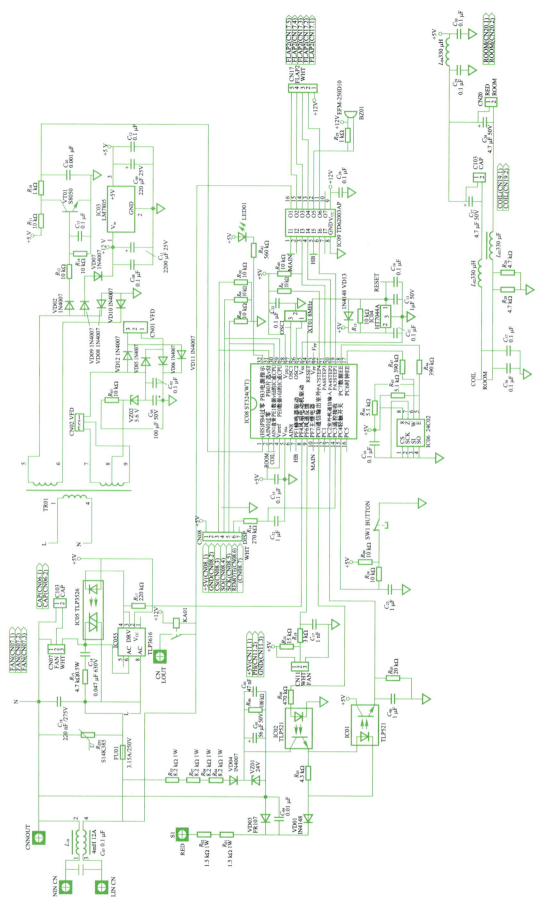

图 7-37 室内机控制基板电路原理图

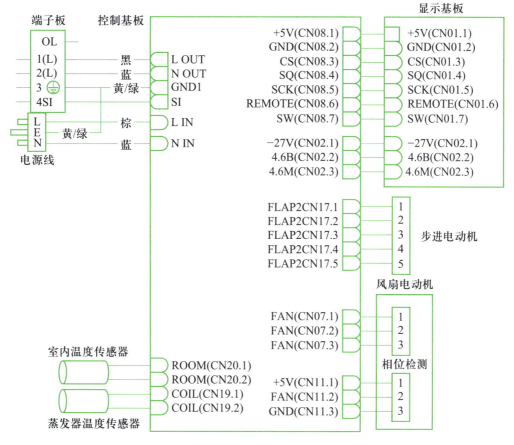

图 7-38　室内机电气接线图

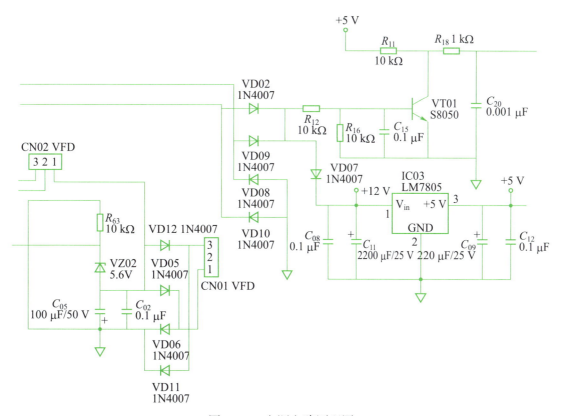

图 7-39　电源电路原理图

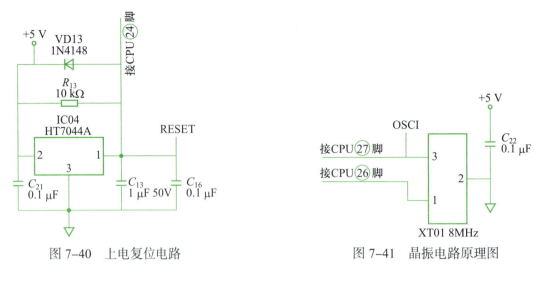

图 7-40 上电复位电路

图 7-41 晶振电路原理图

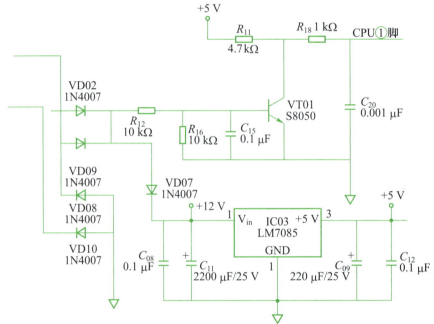

图 7-42 过零检测电路原理图

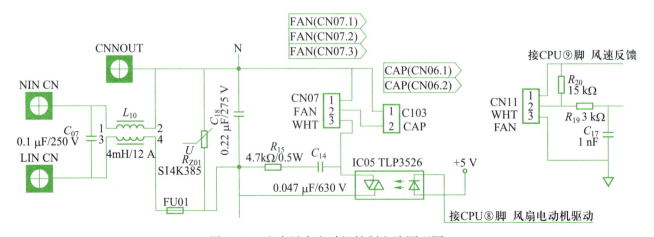

图 7-43 室内风扇电动机控制电路原理图

在室内风扇电动机控制电路中，通过交流电零点的检测，风扇电动机驱动（即主芯片的⑧脚）延时输出一个低电平，通过控制晶闸管的导通角改变施加在风扇电动机上的电源电压，就可对室内风扇电动机进行调速。通过风扇电动机的转速反馈（即主芯片的⑨脚）检测风扇电动机的运转状态，以便准确控制室内风扇电动机的风速。其故障检测与判断方法可参考前述。

6. 步进电动机驱动控制电路分析与检修技巧

步进电动机驱动控制电路原理图如图 7-44 所示。主芯片的⑲、⑳、㉑、㉒脚的输出信号通过驱动芯片 TD62003AP 后对步进电动机进行控制，步进电动机插座接到 CN17 上。其常见故障及检测方法见前述。

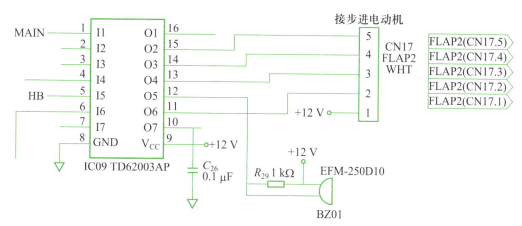

图 7-44　步进电动机驱动控制电路原理图

7. 温度传感器电路分析与检修技巧

温度传感器电路原理图如图 7-45 所示。该机型的温度传感器在标准 25 ℃时的电阻值为 5 kΩ。温度传感器经 R_{26}、R_{28} 分压取样，提供一个随温度变化的电平值，供主芯片的②、③脚检测用。电感 L_{02}、L_{03} 是为防止温度取样信号是跳变而引起芯片的误判断。其常见故障及检测方法见前述。

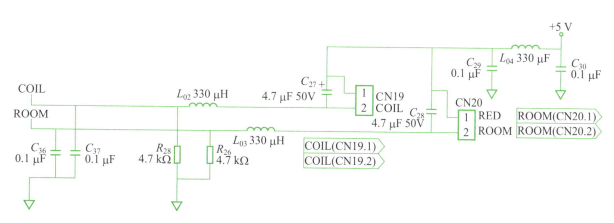

图 7-45　温度传感器电路原理图

8. EEPROM 电路分析与检修技巧

EEPROM 电路原理图如图 7-46 所示。EEPROM 电路内记录着空调器运行时的一些状态参数，如室内风扇电动机的风速、室内机检测到的温度信号等。EEPROM 的两条数据线 E（⑤脚）和 W（⑥脚）分别与主芯片的⑱、⑰脚连接，进行数据处理。其常见故障及检测方法见前述。

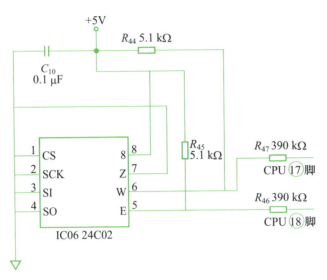

图 7-46　EEPROM 电路原理图

知识拓展　空调器的变频原理

目前，空调器中采用的变频方式主要有交流变频和直流变频两种。

1. 交流变频控制器的工作原理

交流变频控制器的工作原理框图如图 7-47 所示，它由整流器、滤波器、功率逆变器组成。变频器中的控制系统对各取样点传来的信号进行分析处理，并经内部波形处理产生新的控制信

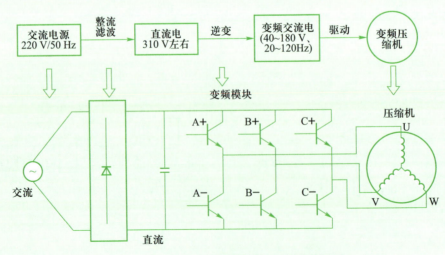

图 7-47　交流变频控制器的工作原理框图

号，再经驱动放大去控制变频开关，产生相应频率的模拟三相交流电供给压缩机。

①整流滤波原理　整流器是将交流电转换为直流电，采用硅整流器件桥式连接。一般电功率在2 kW以下的变频空调器多采用单相电源输入，2 kW以上时多采用三相电源输入。单相和三相整流电路的不同之处只是在电路中增加了2个整流二极管。滤波电路的作用是使输出直流电压平滑且得到提高，一般采用大容量电容器，容量一般为1 500～3 000 μF。

②功率逆变器原理　功率逆变器又称为变频模块，是将直流电转换为频率与电压可调的三相交流电的装置。变频模块通常采用6个IGBT构成上下桥式驱动电路。在以功率三极管为开关器件的交–直–交电路中，控制系统使每只功率三极管导通180°，且同一桥臂上两只功率三极管一只导通时，另一只必须关断。相邻两相的器件导通相位差为120°，在任意360°内都有3只功率三极管导通以接通三相负载。当控制信号输出时，A+、A–、B+、B–、C+、C–各功率三极管分别导通，从而输出频率变化的三相交流电使压缩机运转。

在空调器中，多采用IPM（智能功率模块），它是将IGBT连同驱动电路和多种保护电路封装在同一模块内，使设计简化，可靠性提高。

2. 直流变频控制器的工作原理

直流变频空调器关键在于采用了无刷直流电动机作为压缩机的电动机，其控制电路与交流变频控制器基本一样。直流变频控制器把工频220 V交流电转换为直流电，并送到功率模块，变频模块每次导通两只功率三极管，给两相绕组通以直流电，如图7-48所示。同时变频模块受微型计算机控制系统的控制，输出电压可变的直流电（没有逆变过程），并将直流电送到压缩机的直流电动机，控制压缩机的运行速度。从图7-49中可以看出，直流变频相比交流变频增加了位置检测电路，使得直流变频的控制更加精确。

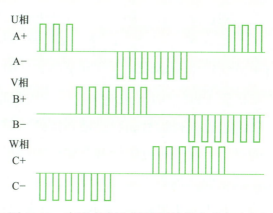

图7-48　直流变频空调器压缩机各绕组电压控制图

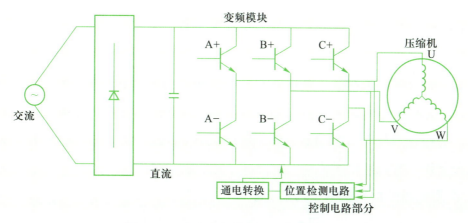

图7-49　直流变频控制器工作原理框图

二、室外机控制电路的分析与检修技巧

室外机电路可分为开关电源电路、上电复位电路、晶振电路、电压检测电路、电流检测电路、室外风扇电动机与电磁四通换向阀控制电路、温度传感器电路、EEPROM 和运行指示电路、通信电路等。其分为两块控制板，大板为电源板，提供室外机运行所需要的各种电压、传感器量值、电流检测值等；小板为 IPM 板（控制板），主芯片在 IPM 板上收集压缩机、传感器、电流、电压等信息控制室外机的运行。室外机电源板电路图如图 7-50 所示。

1. 开关电源电路分析与检修技巧

开关电源电路原理图如图 7-51 所示。开关电源采用反激式开关方式，其稳压方式采用脉宽（PWM）方式，其特点是内置振荡器，固定开关频率为 60 Hz，通过改变脉冲宽度来调整占空比。因为开关频率固定，所以为其设计滤波电路相对方便些，但受功率开关管最小导通时间的限制，对输出电压不能做宽范围的调节；另外输出端一定要接负载，防止空载时输出电压升高而损坏电路板。

交流 220 V 经整流硅桥整流、电解电容滤波后输出的约为 300 V 的直流电压（即电路板上的 CN16 和 CN19 接口）分两路达到开关振荡电路：一路经开关变压器的绕组加到开关管 IC01 的漏极 D 上，另一路接开关管的源极 S。由于高频开关变压器 T1 的一次绕组与二次绕组、反馈绕组的极性相反，开关管导通时，能量全部存储在开关变压器的一次侧，二次侧整流二极管 VD3、VD4 未能导通，二次侧相当于开路；当开关管截止时，一次绕组极性相反，二次绕组也同样极性相反，使二次侧的整流二极管正向偏置而导通，一次绕组向二次绕组释放能量。二次侧在开关管截止时获得能量，开关变压器的二次侧便可得到所需的高频脉冲电压，经整流、滤波和稳压后送给负载。二次侧副绕组经二极管 VD2、电阻 R_3 和电容 C_{E1} 滤波后接开关管 IC01 的电源脚，为开关管提供电源。二次侧反馈采用由 TL431 组成的精密反馈电路，+12 V 电源经 R_8、R_9 分压后的取样电压，与 TL431 中的 2.5 V 基准电压进行比较后产生误差电压，再经光电耦合器去控制反馈电流，改变功率开关管的输出占空比，来维持输出的 +12 V 电压的稳定，从而达到稳压的要求。

由于采用这种反激式开关方式，电网干扰就不能经开关直接耦合给二次侧，具有很强的抗干扰能力。

此外，开关电源电路还有一些保护电路，这是因为开关管在关断时，由高频变压器漏感产生的尖峰电压会叠加在电源上，损坏功率开关管。因此，在开关变压器一次绕组上增加钳位保护电路，由稳压二极管 VZ1 和快速二极管 VD1 组成缓冲电路。经过 7805 稳压后输出的 5 V 电压供给室外机主芯片。

2. 电压检测电路分析与检修技巧

电压检测电路原理图如图 7-52 所示。室外交流 220 V 电压经硅桥整流、滤波电路滤波

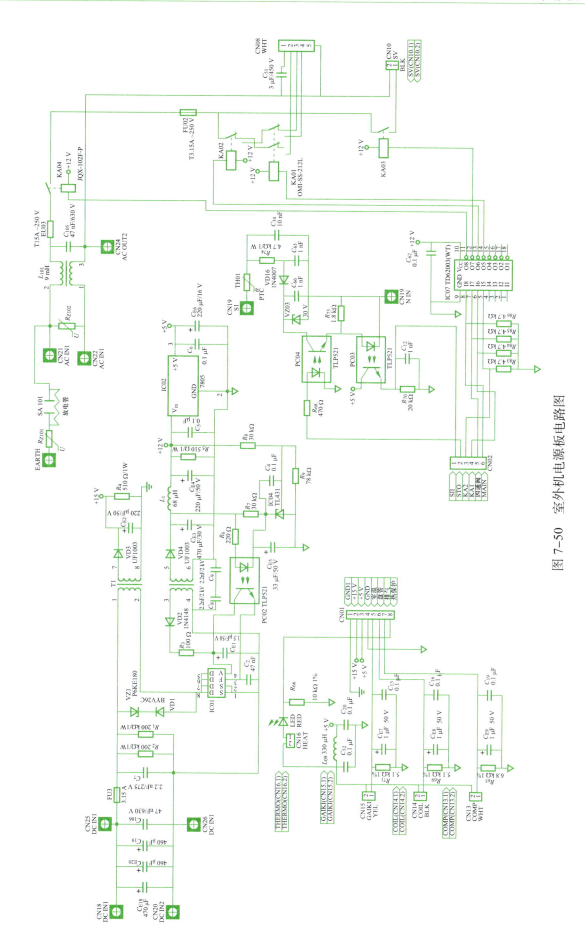

图 7-50 室外机电源板电路图

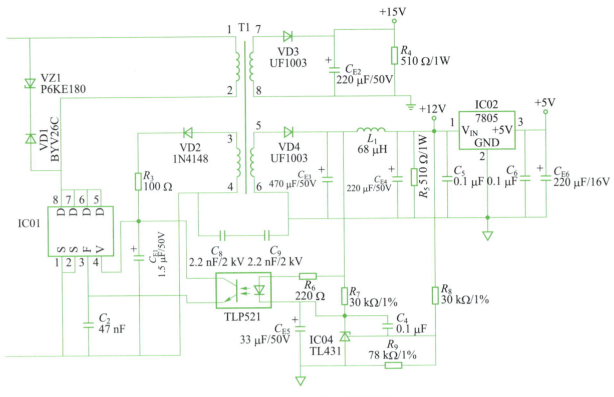

图 7-51　开关电源电路原理图

后输出到 IPM 的 P、N 端，电压检测电路的电压从直流母线的 P 端通过电阻 R_{64}、R_{65}、R_{51}、R_{52} 与 R_{53} 进行分压，检测直流电压，进而对交流供电电压进行判断。

3. 电流检测电路分析与检修技巧

电流检测电路原理图如图 7-53 所示。通过 IPM 中的取样电阻，将电流信号转化为电压信号，经过放大器，将电压信号进行放大比较，当超过规定限值时，LM358 将输出低电平，使压缩机停机保护。本电路的关键元器件是 LM358，LM358 的⑦脚输出电压见表 7-2，可供检测时参考。

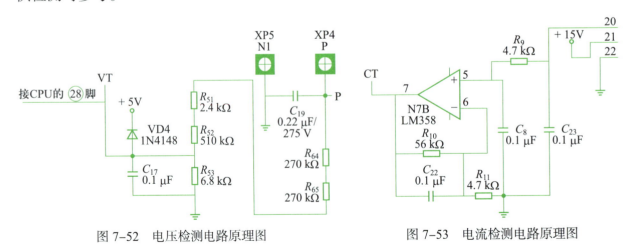

图 7-52　电压检测电路原理图　　　　　图 7-53　电流检测电路原理图

表 7-2　LM358 的⑦脚输出电压

电流 /A	电压 /V
5	1.1
8	1.72
10	2.2

4. 室外风扇电动机、电磁四通换向阀控制电路分析与检修技巧

室外风扇电动机、电磁四通换向阀控制电路如图 7-54 所示。

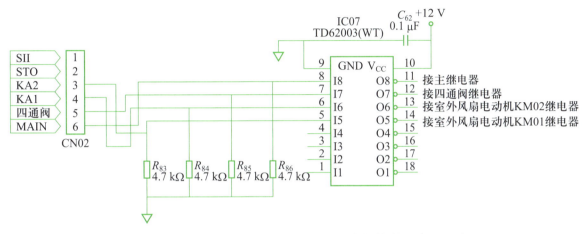

图 7-54　室外风扇电动机、电磁四通换向阀控制电路原理图

主芯片的㊺、㊻、㊼、㊽脚输出高电平，经反相驱动器 IC07（TD62003）输出一低电平触发室外风扇电动机、电磁四通换向阀和主继电器动作。需要注意的是在主继电器的公共端和输出端接有一只 PTC 元件，用于限制室外机上电瞬间给电解电容的充电电流。在室外机上电之后，主芯片控制该继电器吸合，将 PTC 元件短路。在该电路的检修中，关键元器件是 IC07 反相驱动器，可按前述方法用万用表检测电压来判断其故障。

5. 温度传感器电路分析与检修技巧

室外温度传感器是用来检测室外环境温度、制冷系统的盘管温度、压缩机的排气温度和过载保护电路的。通过对不同传感器的感应，将不同点的温度转换成电信号，传递给主芯片处理。经过主芯片处理，再输出相应的控制信号至执行电路，用来调整空调器的工作状况。温度传感器电路原理图如图 7-55 所示。

在温度传感器电路中，传感器电路上的信号经电阻 R_{66}、R_{71}、R_{69}、R_{65} 分压取样，C_{E7}、C_{E8}、C_{E9} 滤波后输入主芯片相应的②、⑦、⑧、⑨脚，进行模拟量到数字量的转换。温度传感器电路的常见故障检测与判断方法见前述。

6. 通信电路分析与检修技巧

通信电路原理图如图 7-56 所示，图中左半部分为室内通信电路，右半部分为室外通信电路。室内外机通信的规则如下：

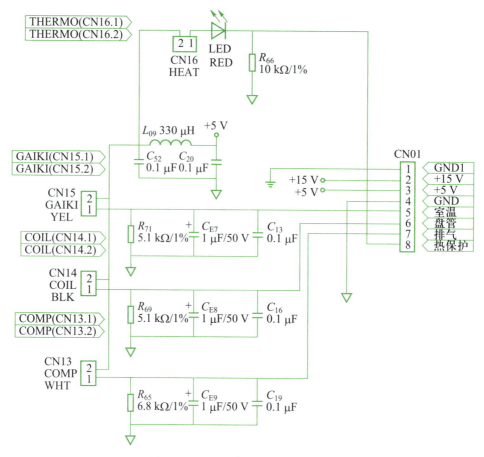

图 7-55 温度传感器电路原理图

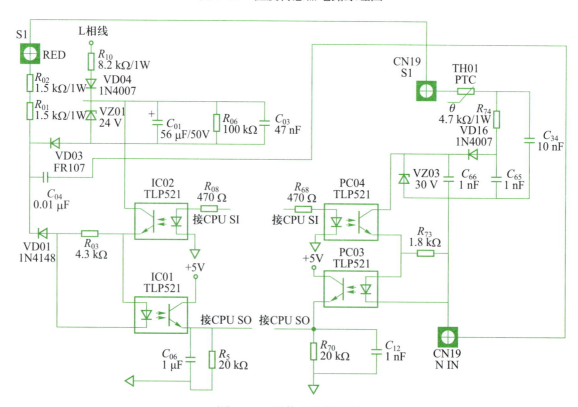

图 7-56 通信电路原理图

从主机（室内机）发送信号到室外机是在收到室外机状态信号处理完 50 ms 后进行，副机（室外机）同样等收到主机发送信号处理完 50 ms 后进行。通信以室内机为主，正常情况下主机发送完信号之后就等待接收，若 500 ms 后仍没有接收到信号则再次发送当前的命令，如果 1 min 内未收到应答（或应答错误），则出错报警，同时发送信息命令给室外机。室外机没有接收到室内机的信号时，则一直等待，不发送信号。通信时序如图 7-57 所示。

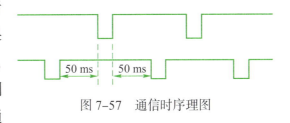

图 7-57　通信时序理图

由电阻 R_{10}–VD04–IC02–VD01–C_{04}–CN19–PC04–PC03 组成通信电路的环路，稳压二极管 VZ01、VZ03 为通信环路提供 +24 V、+30 V 的直流电压，整个通信环路的环流为 3 mA 左右。

光电耦合器 IC01、IC02、PC03、PC04 起隔离作用，防止通信环路上的大电流、高电压串入芯片内部，损坏芯片。R_{02}、R_{01}、R_{03} 起限流作用，将稳定的 24 V 电压转换为 3 mA 的环路电流。当通信处于室内机发送、室外机接收时，室外 TXD 置高电平"1"，室外发送光电耦合器 PC04 始终导通，若室内 TXD 发送高电平"1"，室内发送光电耦合器 IC02 导通，通信环路闭合，接收光电耦合器 IC01、PC03 导通，室外 RXD 接收高电平"1"；若室内 TXD 发送低电平"0"，室内发送光电耦合器 IC02 截止，通信环路断开，接收光电耦合器 IC01、PC03 截止，室外 RXD 接收低电平"0"，从而实现了通信信号由室内向室外的传输。同理，可分析通信信号由室外向室内的传输过程。

通信电路在空调器的整机运行中发挥着非常大的作用。当出现通信故障时，首先可用万用表直流电压挡检测用于通信的 +24 V、+30 V 电压是否正常，其次是看室内外光电耦合器是否正常工作。

7. 故障检测指示电路分析与检修技巧

故障检测指示电路原理图如图 7-58 所示。在压缩机运行状态下，通过室外机控制板上的 3 个 LED 指示灯，指出压缩机当前运行频率受到限制的原因，见表 7-3。

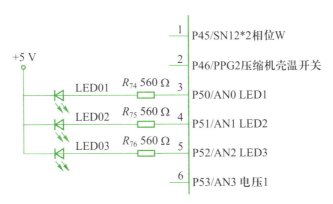

图 7-58　故障检测指示电路原理图

表 7-3　压缩机频率受限制故障指示

序号	LED01	LED02	LED03	压缩机当前运行频率受限制原因
1	○	○	○	正常升降频，没有任何限频
2	×	×	*	过电流引起的降频或禁止升频
3	×	*	*	制冷防冻结或制热过载引起的降频或禁止升频
4	*	×	*	压缩机排气温度过高引起的降频或禁止升频
5	×	*	×	电源电压过低引起的最高运行频率限制
6	*	*	*	定频运行（当能力测定或强制定频运行时）

注：* 表示亮，○表示闪，× 表示灭。

在压缩机停止运行时，室外机的 LED 用于显示故障的内容，见表 7-4。

表 7-4　压缩机停止运行时的故障指示

序号	LED01	LED02	LED03	故障内容
1	×	×	×	正常
2	×	×	*	室内温度传感器短路、开路或相应检测电路故障
3	×	*	×	室内换热器温度传感器短路、开路或相应检测电路故障
4	*	×	×	压缩机温度传感器短路、开路或相应检测电路故障
5	*	×	*	室外换热器传感器短路、开路或相应检测电路故障
6	*	*	×	室外温度传感器短路、开路或相应检测电路故障
7	○	*	×	CT（电流互感器线圈）短路、开路或相应检测电路故障
8	○	×	*	室外变压器短路、开路或相应检测电路故障
9	×	×	○	信号通信异常（室内与室外）
10	×	○	×	IPM（功率模块）保护
11	*	○	*	最大电流保护
12	*	○	×	电流过载保护
13	×	○	*	压缩机排气温度过高
14	*	*	○	过、欠电压保护
15	*	○	○	空
16	×	*	*	空
17	○	*	*	空
18	×	*	○	压缩机壳体温度过高
19	*	*	*	室外存储器故障
20	×	○	○	空

注：* 表示亮，○表示闪，× 表示灭。

因此，在维修空调器时，不仅可以通过室内机的故障代码来判断故障，也可以依靠室外机控制板上的 3 个故障指示灯来判断故障。

项目 8

电冰箱、空调器维修方法与技巧

【项目描述】

电冰箱、空调器的主要故障可分为电气控制系统故障和制冷系统故障。在本项目的学习中，要在熟悉电冰箱、空调器等制冷设备常见故障的判断方法和维修思路等的基础上，学会电冰箱、空调器等制冷设备常见故障分析、判断和检修的综合技能，具备一定的维修技巧，为今后从事电冰箱、空调器等制冷设备售后维修服务打下基础。

任务 1 电冰箱维修方法与技巧

◆ 任务目标

1. 熟悉电冰箱故障分析、判断的思路和方法。
2. 掌握电冰箱维修思路。
3. 掌握电冰箱常见故障的分析判断与处理方法。

▓ 知识储备

电冰箱的运行状态与工作环境和运行状况设置等有密切的关系，所以对电冰箱故障进行分析、判断需要综合考虑。外部原因或人为失误也会造成电冰箱故障，对这类故障应先排除；电冰箱本身的故障可分为制冷系统故障和电气控制系统故障两大类。维修时，应先排除电气控制系统故障，可先排除是否是电源问题，再判断是否是其他电气控制问题，如压缩机电动机绕组是否正常，温控器、继电器触点是否接触不良等。对于制冷系统故障，可先判断制冷系统是否泄漏、管路是否堵塞、冷凝器散热是否良好等一般性故障，再排除疑难故障。

一、电冰箱故障的判断方法

要知道电冰箱是否有故障，首先应清楚电冰箱正常工作的现象，可参考项目 1 的相关内容。其次是采用恰当的方法判断故障，其方法通常有听、看、摸、闻、测、试"六法"。

1. 听 就是通过"听"来判断

电冰箱应在通电后 2～3 s 内起动，正常运行时，会发出轻微的运行声音。打开箱门，将耳朵贴近蒸发器或箱体外侧，即可听到制冷液的流动声，这说明电冰箱工作正常。若有以下声音则属于不正常工作现象。

① 接通电冰箱电源后，听到"嗡嗡"声，说明压缩机没有起动，应立即切断电源。

② 听到压缩机壳内发出"嘶嘶"的气流声音，说明是压缩机内高压缓冲管断裂后，高压气体窜入压缩机壳体内。

③ 听到压缩机发出"铛铛"的异常声音，说明是压缩机的吊簧松脱或折断，压缩机倾斜运转后发生撞击。

④ 听到"嗒嗒"的声音，可判断是压缩机内部金属撞击，表明内部运动部件因松动而碰撞。

⑤ 若听不到蒸发器内制冷剂流动时类似流水的气流声音，说明制冷系统有脏堵、冰堵或油堵故障或制冷系统内制冷剂已全部泄漏。若听到的气流声音很小，说明脏堵、油堵或制冷剂泄漏的程度比较严重。

⑥ 若听到压缩机接线盒内有过载保护器动作的声音，则说明压缩机电流过大或温升过高引起过载保护器动作。

对于微型计算机控制的电冰箱，在其背面安装控制电路板处，有时还可以听到继电器吸合与断开的声音以及电磁阀切换的声音。

2. 看　就是通过"看"来观察

在电冰箱通电运行前，先观察电冰箱外观及内胆有无明显的损坏，各零部件有无松动或脱落等现象。通电运行后再进行下列观察。

① 正常工作的直冷式电冰箱蒸发器表面应结霜且霜层均匀而薄，若发现蒸发器表面无霜，或上部结霜、下部无霜，或结霜不均匀、有虚霜或蒸发器表面只结露水甚至无露水等现象，就说明电冰箱制冷系统工作不正常。如果出现周期性结霜情况，说明制冷系统中含有水分，可能出现冰堵故障。若电冰箱工作很长一段时间后，蒸发器仍不结霜，说明制冷系统可能有泄漏或管路堵塞故障。

② 观察毛细管、干燥过滤器局部是否有结霜或结露。若有则表明局部有堵塞现象。观察压缩机吸气管路上是否有结霜，以判断制冷剂是否过量。

③ 观察电冰箱门灯是否能点亮，若能点亮，说明电源已通入电冰箱且正常。观察间冷式电冰箱风扇电动机能否正常工作。

④ 检查门封是否严密。

⑤ 看制冷管道是否有渗漏，可仔细检查电冰箱各裸露部位的管路，特别是各焊接部位是否有油迹，如果有油迹说明该处是泄漏点。同时应注意冷冻室蒸发器有无损伤，因为采用人工除霜的直冷式电冰箱，在除霜时有可能将蒸发器管道碰伤而发生制冷剂泄漏现象。

3. 摸　就是通过"摸"来判断

通过手摸电冰箱有关部件，感觉其温度情况来分析、判断出故障的部位。

① 在温度为 30 ℃左右时，接通电冰箱的电源并运行 15～20 min，用手摸压缩机排气管应烫手。冬季触摸时应有较热的感觉。

② 用手触摸冷凝器表面温度是否正常。电冰箱在正常连续运行时，冷凝器表面温度约为 55 ℃，其上部最热、中部较热、下部微热。冷凝器的温度与环境温度有关，冬季冷凝器温度低一些，夏季相对高一些。

手摸冷凝器时应有热感，但可长时间放在冷凝器上，这是正常现象。若手摸冷凝器进口处感觉温度过高，这说明冷凝压力和冷凝温度过高，制冷系统内可能有空气等不凝性气体或制冷系统内制冷剂过量。若手摸冷凝器不热，蒸发器中也听不到制冷剂流动的声音，这说明制冷系统内干燥过滤器或毛细管等部位发生了堵塞，或是压缩机的压缩效率变差。

应注意的是，内埋式（平板式）冷凝器安装在箱体两侧，有一层隔板与外界隔开，相对来讲，它的散热效果不如外露式（后背式）冷凝器，所以它的温度相对应高一些。

③ 用手触摸干燥过滤器表面。电冰箱正常工作时，干燥过滤器表面的温度应与环境温度接近，手摸有微热感觉（约为 40 ℃）。若出现明显低于环境温度或有结霜、结露现象，说明干燥过滤器内部发生了脏堵。

④ 用手蘸水贴于蒸发器表面，然后拿开，如有粘手感觉，表明电冰箱工作正常。若手贴蒸发器表面不粘手，而且霜层也化掉，说明制冷系统内的制冷剂过多或是制冷系统中空气过多。如果电冰箱开始工作时，结霜正常，冷凝器温度正常，但过 30 min 左右后，手摸蒸发器无霜（全是水），冷凝器也不热，重新开机后重复出现上述现象，这说明制冷系统产生冰堵。

⑤ 摸压缩机外壳的温度。压缩机开始运转时外壳不应很热，随着运行时间的增加，其外壳温度逐渐升高，在夏季最高温度可达到 70～80 ℃。如果运行时间不长压缩机外壳就烫手，说明压缩机电动机或机械部件有故障。

对于微型计算机控制的电冰箱，还可以用手触摸电子元器件、变压器等表面的温度。一般来讲，当电冰箱正常运行时，电子元器件、变压器表面的温度比环境温度稍高一些，若表面温度过高，则说明电子元器件可能存在故障（一般为过电流现象），若表面温度过低，则说明电子元器件不工作或变压器断电。

4. 闻　就是通过"闻"来判断

① 制冷剂与冷冻油气味是否正常。

② 电子元器件、变压器、导线等是否有烧焦的气味。

通过上述听、看、摸、闻等过程，可按表 8-1 对故障现象进行比较，即对故障发生的部位和程度做到心中有数。由于电冰箱是多个部件的组合体，各个部件之间相互影响，相互联系。因此在实际维修过程中，只掌握个别故障的现象，很难准确判断出故障发生的部位（件）。若需进一步分析判断故障的准确部位（件）及故障程度，需用有关仪器或仪表对电冰箱进行性能检测。

表 8-1　电冰箱制冷系统故障现象的比较

故障	故障情况	运行时外观检查			切断毛细管，检查制冷剂喷出情况	
		蒸发器气流声	蒸发器温度	冷凝器温度	与蒸发器连接端	与干燥过滤器连接端
制冷剂泄漏	严重	无	高（常温）	常温	无	无
	轻微	小	稍凉	微热	少	少
脏堵	严重	无	高（常温）	常温	无	多
	轻微	小	轻微	微热	少	多
冰堵	—	时有时无	时冷时常温	时热时常温	多	多
压缩机效率下降	严重	无	高（常温）	偏低	多	多
	轻微	小	偏高	微热	多	多

5. 测　就是通过"测"来判断

①用卤素检漏仪或电子检漏仪检查泄漏部位；检查修理阀上压力表的读数可以判断制冷系统堵塞或泄漏情况；用温度计测量箱内温度是否正常。

②用兆欧表检查电冰箱绝缘情况。一般用 500 V 级的兆欧表检测，正常情况下绝缘电阻应不低于 2 MΩ；若低于 2 MΩ，则应对压缩机、温控器、起动继电器等部件及线路做进一步的检查，看其是否漏电。

③用万用表电阻挡检查压缩机电动机绕组值是否正常。若为 ∞，则说明绕组断路，若为 0，则说明绕组短路，若偏小，则说明绕组轻微短路。

④对于机械温控式电冰箱，将温控器调到非零挡，用万用表电阻挡检查电源插头相线（L）与中性线（N）间电阻，约为压缩机运行绕组的阻值。对于微型计算机控制的电冰箱，约为变压器一次绕组阻值。

⑤用电流表测量电冰箱工作时的电流大小来判断电冰箱工作状况。电冰箱工作电流应与铭牌上标称的额定电流基本相同。因此，当电冰箱压缩机或制冷系统出现故障时，其工作电流就会增大或减小，可用检测电冰箱工作电流的办法来判断电冰箱制冷系统的故障。

引起电冰箱工作电流过大的故障主要有制冷系统发生堵塞、制冷剂过多、压缩机润滑油不足、压缩机卡缸或抱轴、压缩机电动机定子与转子间配合不当、压缩机绕组轻微短路或绝缘强度下降、电源电压过高或过低等。

引起电冰箱工作电流过小的故障主要有制冷系统制冷剂不足或泄漏以及压缩机阀片密封不严或击穿、活塞与气缸间隙过大、高低压腔串通、气缸垫损坏等。

⑥用万用表检测除霜加热器电阻值应为 300 Ω。

通过检测，可再次按表 8-2 对故障现象进行比较，即对故障发生的部位和程度做到心中有数。

表 8-2　直冷式电冰箱电气控制系统故障检测

测量项目	测相线（L）与中性线（N）电阻			测相线（L）或中性线（N）与接地线（E）绝缘电阻		
测量仪表	万用表			兆欧表		
箱门关闭 阻值	7～20 Ω	∞	0	∞	0	2 MΩ 以下
箱门关闭 结论	正常	断路	短路	正常	外壳接地	绝缘不良
箱门关闭 故障部位	—	温控器、过载保护器、压缩机电动机	压缩机电动机	—	导线及各电气部件	压缩机电动机、温控器
箱门打开 阻值	>7～20 Ω	∞	0	∞	0	2 MΩ 以下
箱门打开 结论	正常	断路	短路	正常	外壳接地	绝缘不良
箱门打开 故障部位	—	灯座、灯	灯座	—	灯座	灯座

6. 试　就是通过"试"来判断

对于某些电气元件的故障，可以通过尝试更换电气元件的方法来判断，若更换后压缩机等工作正常，则说明该电气元件损坏。除更换法外，对于温控器触点接触不良等故障，可用一根绝缘导线短接温控器触点来尝试能否起动压缩机，若能起动则说明温控器触点不能导通。对于微型计算机控制的电冰箱，若怀疑某继电器触点接触不良或线圈损坏，可将触点两端短接，观察其控制部件是否正常工作，若能正常工作则说明该继电器触点损坏或线圈损坏，然后更换继电器，若更换后还不正常，说明电气控制线路板有故障。

通过上述维修"六法"的检查，作为维修人员应对其检查结果进行对比、验证和综合分析。

二、电冰箱一般维修思路

电冰箱常见故障一般在制冷系统或电气控制系统两部分，这两部分的故障有时是有联系的，在分析时应综合考虑，准确判断。

1. 维修原则

电冰箱维修应遵循以下原则：一是先外后内，即先排除外界因素的影响，再检查电冰箱内部实质性故障；二是先电后冷，即先排除电气控制系统故障，使压缩机正常运转，再排除制冷系统故障；三是先电源后电气元件，如压缩机不运转，应先查看运转需要的工作电压是否具备，起动器、温控器等有无问题，最后才考虑压缩机本身；四是先易后难，先检查易发生的、常见的、单一的故障和易损、易拆卸的部位，后考虑综合性故障、难拆卸元件故障。

2. 电气控制系统发生故障时的维修思路

电冰箱电气控制系统故障将引起压缩机不能起动、不能停机或开停机频繁等，维修思路如下：

① 电源故障分析　电冰箱接通电源后，压缩机不能起动或运行不正常，应首先观察电冰箱照明灯能否点亮或显示屏能否显示。如果正常，则说明电源基本正常。如果不正常，则应检查用户电源插座是否有电、插头与插座接触是否良好、电源线是否有断线或破损现象，同时还应用万用表检查插座电源电压是否符合要求。

② 照明灯故障分析　其现象主要有关闭箱门照明灯不熄灭、打开箱门时照明灯不亮或时亮时灭。造成照明灯不熄灭的原因是门开关触点粘连或箱门变形而使箱门关闭时不能碰触到门开关，使门开关触点不能断开；造成照明灯不亮或时亮时灭的原因是门开关触点接触不良、灯损坏、灯座接触不良或线路断线等。

③ 压缩机不能起动故障分析　若电冰箱电源正常、照明灯或显示屏正常，则可排除电源故障，造成压缩机不能起动的原因除压缩机本身故障、起动器与保护器故障外，对于机械温控式电冰箱还有温控器故障、化霜定时器等故障，对于微型计算机控制电冰箱还有温度传感器、控制电路板等故障。

对于压缩机故障、起动器与保护器故障、温控器故障、化霜定时器故障的检测与判断方法可参考项目 5 相关内容。

对于温度传感器故障，一般电冰箱中有冷冻室、冷藏室、变温室等温度传感器，一般均采用负温度系数热敏电阻。当温度传感器断路时，其阻值无穷大，相当于电冰箱内温度很低，将会造成压缩机不能起动；而当温度传感器短路时，其阻值为零，相当于电冰箱内温度很高，将会造成压缩机不能停机；而温度传感器阻值发生变化（偏高或偏低），相当于电冰箱内温度偏低或偏高，将引起压缩机提前停机或延滞停机。可用万用表检测温度传感器有无断路或短路故障，通过温度变化测得的阻值与温度传感器温度阻值对照表对照判断阻值是否发生变化。

对于控制电路板故障，若外围电路检查正常，则基本可判断控制电路板故障。这时可先仔细检查控制电路板有无腐蚀、断线、生锈、零件变形、导线插座接触不良；然后检查控制电路板电源供电是否正常（变压器输入与输出电压及直流电源电压）；再检查继电器等输出是否正常。若正常，则可能是控制电路板主芯片故障，应更换控制电路板。

④ 压缩机不能停机故障分析　压缩机不能停机，除制冷系统故障外，其电气控制系统的主要故障原因是温控器损坏（触点不能断开）或控制电路板损坏。

对于温控器故障，可断电后用万用表检测温控器触点能否断开（可将温控器置于正常制冷的电冰箱冷冻室中），以判断温控器好坏；对于控制电路板故障，应先检查温度传感器是否正常，再检查继电器触点能否断开，以判断是控制电路板外围元器件损坏还是控制电路板损坏。

⑤ 压缩机开停频繁故障分析　造成压缩机开停频繁故障的原因主要有电源故障、温度控制部分故障和压缩机保护部分故障。

电源电压过高或过低，都会造成压缩机运行电流增大，因此，出现压缩机开停频繁故障时，应先检查电源电压是否符合要求。

对于压缩机保护部分故障，应先用万用表检查过载保护器是否正常，若过载保护器正常，则可用电流表检测压缩机起动电流和运行电流是否过大或手摸压缩机外壳判断温度是否过高。若压缩机运行电流过大则应检查压缩机电动机绕组是否正常、有无机械故障。

对于机械式温控器故障，可用绝缘导线短接温控器或用同型号温控器替换法来判断温控器是否正常；对于微型计算机控制电冰箱，应先检查温度传感器等外围电路是否正常，然后判断控制电路板是否正常。

3. 制冷系统故障维修思路

（1）压缩机故障分析

当压缩机发生机械或电气故障后，将造成电冰箱不制冷（或制冷效果差），压缩机不能起动、频繁开停机、温升过高或工作电流过大等现象。

① 压缩机电气故障分析　压缩机通电后不能起动，应先判断是否属于电冰箱非本身故障和控制电路故障。如果上述检查都正常，就应考虑压缩机本身的电气故障。如果是压缩机电动机损坏的故障，其现象一般是接通电源后，熔断器熔断或低压断路器跳闸、压缩机过载保护器动作等。

造成熔断器熔断或低压断路器跳闸的原因：一是压缩机电动机绕组烧毁，使绕组绝缘层被破坏，绕组与压缩机外壳相碰；二是压缩机电动机绕组部分线圈绝缘层被击穿，部分绕组与压缩机外壳相碰；三是压缩机电源线绝缘层损坏而与压缩机外壳相碰；四是压缩机绕组绝缘层严重老化，但未烧毁，一般情况下，压缩机能起动，但运行 1～2 min 后出现熔断器熔断或低压断路器跳闸现象；五是压缩机严重卡缸、抱轴，使压缩机不能起动，电流过大。

② 压缩机机械故障分析　压缩机的机械故障主要表现为压缩机排气效率下降及卡缸、抱轴。对于压缩机排气效率下降故障，其原因：一是活塞与气缸间隙过大；二是压缩机排气管开裂或有漏孔，使高压气体返回低压区；三是阀片破裂或无法关闭。对于卡缸、抱轴故障，其原因：一是电冰箱长期使用后润滑油缺少，油面降低到油孔高度以下，使润滑油不能被吸入油孔，无法被带到上部，机械部件得不到润滑而出现卡缸、抱轴故障；二是制冷系统中水分过多，造成机械部件锈蚀而出现卡缸、抱轴故障。

（2）不制冷或制冷效果差故障分析

① 制冷剂不足　造成制冷系统内制冷剂不足的原因有制冷系统泄漏或制冷剂充注量过少。故障现象主要如下：一是冷凝器温度下降（上半部分为温热、下半部分为室温）；二是

低压压力下降，甚至为负压；三是蒸发器结不满霜甚至结露水；四是压缩机运行电流、振动和噪声均减小；五是压缩机不停机或运转时间过长。造成制冷剂泄漏的原因：一是冷凝器或蒸发器泄漏，冷凝器的漏点有可能是脱焊或破裂，蒸发器一般是毛细管与蒸发器接口处有漏点或蒸发器本身破损；二是管路有漏点或断裂等。

② 压缩机排气效率低　见前述。

③ 毛细管出现冰堵、脏堵或油堵　造成毛细管冰堵的原因是制冷系统中水分过多，在毛细管出口处发生冻结，影响制冷剂的循环使电冰箱制冷能力下降，甚至不能制冷，其现象是电冰箱出现周期性制冷与不制冷。造成毛细管脏堵或油堵的原因是制冷系统中有杂质和管路中冷冻油过多。堵塞严重时，其现象为蒸发器不结霜、冷凝器不热，压缩机运转不停而电冰箱制冷效果差或不制冷。当出现轻微脏堵或油堵时，蒸发器有时会出现结霜或结露水现象。

④ 蒸发器底部积油过多，使换热效率下降。

⑤ 毛细管断裂　造成毛细管断裂的主要原因是毛细管细而长且盘绕多圈后置于压缩机旁，在安装、搬运和使用过程中，受到弯折或振动。

⑥ 干燥过滤器出现脏堵　其现象是制冷剂流动声音微弱，过滤器表面温度明显低于环境温度。干燥过滤器脏堵是由于杂质堆积在其滤网上形成的。

三、电冰箱常见故障的分析判断和处理方法

电冰箱常见故障的分析判断和处理方法归纳于表 8-3，供维修时查阅。

表 8-3　电冰箱常见故障分析判断和处理方法

故障现象	原因分析	处理方法
压缩机不起动，但可听到"嗡嗡"声，测得电流很大	（1）电源电压过高或过低 （2）重锤式起动继电器触点或线圈损坏或机械故障 （3）PTC 起动器损坏 （4）电动机起动绕组断路或短路 （5）电容器损坏 （6）压缩机润滑不良等原因造成卡缸、抱轴等故障 （7）制冷剂充注过多 （8）控制电路板损坏	（1）测量电源电压，其值应在 187～242 V 范围内——加装稳压器 （2）用万用表检查重锤式起动继电器触点有无接触不良或粘连、线圈有无断路或短路，以及机械故障——更换同型号电气元件 （3）手摇 PTC 起动器有无响声，以判断 PTC 晶体有无碎裂；用万用表检查电阻值是否正常——更换同型号电气元件 （4）用万用表检测电动机绕组值是否正常——更换压缩机 （5）用万用表检查或替换法判断——更换同型号电气元件 （6）检查后应更换压缩机或更换冷冻油 （7）打开制冷系统进行修理，充注适量制冷剂 （8）检查控制电路板——修理或更换控制电路板

续表

故障现象	原因分析	处理方法
压缩机不起动，听不到"嗡嗡"声，电流为零	（1）电源无电压 （2）重锤式起动继电器线圈断路 （3）过载保护器断路 （4）温控器触点不能接通或调节不当 （5）化霜定时器故障 （6）电路接线松脱或断路 （7）压缩机绕组断路 （8）控制电路板损坏	（1）测量电源电压，排除故障 （2）用万用表检查线圈有无断路——更换同型号电气元件 （3）用万用表检查电阻值是否正常——更换同型号电气元件 （4）正确调节温控器或更换同型号电气元件 （5）用万用表检查或替换法判断——更换同型号电气元件 （6）检查后重新接线 （7）更换压缩机 （8）检查控制电路板——修理或更换控制电路板
通电后压缩机运行，过载保护器呈周期性保护，使压缩机开停频繁	（1）电源电压偏高或偏低 （2）过载保护器容量偏小 （3）过载保护器损坏 （4）起动器与压缩机功率不匹配 （5）压缩机电动机绕组有轻微匝间短路或绝缘不良（与外壳相碰） （6）压缩机轻微卡缸、抱轴 （7）制冷剂过多、制冷系统内有空气、冷凝效果差	（1）测量电源电压，其值应在187～242 V范围内——加装稳压器 （2）更换与压缩机匹配的过载保护器 （3）更换同规格电气元件 （4）更换同规格电气元件 （5）用万用表和兆欧表检查——更换压缩机 （6）用电流表检测压缩机运行电流——更换压缩机 （7）排除影响冷凝效果的因素，再通过检查蒸发器结霜情况等判断制冷剂是否过多或有空气——打开制冷系统进行修理，充注适量制冷剂
压缩机能起动，运行一段时间后停机，外壳温度过高	（1）电源电压过高 （2）压缩机润滑不良 （3）制冷剂过少 （4）制冷剂过多、制冷系统内有空气、冷凝效果差 （5）压缩机电动机绕组有轻微匝间短路或绝缘不良（与外壳相碰） （6）压缩机轻微卡缸、抱轴	（1）测量电源电压，其值应在187～242 V范围内——加装稳压器 （2）打开制冷系统补充冷冻油并修复 （3）打开制冷系统进行修理，充注适量制冷剂 （4）排除影响冷凝效果的因素，再通过检查蒸发器结霜情况等判断制冷剂是否过多或有空气——打开制冷系统进行修理，充注适量制冷剂 （5）用万用表和兆欧表检查——更换压缩机 （6）用电流表检测压缩机运行电流——更换压缩机
压缩机不能停机	（1）门封不严或门变形 （2）制冷剂过多或过少、泄漏 （3）环境温度高，冷凝器脏 （4）电冰箱放置处通风差 （5）箱内食物过多 （6）门开关触点不能断开或箱门变形，造成照明灯常亮 （7）温控器触点不能断开或温控点漂移 （8）温控器感温包安装位置不当或松脱 （9）温度传感器损坏、控制电路板故障	（1）调整修理或更换门封 （2）打开制冷系统进行修理，充注适量制冷剂 （3）改善环境温度，清洗冷凝器 （4）调整放置位置，改善通风 （5）减少箱内食物 （6）检修或更换门开关、箱门 （7）用万用表检测——更换温控器 （8）调整感温包安装位置并紧固 （9）检查温度传感器、控制电路板——更换

续表

故障现象	原因分析	处理方法
制冷效果差，压缩机工作时间长	（1）制冷剂泄漏 （2）制冷剂充注过多或过少 （3）温控器调节太低或温度设定不正确 （4）毛细管或过滤器堵塞 （5）冷凝器脏，散热条件差 （6）蒸发器结霜过多 （7）间冷式电冰箱风扇故障或化霜系统故障 （8）电子温控电冰箱、微型计算机控制电冰箱化霜系统故障	（1）打开制冷系统进行检漏、补焊等修理工作，充注适量制冷剂 （2）打开制冷系统修理，充注适量制冷剂 （3）调节温控器到适当位置，重新设定温度 （4）打开制冷系统维修 （5）清洗冷凝器，使电冰箱周围空气畅通 （6）化霜 （7）检查风扇和化霜系统——更换电气元件 （8）检查化霜系统——更换电气元件或控制电路板
压缩机工作时间长，蒸发器表面无结霜，只结凝露水或前半部分结霜	（1）毛细管尺寸过长或过短，形状发生变化 （2）压缩机排气效率降低 （3）制冷剂泄漏或不足 （4）毛细管或过滤器堵塞	（1）调整毛细管的长度和形状 （2）检查压缩机排气效率——更换压缩机 （3）检查泄漏点、补焊，充注适量制冷剂 （4）打开制冷系统维修
双门电冰箱冷藏室温度偏高	（1）开门频繁，门封不严，箱门变形 （2）间冷式电冰箱风门开度不够 （3）间冷式电冰箱风扇工作不正常 （4）化霜定时器损坏或化霜系统故障 （5）压缩机排气效率低	（1）减少开门次数，更换门封或调整、修理箱门 （2）将风门温控器调到冷点，检查风门开启度——更换风门温控器 （3）寻找原因——修理或更换风扇 （4）修理化霜系统——更换同型号电气元件 （5）更换压缩机
冷藏室温度偏低	（1）冬季补偿加热器损坏 （2）温控器调节不当或温度设定不正确 （3）间冷式电冰箱风门温控器设定在冷点 （4）风门温控器损坏 （5）温度传感器、控制电路板损坏，造成制冷系统工作异常	（1）更换补偿加热器 （2）调整温控器旋钮位置或重新正确设定温度 （3）调整风门温控器位置 （4）更换风门温控器 （5）用万用表检查温度传感器、控制电路板——更换电气元件、控制电路板
电冰箱运行噪声大	（1）电冰箱放置不水平产生共振 （2）管道与压缩机或管道与管道相碰 （3）接水盘振动 （4）压缩机外壳与箱底盘接触 （5）间冷式电冰箱风扇与其他部件相碰	（1）将电冰箱调整、垫平 （2）调整管道位置 （3）重新安装接水盘 （4）压缩机底脚加装减振橡胶垫 （5）调整风扇

四、电冰箱维修实例

实例 1：压缩机长时间运转，箱内不降温

故障现象：某双门直冷式电冰箱冷冻室、冷藏室不降温，压缩机长时间运行。

原因分析：压缩机排气效率低、制冷剂不足（泄漏）、制冷剂过多、制冷系统管路堵塞等制冷系统故障将引起箱内不降温，从而使压缩机长时间运行。由于电冰箱以前运行正常，因此制冷剂不足、过多原因可排除。

检修思路：应先检查制冷系统外露部分，确认是否存在泄漏，然后开机进行试运转，通过"看""听""摸"等方法初步确认制冷系统故障原因，再打开制冷系统进一步确认。

检修方法：

①检查制冷系统外露部分是否存在泄漏　通过检查制冷系统外露部分，发现无管路断裂、油迹等现象，基本确认不存在外漏。

②开机确定制冷系统故障　检查发现冷凝器不热、蒸发器不结霜、听不到蒸发器内制冷剂流动声音，检测压缩机电流发现略小于额定电流。因此，基本确定制冷系统内制冷剂泄漏或管路堵塞。

③打开制冷系统检查　断开干燥过滤器与毛细管连接处，发现干燥过滤器和毛细管端口处均只有少量制冷剂流出。因此可基本确定制冷系统管路有泄漏故障。

④分段保压检漏　由于该电冰箱为平背式，其冷凝器置于箱体内侧，因此将制冷系统分为高压段（冷凝器、门防露管）和低压段（冷冻室蒸发器、冷藏室蒸发器），分别进行保压，发现 1 h 后高压段压力下降，低压段压力不变。可确定制冷系统高压段存在泄漏故障。

⑤细分高压段保压检漏　将高压段分为左侧冷凝器、右侧冷凝器和门防露管三段分别进行保压检漏，发现门防露管段压力下降，左侧、右侧冷凝器压力不变。可确定制冷系统中门防露管发生泄漏。

至此，已查明制冷系统泄漏的故障部位。由于门防露管在箱体内，采用跳过门防露管，直接将左侧、右侧冷凝器连接在一起的方法进行维修。

⑥更换干燥过滤器、连接制冷系统　更换干燥过滤器后，将整个制冷系统连接在一起，并从压缩机工艺管口接三通修理阀。

⑦整体保压检漏　在制冷系统中充入 0.8 MPa 的氮气，保压 24 h，发现压力无下降。确认制冷系统已无泄漏。

⑧抽真空、充注制冷剂　放出制冷系统中氮气后，进行抽真空、充注制冷剂。

⑨试机、封口　对电冰箱进行通电运行 24 h 后，当冷冻室、冷藏室制冷正常，压缩机能正常开停，即可对电冰箱进行封口。

实例 2：压缩机不运转，箱内不降温

故障现象：某双门机械温控间冷式电冰箱，压缩机不运转，箱内不降温。

原因分析：压缩机不运转，其原因可能是电冰箱电源故障、压缩机本身故障或压缩机控制电路故障。

检修思路：应先通过询问用户和现场调查，确定电源是否有故障，若电源正常，则应检

查压缩机和压缩机控制电路。由于压缩机控制电路涉及温度控制器、化霜定时器、压缩机保护器和起动器及压缩机电动机等电气元件，可先旋转温控器旋钮，判断温控器是否失灵，然后检查化霜定时器，视故障再检查化霜温控器、化霜温度熔断器、化霜加热器等电气元件。

检修方法：

① 询问用户 该电冰箱工作一直正常，突然发现冷冻室内温度上升，食品变软；打开电冰箱门，照明灯能发光。旋动温控器旋钮，压缩机还是不能起动。因此，可基本确定电源正常，造成上述现象的原因是压缩机不运转，导致箱内温度回升。故障发生在自动化霜电路的可能性较大。

② 检查电源 用万用表检查电源电压为 223 V，属于正常。

③ 检查化霜定时器 用手轻轻转动化霜定时器转轴，当听到"啪"一声响后，发现压缩机起动。说明电冰箱化霜结束后，由于自动化霜电路的原因，使化霜定时器时钟电动机无法通电运转，压缩机无法开始下一个化霜周期的运转。

④ 检查化霜温控器、化霜温度熔断器、化霜加热器 拆开风扇格栅，用万用表检查，发现化霜温度熔断器已断路，再拆下化霜温控器，放入冷冻室降温后检查，发现其触点不能断开。由此可确认由于化霜温控器触点粘连，导致化霜加热器不能停止工作，使蒸发器表面温度过高，引起化霜温度熔断器熔断。更换化霜温控器和化霜温度熔断器后，压缩机能运转，制冷正常。

实例 3： 某微型计算机控制的 BCD-282TDe 电冰箱，冷藏室风机不运转

故障现象： 该电冰箱冷冻室、变温室制冷正常，冷藏室温度偏高，打开箱门后按下门开关，发现风机不运转。

原因分析： 冷藏室门开关、风机、控制电路板损坏等原因将引起风机不运转。

检修思路： 该电冰箱冷藏室风机运转的条件要求冷藏室必须关门，且冷藏室要求制冷。因此，首先通过控制面板的调节，关闭变温室，将冷藏室门打开一会，使冷藏室温度上升，达到冷藏室要求制冷的温度（应注意压缩机在任何时候连续两次运行的时间间隔不能小于5 min）；其次，可通过检查冷藏室门开关、风机是否正常，排除后再检查控制电路板。

检修方法：

① 检查门开关 由于冷藏室门开关不仅控制冷藏室风机的运转，而且控制冷藏室照明灯。打开冷藏室箱门，发现 LED 灯能点亮，用手压合住门开关，发现 LED 灯能熄灭；撬出门开关，检查插件和门开关均正常。

② 检查门开关引线 拆开后背板上控制电路板盒罩，检查门开关线束，发现无断路现象，且插件无松动现象。

③ 检查风机控制信号输出 当冷藏室门打开后，用万用表检测主芯片风机信号的对应引脚电平应为高电平，若无高电平，进一步检测驱动三极管是否正常。检查后发现正常。

④ 检测风机电路　用万用表检测风机引线端和风机两端的 +12 V 电压，发现正常；检测风机绕组电阻，发现已断路。更换风机后运行正常。

实例 4：某微型计算机控制的 BCD-255W/PP 变频电冰箱显示 "F3" 故障代码

故障现象：该电冰箱通电后，显示 "F3" 故障代码。

原因分析：根据该电冰箱的维修手册，"F3" 故障代码表示冷冻室温度传感器故障。

检修思路：应先检查冷冻室传感器、传感器引线是否正常，若正常，应再检查控制电路板相关电路是否正常。

检修方法：

① 检查传感器　电冰箱断电后，卸下顶盖板，取出控制电路板，拔下冷冻室传感器插件，用万用表检测冷冻室传感器阻值。其阻值在环境温度为 0~39 ℃时，小于 1.0 kΩ 或大于 6.7 kΩ，则可视为其故障。实测阻值为无穷大，说明冷冻室传感器开路。

② 更换传感器　取下后板，在冷冻室传感器头与内藏导线连接处挖出发泡剂，将连接处剪断，去除导线绝缘层约 12 mm，将同型号的传感器与上述内藏导线连接，插上电路板及显示板，通电运行无误后在端子处涂热熔胶防潮气进入导线连接部位，按原位置将感温头装好，并在后盖上贴免胶纸固定，补发泡剂，装后板、电路板及显示板等后，通电试机，电冰箱运行正常。

任务 2　空调器维修方法与技巧

◆ 任务目标

1. 熟悉空调器故障分析、判断的维修思路和方法。
2. 掌握空调器维修思路。
3. 掌握空调器常见故障的分析判断与处理方法。

知识储备

由于空调器的运行状态与工作环境和运行状况设置等有密切的关系，所以对空调器故障分析需要综合考虑。特别是要熟悉制冷系统的功能和控制电路的工作原理，在分析、判断、排除故障时要有清晰的思路和维修流程，做到维修有序、忙而不乱才能迅速排除故障。

空调器维修时，同样应先排除空调器外部原因或人为故障，再将空调器本身的故障分为制冷系统故障和电气控制系统故障两类。在这两类故障中，应先排除电源问题，再判断是否是电气控制系统问题，如压缩机电动机绕组是否正常、功率模块是否击穿、继电器触点是否接触不良等，在此基础上排除制冷系统的故障，如制冷系统是否泄漏、管路是否堵塞、换热器散热是否良好、电磁四通换向阀是否有问题等。这样按照上述思路，便可逐步缩小故障范围，故障原因也便可查清。

一、空调器故障的判断方法

要知道空调器是否有故障，首先应清楚空调器正常工作的现象，可参考项目 1 的相关内容，其次是采用恰当的方法判断故障。空调器同样可用听、看、摸、闻、测、试"六法"来进行故障判断与维修。

1．听　就是通过"听"来判断

① 听风扇电动机与压缩机运转是否正常。

② 听电磁四通换向阀换向时有无线圈通电吸合声音和制冷剂气流声。

③ 听室内外机是否有异常噪声。

④ 听毛细管或膨胀阀中制冷剂流动声音是否正常等。

2．看　就是通过"看"来观察

① 看空调器上指示灯（显示屏）是否亮，以判断电源是否正常。

② 看室内外机连接管路是否有油污，压缩机冷冻油是否正常。

③ 看室内外机换热器是否过脏。

④ 看风扇电动机运转方向是否正确。

⑤ 看压缩机吸气管结露是否合适。

⑥ 看室内外机连接管及截止阀结露及温度是否合适。

⑦ 看毛细管与过滤器是否结霜。

⑧ 用故障显示代码来区分故障点。

对于变频空调器，可观察压缩机运转频率是否能正常升高或下降。

3．摸　就是通过"摸"来判断

① 摸风扇电动机、压缩机外壳温度是否正常。

② 摸压缩机吸排气管温度是否正常。

③ 摸毛细管、过滤器表面温度是否正常。

④ 摸电磁四通换向阀 4 根管子温度是否正常。

⑤ 摸单向阀或旁通阀两端是否有温度差。

⑥ 摸变压器外壳温度是否正常。

⑦ 摸室内换热器表面温度是否正常。

⑧ 摸控制电路板上电子元器件温度是否正常等。

对于变频空调器，还可摸 IPM 功率模块外壳温度是否正常。

4．闻　就是通过"闻"来判断

① 闻制冷剂与冷冻油气味是否正常。

② 闻电子元器件、变压器、导线等是否有烧焦的气味。

5. 测　就是通过"测"来判断

① 测量电源电压、运行电流是否正常。

② 测量压缩机吸排气压力是否正常。

③ 测量功率模块输出给变频压缩机的电压是否正常。

④ 测量温度传感器的阻值是否正常。

⑤ 测量控制电路板关键部位的电压是否正常。

⑥ 测量电气线路、电气元件、电动机绕组的阻值是否正常等。

6. 试　就是通过"试"来判断

对于遥控器操作不能开机的空调器，可用应急开关来试机，如果能开机，则有可能是遥控器或接收器故障；如果不能开机，则可能是控制电路板故障。

对于空调器某些电气部件的故障，可以通过尝试更换电气元件的方法来判断，若更换后空调器等工作正常，则说明该电气元件损坏。除更换法外，对于继电器触点接触不良等故障，可用一根绝缘导线短接继电器触点来尝试能否起动空调器，若能起动则说明该接触器触点不能导通。

通过上述故障维修"六法"的判断，作为维修人员应对其检查结果进行对比、验证和综合分析。例如，对于制冷（制热）效果差等综合性故障，必须进一步通过测量电压、电流、压力、温度等来区分是电气控制系统还是制冷系统故障。

二、空调器维修工作参数

在维修空调器前，首先要搞清楚空调器的工作参数，如空调器运行电流、压力（高压压力、低压压力）、电压、出风口温度以及压缩机运转频率（指变频空调器）等，然后通过测量，综合判断出故障的具体部位或电气元件。

有些故障属于综合性故障，应具体问题具体分析，可以参考表 8-4 的工作参数进行分析判断。

表 8-4　变频空调器制冷、制热情况下的工作参数

序号	制冷工作参数	制热工作参数
1	风扇电动机外壳温度一般不超过 60 ℃	风扇电动机外壳温度一般不超过 60 ℃
2	排气管温度一般在 80～90 ℃之间。如果温度过低，说明制冷系统缺少制冷剂或堵塞；如果温度过高，则说明制冷系统内有空气或压缩机机械故障	排气管温度一般在 80～90 ℃之间。若排气管温度过低，说明制冷系统缺少制冷剂

续表

序号	制冷工作参数	制热工作参数
3	低压回气管一般在 15 ℃ 左右，正常时低压回气管应结露但不能结霜，如结霜说明制冷系统缺少制冷剂或堵塞	冬季加制冷剂时，制冷系统低压压力以不超过 0.35 MPa 为宜。其高压压力一般不超过 2 MPa
4	压缩机外壳温度为 50～60 ℃	冬季制热时，压缩机外壳温度应比制冷状态下低 10 ℃ 左右
5	停机时，室外温度为 38 ℃ 时的平衡压力为 1 MPa 左右	冬季制热时，当环境温度为 10 ℃ 时，制冷系统平衡压力应为 0.6 MPa 左右
6	室内机进出风口温差应大于 15 ℃	室内机进出风口温差应大于 20 ℃
7	室风机出风口温度应为 12～15 ℃	室内机出风口温度应为 35～45 ℃
8	制冷系统的正常高压压力应为 1.6～1.9 MPa	冬季制热时，制冷系统正常高压压力应为 2.0～2.2 MPa
9	制冷系统的正常低压压力为 0.4～0.6 MPa	制冷系统正常低压压力应为 0.3～0.4 MPa
10	运行电流约为铭牌上额定电流	运行电流约为铭牌上额定电流，一般比制冷运行时大，若有电辅助加热功能，则当电辅助加热器工作时，运行电流应为辅助加热时的电流
11	变频压缩机的三相电压一般在 50～180 V 之间（与压缩机的工作频率有关）	变频压缩机的三相电压一般在 50～180 V 之间（与压缩机的工作频率有关）
12	—	当室外环境温度低于 -5 ℃，空调器制热效果将明显降低，且室外机还会出现结霜现象
13	—	单向阀两端不应有温度差，如两端有温度差则说明其内漏

注：以上参数与室内外的环境温度以及空调器的使用时间等有关，在检修时应具体分析。

三、空调器一般维修思路

1. 空调器制冷系统维修思路

在排除空调器制冷系统故障前，应先了解空调器制冷系统的维修参数，如压力（高压压力、低压压力）、温度等。当空调器制冷系统出现故障后，一般不可能直接观察到故障部位，因此就需要通过测量制冷系统的高压压力、低压压力值，然后与正常值进行比较，再具体分析产生故障的原因。在检查制冷系统时，应在三通截止阀上接上压力表，检测低压压力。

（1）低压压力变化对制冷系统的影响

制冷系统运行时，低压压力与蒸发温度及制冷剂的流量有着密切关系。对于采用膨胀阀的制冷系统而言，低压压力与膨胀阀的开启度、制冷剂充注量、压缩机的制冷效率以及负荷大小有关；对于采用毛细管的制冷系统，低压压力与高压压力、制冷量、压缩机制冷效率以及负荷大小有关。

造成制冷系统低压压力低的原因有制冷量不足、制冷负荷小、膨胀阀开启度小、高压压力偏低（采用毛细管的制冷系统）以及干燥过滤器不畅通；造成低压压力高的原因有制冷剂过多、制冷负荷大、膨胀阀开启度大、高压压力高（采用毛细管的制冷系统）以及压缩机效率差等。

（2）高压压力变化对制冷系统的影响

造成制冷系统高压压力高的原因有冷却介质的流量小或冷却介质温度高、制冷剂充注量过多、制冷负荷大、制冷系统内有不凝性气体以及膨胀开启度大等。因为上述因素会引起制冷系统的制冷剂循环量增加，冷凝热负荷相应增加。由于热量不能及时全部散出，引起冷凝温度上升，从而检测到高压压力上升。在冷却介质流量低或冷却介质温度高的情况下，冷凝器的散热效率降低而使冷凝温度上升。对于制冷剂充注量过多或有不凝性气体，其原因是多余的制冷剂液体或不凝性气体占据了一部分冷凝器管路，使冷凝面积减少，引起冷凝温度上升。

造成制冷系统高压压力低的原因有压缩机效率低、制冷剂量不足、制冷负荷小、膨胀阀开启度小、过滤器不畅通以及冷却介质温度低等。上述因素都会引起系统的制冷剂流量下降、冷凝负荷小，使冷凝温度下降。

（3）空调器制冷系统常见压力、温度异常故障及原因分析

空调器制冷系统常见压力、温度异常故障及原因分析见表 8-5。

表 8-5　空调器制冷系统常见压力、温度异常故障及原因分析

序号	异常故障	原因
1	排气压力升高	制冷系统排气压力与冷凝温度相对应，而排气压力与冷却介质的流量和温度有关，同时还与压缩机效率以及制冷负荷有关。 制冷状态下造成排气压力升高的原因有： （1）制冷系统内有空气或制冷剂过多 （2）室外风扇电动机转速低或不运转 （3）室外环境温度过高或室外换热器过脏 （4）室外换热器出风口被堵塞或气流短路 （5）制冷系统内部半堵塞（脏堵、油堵、冰堵） （6）室内外机连接管截止阀未完全开启 （7）一拖多空调器室内单机或多机不工作 （8）变频空调器电子膨胀阀开启度过小 制热状态下造成排气压力升高的原因有： （1）制冷系统内有空气或制冷剂过多 （2）室内风扇电动机转速低或不运转 （3）室内换热器过脏或过滤网堵塞 （4）室内换热器出风口被堵塞或气流短路 （5）制冷系统内部半堵塞（脏堵、油堵、冰堵） （6）室内温度过高 （7）室内风扇电动机机械故障或风叶卡死 （8）变频空调器电子膨胀阀开启度过小

续表

序号	异常故障	原因
2	排气压力降低	制冷系统的排气压力与冷凝温度相互对应，而排气压力与排气温度也相互对应 制冷状态下造成排气压力降低的原因有： （1）制冷系统缺少制冷剂或制冷剂泄漏 （2）室内风扇电动机转速低或不转 （3）压缩机排气效率下降 （4）电磁四通换向阀串气或电磁旁通阀泄漏 （5）制冷系统内部堵塞（脏堵、油堵、冰堵） （6）室内外机连接管截止阀未完全开启 （7）变频压缩机不升频率 制热状态下造成排气压力下降的原因有： （1）制冷系统缺少制冷剂或制冷剂泄漏 （2）单向阀内漏或辅助毛细管堵塞 （3）压缩机排气效率下降 （4）电磁四通换向阀串气 （5）制冷系统内部堵塞（脏堵、油堵、冰堵） （6）室外环境温度过低 （7）室外机不能除霜或除霜不完全 （8）室外机换热器过脏 （9）室外机换热器出风口堵塞或气流短路 （10）室外机风扇电动机转速过低或不运转 （11）变频压缩机不升频率
3	吸气压力升高	制冷系统的吸气压力与蒸发温度相互对应，实际上吸气压力与排气温度也相互对应，即吸气压力高，排气压力也相应提高，反之则下降 制冷状态下造成吸气压力升高的原因有： （1）室外环境温度过高 （2）制冷系统内有空气或制冷剂过多 （3）室外风扇电动机转速过低或不转 （4）室外机换热器过脏 （5）室外机换热器出风口堵塞或气流短路 （6）压缩机吸排气效率下降 （7）电磁四通换向阀串气或电磁旁通阀泄漏 （8）变频空调器电子膨胀阀开启度过大 制热状态下造成吸气压力升高的原因有： （1）室内换热器过脏或过滤网堵塞 （2）制冷系统内有空气或制冷剂过多 （3）室内风扇电动机转速过低或不转 （4）室外环境温度高 （5）室内机换热器出风口堵塞或气流短路 （6）压缩机吸排气效率下降 （7）电磁四通换向阀串气或电磁旁通阀泄漏 （8）变频空调器电子膨胀阀开启度过大

续表

序号	异常故障	原因
4	吸气压力降低	制冷状态下造成吸气压力下降的原因有： （1）制冷系统中制冷剂过少或制冷剂泄漏 （2）室内换热器过脏或过滤网堵塞 （3）室内环境温度低 （4）室内风扇电动机转速低或停转 （5）室内机换热器出风口堵塞或气流短路 （6）制冷系统半堵塞（脏堵、冰堵、油堵） （7）室内外机连接管截止阀没有完全开启 （8）变频空调器电子膨胀阀开启度过小 制热状态下造成吸气压力下降的原因有： （1）制冷系统中制冷剂过少或制冷剂泄漏 （2）室外机不除霜或除霜不完全 （3）室外环境温度低 （4）室外风扇电动机转速低或停转 （5）室外机换热器出风口堵塞或气流短路 （6）室外风扇电动机不转或换热器过脏 （7）室内外机连接管截止阀没有完全开启 （8）变频空调器电子膨胀阀开启度过小
5	制冷系统温度变化异常	制冷系统蒸发温度与吸气压力对应，冷凝温度与排气压力对应，分析吸气与排气压力的变化，就等于分析了蒸发温度与冷凝温度的变化 （1）制冷系统吸气温度高，吸气压力也相应高，反之也一样 （2）制冷系统制冷剂流量大，吸气温度低；反之流量小则吸气温度高 （3）制冷系统毛细管一定时，制冷剂过多，则吸气温度下降；反之，制冷剂过少或泄漏，吸气温度高 （4）制冷系统电子膨胀阀开启度小，吸气温度低；反之，电子膨胀阀开启度大，吸气温度高 （5）制冷系统冷凝温度高，排气压力也相应高；制冷系统冷凝温度低，排气温度也相应低

2. 空调器发生电气控制系统故障的维修思路

空调器电气控制系统发生故障，检修时应遵循"先电源后负载，先强电后弱电，先室内后室外，先两端后中间，先易后难"的原则。切记不要将问题复杂化，盲目拆卸零部件，将故障扩大，更要时刻记住"安全第一"。

（1）判断室内机与室外机故障的方法

区分电气故障是在室内机还是在室外机的方法如下：

①通过测量室外机接线端子排上电源电压来判断故障部位。

②对于有输入与输出信号线的空调器，可采用短接插件引线的方法进行判断。即让室内机或室外机单独工作，看能否起动，若都能起动，则说明通信信号不良。

③ 对于定频空调器或热泵型空调器，可通过观察室外机接线原理图，测量室外机接线端子排有无交流或直流电压判断故障部位。如果室外机接线端子排上有交流或直流电压，说明故障在室外机电路中；如果无交流或直流电压，说明故障在室内机电路中。

④ 对于功率较大的定频柜式空调器，可通过观察室外机接触器是否吸合来判断故障。如果接触器吸合，说明故障在室外机电路中；如果不吸合，说明故障在室内机电路中。对于变频空调器，可以通过测试功率模块的输出电压来判断压缩机的好坏。

⑤ 对于有故障代码显示的空调器，可通过观察室内与室外机故障代码来确定故障部位。

⑥ 对于采用串行通信的空调器，可用示波器测量信号线的波形来判断故障。

⑦ 热泵型空调器出现不除霜或除霜频繁的现象，则多为室外机主控电路板故障。

（2）判断控制电路与主电路故障的方法

区分空调器控制电路与主电路故障有如下几种方法：

① 对于压缩机频繁开停故障，可通过测量空调器负载电压与压缩机运行电流来判断故障部位。压缩机运行电流过大，说明故障在主电路；压缩机运行电流正常，说明故障在控制电路。

② 对风扇电动机不运转、压缩机不起动故障，可通过观察室外机中交流接触器是否吸合来判断故障部位。如果接触器吸合而压缩机不工作，说明故障在主电路；如果接触器不吸合，说明故障在控制电路。对于变频空调器，主要看功率模块是否有输出电压，如有，则是压缩机故障。

③ 通过测量室内与室外传感器是否正常来判断故障区域。如果传感器正常，说明故障在控制电路；如果传感器损坏，说明故障在主电路。

④ 对于压缩机频繁起动故障，如压缩机外壳温度过高，多为主电路或压缩机本身故障。

3. 空调器通风系统故障维修思路

空调器通风系统故障虽然比较直观简单，但通风系统故障会引起空调器制冷系统运行异常，一般可通过观察法、倾听法、触摸法进行判断和维修。

① 观察法　就是一要观察室内外风机是否运转（排除风机在空调器正常工作中的功能性停转），二要观察室内外风机的旋转方向是否正确（按风机上标注的箭头指示方向）；三要观察室内外风机的旋转速度是否正常；四要观察风叶是否打滑。

对于室内外风机不运转的检查，除机械故障外，其他的属于电气控制系统故障，可在风机起动状态下，用手顺风机旋转方向加力使风扇转动，如果风叶能持续转动，但转速较低，则说明电容器容量接近消失，必须更换电容器；对于室内外风机旋转方向不正确，主要是电动机接线错误（单相电动机的起动绕组与运行绕组接线错误，三相电动机的相序换错）；对于室内外风机转速低，除电源电压偏低的原因外，有可能是电动机的绕组或运行电容故障，也有可能是电动机内轴承有油垢、缺油，可根据故障情况进行排除；对于风叶打滑，其现象是电动机能正常运转而吹不出风，多数是风叶紧固螺钉松动，脱离了轴的半圆面，从而风叶打滑，可将风叶固定孔对准轴的半圆面，并拧紧固定螺钉。

②倾听法　就是听室内外风机运转过程中的声音是否异常。对于异常的碰撞声，主要是风叶与风圈变形、风叶与电动机连接的紧固螺钉松动移位、风叶变形和电动机轴被碰击弯曲等原因造成的，应视具体故障进行修复；对于运转时噪声过大，一般多来自电磁噪声和轴承摩擦声，可采用更换轴承的方法来解决。

③触摸法　可以拨动风叶，观察风叶与电动机轴之间摆动是否过大和触摸壳体温度是否过高。对于风叶摆动过大，一般是风叶与电动机轴之间紧固螺钉松动或轴承磨损，应视松动情况和间隙大小进行调整或修理；对于电动机壳体温度过高，可在壳体上滴一点水，一旦水发出响声且能很快蒸发，则说明电动机已出现过载运行故障。

另外，如果闻到了烧焦味，则多半是电动机过载运行或绕组温升过高引起的，应具体分析原因后排除。

四、空调器显示故障代码的维修方法

空调器通常以 LED 灯的亮、灭及闪烁次数或在液晶屏上显示字符等形式来显示故障代码。虽然不同的空调器显示的故障代码不一样，但它们的检修步骤和方法基本相同。下面介绍几种常见空调器故障的检修步骤和方法。

①室内温度传感器故障的检修步骤和方法见表 8-6。

表 8-6　室内温度传感器故障的检修步骤和方法

序号	检查步骤	检查方法	故障原因及维修措施
1	拔下传感器，检查室内温度传感器是否短路、断路及阻值发生变化	按照温度传感器阻值参数表检测	如阻值发生变化或出现短路或断路现象，需更换
2	检查控制电路板与传感器插座引脚是否开焊或虚焊	用万用表电阻挡检测传感器插座引脚与控制电路板焊点的电阻值	如引脚开焊或虚焊，须重新焊接
3	检查传感器插头与插座接触是否良好	插上传感器后，用万用表电阻挡在控制电路板上引脚处检查电阻值	如果是插头与插座接触不良，应重新插接保证接触良好
4	检查控制电路板上传感器外围电路中元器件是否正常	检查外围元器件阻值及电容是否漏电；检查传感器与分压电阻间电压是否介于 0～5 V 之间，并随着传感器温度变化而变化	若电压不正常，说明传感器电路有故障。若为 0 V，说明对地有短路现象或传感器电路供电电源故障；若为 5 V，则说明分压电阻开路。可通过更换控制电路板来排除故障

②室内盘管温度传感器故障的检修步骤和方法与室内温度传感器故障相同，但应注意传感器标称阻值的不同。

③室外温度传感器故障的检修步骤和方法与室内温度传感器故障相同，但应注意传感器标称阻值的不同。

④室外换热器传感器故障的检修步骤和方法与室内温度传感器故障相同，但应注意传感器标称阻值的不同。

⑤压缩机排气温度传感器故障的检修步骤和方法见表 8-7。

表 8-7　压缩机排气温度传感器故障的检修步骤和方法

序号	检查步骤	检查方法	故障原因及维修措施
1	检查室内机或室外机通风情况是否良好	室内机、室外机进出风口是否有遮挡物。室内机、室外机安装位置是否符合要求（通风是否畅通）。室内机、室外机风扇电动机是否运转，转速是否符合要求	清除室内机、室外机进出风口遮挡物，对安装位置进行合理的调整。检查风扇电动机绕组、运行电容器、电动机供电电路。检查风扇电动机是否过电流或过负荷运转
2	检查室内机过滤网是否脏	打开室内机面板，取下过滤网检查	如过滤网脏，进行清洗，建议每两周清洗一次
3	检查室外机换热器是否脏	—	对室外机换热器进行清洗处理
4	检查电源电压、电源线、开关是否符合要求	—	进行相应的调整处理
5	检查室内机、室外机进出风口气流是否形成短路循环	检查室内机导风板（出风栅）的角度是否合理	进行相应的调整处理
6	检查制冷系统工作压力是否正常，制冷剂是否过多	正常制冷压力为：0.4～0.6 MPa；正常制热压力为：1.6～1.8 MPa	重新处理制冷系统（定量充注制冷剂）
7	拔下传感器，检查压缩机排气温度传感器电阻是否短路、断路及阻值发生变化	按照温度传感器阻值参数表检测	如阻值发生变化或出现短路或断路现象，需更换
8	检查控制电路板与传感器插座引脚是否开焊或虚焊	用万用表电阻挡检测传感器插座引脚与控制电路板焊点的电阻值	如引脚开焊或虚焊，须重新焊接
9	检查传感器插头与插座接触是否良好	插上传感器后，用万用表电阻挡在控制电路板上引脚处检查电阻值	如果是插头与插座接触不良，应重新插接保证接触良好

续表

序号	检查步骤	检查方法	故障原因及维修措施
10	检查控制电路板上传感器外围电路中元器件是否不良	检查外围元器件阻值及电容是否漏电；检查传感器与分压电阻间电压是否介于 0～5 V 之间，并随着传感器温度变化而变化	若电压不正常，说明传感器电路有故障。若为 0 V，说明对地有短路现象或传感器电路供电电源故障；若为 5 V，则说明分压电阻开路。可通过更换控制电路板来排除故障
11	检查压缩机是否卡缸、抱轴，电动机绕组是否短路、断路或绝缘不良，运行电容是否良好	检测压缩机运行电流是否过大，是否由于卡缸、抱轴而不运转；检查运行电容是否正常	如果压缩机卡缸、抱轴，绕组短路、断路或绝缘不良等，应更换压缩机 如果运行电容不良，应更换
对于变频空调器，还应进行下面检查			
12	检查室内机、室外机控制电路板的电子元器件是否损坏	检测室外机端子排通信信号、室外机直流电路滤波电容是否变小或失效	无通信信号，检查或更换室内、室外控制电路板及相关强电回路的连接线、元器件
13	检查室外机功率模块 U、V、W 有无电压	用万用表交流电压挡分别测 U、V、W 其中任意两相间交流电压是否有输出且相等，对应检测 P—U、V、W 和 U、V、W—N，功率模块内续流二极管正向电阻应约为 500 Ω，用万用表 $R \times 100$ 挡测量续流二极管反向电阻值应为无穷大	如果 P—N 间有 310 V 直流电压，应检查室外机主控制电路板、压缩机、功率模块是否损坏，压缩机绕组是否正常，并对相应故障进行处理或更换电气元件

⑥ 室内换热器冻结故障的检修步骤和方法　室内换热器冻结是指空调器制冷运行时，室内换热器表面温度低于设定界限值，从而使换热器表面的冷凝水结成冰，影响换热器的换热效果。检修步骤和方法见表 8-8。

表 8-8　室内换热器冻结故障的检修步骤和方法

序号	检查步骤	检查方法	故障原因及维修措施
1	检查室内机过滤网是否脏	打开室内机面板，取下过滤网检查	如过滤网脏，进行清洗，建议每两周清洗一次
2	检查室内机周围有无遮挡物	—	撤掉室内机周围遮挡物
3	检查室内机风扇电动机运行是否良好	检查室内机风扇电动机绕组阻值、运行电容器、供电电路是否正常，检查风扇是否被异物卡住	如果是电动机损坏，应更换电动机；如果是供电电路不良，应更换控制电路板；如果是运行电容器损坏，应更换电容器；若有异物，则应排除

续表

序号	检查步骤	检查方法	故障原因及维修措施
4	检查制冷系统是否制冷剂不足或泄漏	用压力表检测，正常制冷压力为 0.4～0.6 MPa	如制冷剂不足，应补充制冷剂；若有泄漏点，则应查出泄漏点后进行修理并重新补充制冷剂
5	检查室内盘管温度传感器是否损坏，是否有短路、断路、插接不良、传感器插座引脚虚焊或开焊等故障　若温度传感器正常，则可检查传感器外围电路	按照温度传感器电阻阻值参数表检测　温度传感器外围电路的检查方法见室内盘管传感器故障	如果传感器损坏应更换；如果传感器插座引脚虚焊或开焊，应重新焊接；如果插接不良，应重新插接，保证接触良好　如果传感器外围电路故障，应更换控制电路板
6	检测室内机控制电路板是否正常	—	如室内机控制电路板损坏，应更换
7	检查压缩机接线是否正确	—	重新调整接线

⑦ 室内换热器过热故障的检修步骤和方法　室内换热器过热是指空调器制热运行时，室内换热器表面温度高于设定界限值。检修步骤和方法见表 8-9。

表 8-9　室内换热器过热故障的检修步骤和方法

序号	检查步骤	检查方法	故障原因及维修措施
1	检查室内机过滤网是否脏	打开室内机面板，取下过滤网检查	如过滤网脏，进行清洗，建议每两周清洗一次
2	检查室内机周围有无遮挡物	—	撤掉室内机周围遮挡物
3	检查室内机风扇电动机运行是否良好	检查室内机风扇电动机绕组阻值、运行电容器、供电电路是否正常，检查风扇是否被异物卡住	如果是电动机损坏，应更换电动机；如果是供电电路不良，应更换控制电路板；如果是运行电容器损坏，应更换电容器；若有异物，则应排除
4	检查室内盘管温度传感器是否损坏，是否有短路、断路、插接不良、传感器插座引脚虚焊或开焊等故障　若温度传感器正常，则可检查传感器外围电路	按照温度传感器电阻阻值参数表检测　温度传感器外围电路的检查方法见室内盘管传感器故障	如果传感器损坏应更换；如果传感器插座引脚虚焊或开焊，应重新焊接；如果插接不良，应重新插接，保证接触良好　如果传感器外围电路故障，应更换控制电路板
5	检测室内机控制电路板是否正常	—	如室内机控制电路板损坏，应更换

⑧室内机通信故障的检修步骤和方法见表 8-10。

表 8-10　室内机通信故障的检修步骤和方法

序号	检查步骤	检查方法	故障原因及维修措施
1	检查室内外机电源线、通信信号线是否接错或接触不良、断路、短路	断电后，用万用表检查电源线和信号线电阻值是否过大或短路	如接线错误或接线不牢固，重新调整接线或压紧；如是电源线、联机信号线断路、短路故障，则更换信号线
2	检查电源插座与空调器电源插头是否按相线、中性线、接地线要求连接	电源插座接线是否牢固；电源相线应对应于插座或插头上的"L"端子，电源中性线应对应于插座或插头上的"N"端子，电源接地线应对应于插座或插头上的接地端子	如接线不规范或压线不牢固，重新调整接线、压紧接线端子
3	检查室内外机电源电路连接线及元器件是否接触良好	检查元器件间连接线是否接触良好，熔断器、压敏电阻是否损坏，室内外机接线端子压线是否牢固，整流二极管、滤波电容是否损坏	若元器件损坏，则应更换
4	检查功率模块、开关电源电路是否损坏		如功率模块或开关电源损坏，应更换功率模块或控制电路板
5	室内机和室外机控制电路板损坏	检查室内外机光电耦合器、通信信号回路的限流电阻是否烧坏（断路）	更换室内外机控制电路板上的光电耦合器和限流电阻或室内外机控制电路板
6	空调器电源受电网杂波干扰，室外机附近有噪声干扰或有高频干扰	—	滤除干扰源信号，采用屏蔽线提高抗干扰能力

⑨室外机通信故障的检修步骤和方法与室内机通信故障相似。

⑩瞬时停电故障的检修步骤和方法见表 8-11。

表 8-11　瞬时停电故障的检修步骤和方法

序号	检查步骤	检查方法	故障原因及维修措施
1	检查电源线是否有瞬时停电或电源电压瞬时波动过大现象	用万用表检测开机后或额定运转时电源电压波动是否过大	更换电源供电线路
2	检查电源线路或开关是否接触良好	检查电源线有无接头，是否有接触不良现象	如接触不良，重新处理
3	检查瞬时掉电检测电路是否不良	检查室外机主芯片瞬时掉电检测电路信号引脚电压是否为脉冲电压	如异常，应更换室外机控制电路板
4	检查瞬时掉电检测电路主要元器件是否不良	—	如异常，应更换

⑪室内风扇电动机故障的检修步骤和方法见表 8-12。

表 8-12 室内风扇电动机故障的检修步骤和方法

序号	检查步骤	检查方法	故障原因及维修措施
1	检查室内风扇电动机绕组阻值	用万用表测量电动机绕组阻值	如室内风扇电动机损坏,应更换
2	检查室内机控制电路板	检查控制室内风扇电动机的光电耦合晶闸管	如损坏,应更换光电耦合晶闸管或控制电路板
3	检查室内风扇电动机霍尔传感器信号插头插接是否良好或插座引脚是否开焊	—	重新插接霍尔传感器信号插头,焊好引脚
4	室内风扇电动机霍尔传感器信号线断线	—	如信号线断路,应修复或更换电动机

⑫室内机 EEPROM 故障的检修步骤和方法见表 8-13。

表 8-13 室内机 EEPROM 故障的检修步骤和方法

序号	检查步骤	检查方法	故障原因及维修措施
1	检查室内机 EEPROM 是否异常或插座接触不良	断电 15 s 或 5 min 以上,重新通电,观察是否正常	如果与插座接触不好,须重新插好;如通电仍不正常,应更换 EEPROM 或室内控制电路板
2	检查电源电压是否过低、不稳或过高	用万用表检查电源线和供电电路是否符合要求	改善和调整电源供电条件
3	检测制冷系统制冷剂是否充注过量,从而使空调器高负荷运行	制冷时,低压压力为 0.4～0.6 MPa;制热时,高压压力为 1.6～1.8 MPa	若制冷剂充注过量,应重新定量充注
4	检测压缩机及其供电电路是否正常	用万用表检查压缩机绕组、压缩机供电连接线接触情况、运行电容、功率模块是否良好。检查压缩机是否有卡缸、抱轴现象	如果连接线接触不良,应紧固连接线;如是运行电容、功率模块、压缩机不良则应更换

⑬室外机 EEPROM 故障的检修步骤和方法见表 8-14。

表 8-14 室外机 EEPROM 故障的检修步骤和方法

序号	检查步骤	检查方法	故障原因及维修措施
1	检查室外机 EEPROM 是否异常或插座接触不良	断电 15 s 或 5 min 以上,重新通电,观察是否正常	如与插座接触不好,须重新插好;如通电仍不正常,应更换 EEPROM 或室内控制电路板
2	检查电源电压是否过低、不稳或过高	用万用表检查电源线和供电电路是否符合要求	改善和调整电源供电条件
3	检查 EEPROM 外围电路	检查外围电路中电容器是否漏电	如电容器漏电,应更换

⑭ 过电流故障的检修步骤和方法见表 8-15。

表 8-15　过电流故障的检修步骤和方法

序号	检查步骤	检查方法	故障原因及维修措施
1	检查电源电压是否过高或过低	检查供电电压、电源线、插座等供电线路情况，导线是否符合要求，接触是否良好	如电压过高或过低，须调整处理或加装合适的稳压器
2	检查压缩机绕组是否短路、断路或绝缘不良，是否有卡缸、抱轴现象	可用钳形电流表检测压缩机运行电流，用万用表检测压缩机绕组电阻值，用兆欧表检测绕组接线端子与外壳间的绝缘电阻	如压缩机损坏，应更换
3	检查室外机控制电路板	—	如损坏，应更换
4	检测室外机交、直流电源电路的连接线和元器件是否正常	检测连接线压线是否牢固，整流硅桥、滤波电容是否正常	如元器件、连接线不良，更换或修复
5	检查室内机和室外机连接管安装是否有弯扁，截止阀是否完全开启	检查弯扁程度及截止阀开启度	对弯扁严重的管路应修复，完全开启截止阀
6	检查制冷系统制冷剂充注量是否过多	用压力表检测制冷系统压力	若制冷剂过多，应重新定量充注

⑮ 无负载故障的检修步骤和方法见表 8-16。

表 8-16　无负载故障的检修步骤和方法

序号	检查步骤	检查方法	故障原因及维修措施
1	检查室外机是否工作	—	如室外机没有工作，应检测 PTC 是否良好，主继电器 KM01 是否良好
2	检测电流互感器线圈是否断路，引脚是否开焊或虚焊	用万用表 $R \times 100$ 挡检测其电阻	若互感器线圈断路，应更换线圈；若线圈引脚开焊或虚焊，应重新补焊
3	检测功率模块是否正常		如损坏，应更换
4	检测压缩机工作频率是否太低，功率模块 U、V、W 输出电压是否太低	用万用表 $R \times 1$ 挡检测压缩机绕组阻值，用万用表检测功率模块的输出电压是否正常	如压缩机、室内外控制电路板、功率模块等损坏，应更换

⑯ 供电电压异常故障的检修步骤和方法见表 8-17。

表 8-17　供电电压异常故障的检修步骤和方法

序号	检查步骤	检查方法	故障原因及维修措施
1	检测电源电压是否过低或过高，或不稳定	用万用表交流电压挡检测供电电源电压	如电源不良，应改善供电电源条件

序号	检查步骤	检查方法	故障原因及维修措施
2	检查电源线、开关等是否符合要求	检查电源线是否太细、过长，开关是否老化，接线是否接触不良	如电源线或开关容量不符合要求，应更换或调整处理
3	检测控制电路板电源电压电路是否正常	检查电源电压电路相关元器件	若元器件损坏，应更换

⑰ 功率模块故障的检修步骤和方法见表 8-18。

表 8-18 功率模块故障的检修步骤和方法

序号	检查步骤	检查方法	故障原因及维修措施
1	检测功率模块是否损坏	—	如损坏，应更换
2	检测功率模块与压缩机连接线接插件是否松动	—	如连接线接插件松动，应重新调整
3	检查室外机强电（交、直流）电路连接线插头与元器件插接是否良好	—	重新调整、紧固连接线插头
4	检查室外机控制电路板与功率模块间的控制信号线、连接线是否插接良好	连接线插接是否松动或断线	重新将连接线插接好或更换控制信号线

五、空调器常见故障维修实例

实例 1：空调器整机不工作

故障现象：一台分体壁挂式定频空调器，插上电源插头后，用遥控器不能开机，蜂鸣器不响，显示板上指示灯不亮。

原因分析：该故障是典型的电气控制系统故障，由于遥控器操作不能开机且显示板指示灯不亮，初步怀疑是供电电源故障或控制电路板故障。

检修思路：可先检查电源电压，再通过"强制试机"，最后检查控制电路板。

检修方法：

① 检查电源电压　用万用表检测电源插座电压正常。

② 强制试机　按下应急开关，空调器不能开机，由此可基本确定控制电路板故障，首先怀疑控制电路板电源电路有故障。

③ 检查电源电路

a. 打开室内机面板，拆下控制电路板，检查电源熔断器、压敏电阻、变压器。发现电源熔断器、压敏电阻正常，变压器二次侧有交流 12 V 电压。

b. 检查直流 +5 V 电源，发现无电压，再检查直流 +12 V 电压，发现正常。

根据上述检查结果，怀疑 7812 三端集成稳压器故障，用新的器件替换后开机正常。

实例 2：指示灯亮，空调器不工作

故障现象：一台分体壁挂式定频空调器，插上电源插头后，显示板上指示灯亮，用遥控器不能开机，蜂鸣器不响。

原因分析：该故障与前述故障现象基本相同，由于指示灯亮，说明空调器供电电源和电源电路正常，怀疑遥控器或遥控接收头故障，控制电路板中复位电路、晶振电路等故障。

检修思路：可先"强制试机"，以判断控制电路板是否正常；若不能开机，再检查控制电路板。

检修方法：

① 强制试机　按下应急开关，空调器不能开机，因此可基本确定控制电路板故障，怀疑控制电路板主芯片外围电路有故障，导致主芯片工作异常，如晶振电路故障、上电复位电路故障、主芯片直流供电电压异常等。

② 检查主芯片直流供电电压　发现 +5 V 供电正常。

③ 检查晶振电路　用万用表检测晶振①、③脚电压，发现电压不稳定，试着用一只新的晶振替换，开机后仍不正常，说明检修失误。

④ 检查上电复位电路　用万用表直流电压挡检测上电复位电路输入主芯片的信号，发现上电瞬间万用表指针不摆动。由此怀疑上电复位电路故障，检查上电复位电路相关元器件，发现一电解电容器漏电。

根据上述检查结果，用同规格的电解电容器替换后开机正常。

实例 3：压缩机能运行，室内外风机均不运行

故障现象：一台分体壁挂式定频空调器，制冷运行时，压缩机能运行，室内外风机均不运行。

原因分析：引起该故障的原因主要有室内外风机电动机及起动电容器故障、控制电路板上与风机相关的电路故障。

检修思路：由于室外风机控制电路相对简单，因此可先排除室外风机故障，再检修室内风机；在检修时，应先检查风机电动机及起动电容器，再检查控制电路板上相关电路。

检修方法：

① 检查风扇和电动机机械故障　打开室外机外壳，用手拨动室外机风扇扇叶，发现转动灵活，无明显异常声响。说明风扇和电动机无机械故障。

② 检查电动机起动电容　先用螺丝刀拨动风扇扇叶，再开机，发现风机不能起动。怀疑起动电容器、电动机及控制电路板相关电路故障。

③ 检查电动机　用万用表检测风机电动机绕组值，发现电动机绕组阻值无明显偏差，说明电动机绕组正常。

④ 检测电动机起动电容　用万用表检测起动电容器正常。

至此，可基本确定控制电路板上与风机相关电路有故障。

⑤ 检查控制电路板相关电路　由于该空调器室外风机采用继电器控制，因此在控制电路板上找到控制室外风机的继电器，用绝缘导线将继电器触点短接，通电后开机，发现室外风机正常工作。拆除短接导线后，检查继电器触点和线圈正常，因此，可进一步确定可能是室外风机的驱动电路故障。

通过检查反相驱动器直流电源电压、主芯片到驱动器以及驱动器到继电器的电路，发现驱动器直流电源正常，主芯片到驱动器信号正常，怀疑驱动器损坏，更换后，室内外风机正常工作。

实例4：制冷开机后，时而吹冷风，时而吹常温风

故障现象：一台分体柜式定频空调器，制冷运行时，空调器开始能吹出冷风且温度较低，过半小时后吹常温风；停机1～2 h后开机，又重复上述现象。

原因分析：引起上述故障的原因可能涉及制冷系统故障和电气控制系统故障。因此，如何正确区分是维修的关键。

检修思路：由于空调器能工作一段时间，因此可先通过检测压缩机运行电流、制冷系统低压压力、室内机进出风口温度等方法判断制冷系统是否正常，若正常，则再检查电气控制系统故障。

检修方法：

① 检查制冷系统压力　先停机检测制冷系统的平衡压力正常，再开机检测低压压力，发现压力为0.56 MPa。说明制冷系统基本正常。

② 检测压缩机运行电流　用钳形电流表检测压缩机运行电流，发现刚开机时电流正常，随着运行时间的增加，电流逐渐增大。同时观察到压缩机运行半小时左右，过载保护器动作，压缩机外壳温度偏高。因此怀疑电源电压、压缩机本身、制冷系统等故障。

③ 同时检查制冷系统压力、检测压缩机电流和电源电压　发现压缩机运行过程中，电源电压始终正常，在压缩机电流增大的同时，低压压力缓慢上升，最后过载保护器动作。由此可基本确定压缩机电流增大引起过载保护器动作。至此，必须查找引起压缩机运行电流增大的原因。除压缩机本身问题外，还有可能是冷凝器冷凝效果差引起制冷系统压力升高，压缩机负荷（电流）增大。

④ 检查室外机出风量及温度　发现该柜式空调器室外机下面一只风扇的风量明显比上面一只风扇的风量小，而且转速慢。怀疑该风扇电动机故障。

⑤ 检查风扇电动机及电容器　发现电容器外壳明显膨胀，用万用表检测发现容量变小，更换后试机，风扇电动机转速正常，无原来故障现象出现。

该故障从现象上分析，涉及制冷系统和电气控制系统故障，通过逐步检查、逐步分析，慢慢确定故障范围，最后排除故障。

实例 5： 变频空调器制冷开机一段时间后显示"F4"故障

故障现象： 空调器刚开机时工作正常，过一段时间后显示"F4"故障。

原因分析： 该空调器显示"F4"故障，说明该机进入压缩机排气温度过高保护状态。该故障的主要原因：一是制冷系统异常；二是压缩机排气管温度检测电路异常；三是压缩机异常；四是室外控制电路板存储器或主芯片异常。

检修思路： 应在压缩机开机后检查排气温度是否过高。如果排气温度过高，则可能是压缩机、制冷系统等故障，可检查压缩机及其驱动电路和制冷系统是否异常。如果排气温度正常，则应检查电气控制系统，如排气温度传感器、温度检测电路等。

检修方法：

① 检查排气温度　在室外机三通截止阀修理口接上压力表，检测低压压力正常；用手触摸排气管温度，基本正常，说明制冷系统基本正常。

② 检测排气温度传感器　拔下传感器插件，检测传感器电阻值正常。

③ 检测温度取样电路电压　发现输入主芯片的信号电压为 0 V，检查温度取样电路相关元器件，发现与传感器串联的固定电阻开路，更换此电阻后正常。

参 考 文 献

［1］ 汪韬.海信变频空调器原理与维修［M］.3 版.北京：人民邮电出版社，2012.

［2］ 肖风明.新型电冰箱故障分析与维修项目教程［M］.北京：电子工业出版社，2014.

［3］ 山东省家用电器职业技能鉴定所.空调器安装工培训与鉴定教材［M］.3 版.北京：人民邮电出版社，2001.

［4］ 林金泉.电冰箱、空调器原理与维修［M］.3 版.北京：高等教育出版社，2012.

［5］ 张彪.电冰箱、空调器原理与维修［M］.3 版.北京：电子工业出版社，2013.

郑重声明

高等教育出版社依法对本书享有专有出版权。任何未经许可的复制、销售行为均违反《中华人民共和国著作权法》，其行为人将承担相应的民事责任和行政责任；构成犯罪的，将被依法追究刑事责任。为了维护市场秩序，保护读者的合法权益，避免读者误用盗版书造成不良后果，我社将配合行政执法部门和司法机关对违法犯罪的单位和个人进行严厉打击。社会各界人士如发现上述侵权行为，希望及时举报，本社将奖励举报有功人员。

反盗版举报电话 （010）58581999 58582371 58582488
反盗版举报传真 （010）82086060
反盗版举报邮箱 dd@hep.com.cn
通信地址 北京市西城区德外大街4号
　　　　　高等教育出版社法律事务与版权管理部
邮政编码 100120

防伪查询说明

用户购书后刮开封底防伪涂层，利用手机微信等软件扫描二维码，会跳转至防伪查询网页，获得所购图书详细信息。也可将防伪二维码下的20位密码按从左到右、从上到下的顺序发送短信至106695881280，免费查询所购图书真伪。

反盗版短信举报

编辑短信"JB，图书名称，出版社，购买地点"发送至10669588128

防伪客服电话

（010）58582300

学习卡账号使用说明

一、注册 / 登录

访问 http://abook.hep.com.cn/sve，点击"注册"，在注册页面输入用户名、密码及常用的邮箱进行注册。已注册的用户直接输入用户名和密码登录即可进入"我的课程"页面。

二、课程绑定

点击"我的课程"页面右上方"绑定课程"，正确输入教材封底防伪标签上的20位密码，点击"确定"完成课程绑定。

三、访问课程

在"正在学习"列表中选择已绑定的课程，点击"进入课程"即可浏览或下载与本书配套的课程资源。刚绑定的课程请在"申请学习"列表中选择相应课程并点击"进入课程"。

如有账号问题，请发邮件至：4a_admin_zz@pub.hep.cn。